特大型集群化空分设备

运行与维护

郭中山　姜　永　李登桐◎著

U0288584

中国石化出版社

图书在版编目（CIP）数据

特大型集群化空分设备运行与维护/郭中山，姜永，
李登桐著. —北京：中国石化出版社，2019.11（2020.10重印）
ISBN 978-7-5114-5593-2

Ⅰ.①特… Ⅱ.①郭…②姜…③李… Ⅲ.①空气分
离设备—运行②空气分离设备—维修 Ⅳ.① TQ116.11

中国版本图书馆 CIP 数据核字（2019）第 257474 号

中国石化出版社出版发行

地址：北京市东城区安定门外大街58号
邮编：100011 电话：（010）57512500
发行部电话：（010）57512575
http://www.sinopec-press.com
E-mail: press@ sinopec.com
北京柏力行彩印有限公司印刷

*

787×1092毫米 16开本 20.25印张 434千字
2019年12月第1版 2020年10月第2次印刷
定价：88.00元

近年来，随着科学技术的发展，煤炭清洁利用的技术日趋成熟。我国现代化煤化工项目快速上马，为我国空分设备行业带来巨大发展机遇，空分设备规模已达 10 万等级，跨入了国际先进行列。由于空分设备单套规模大、流程复杂，对于新上马的空分项目而言，空分设备的运行维护管理同时也迎来了新挑战。而本书——《特大型集群化空分设备运行与维护》侧重阐述特大型空分设备的生产管理，为空分行业及空分设备用户提供非常好的借鉴。

《特大型集群化空分设备运行与维护》作者在煤化工行业工作多年，有着多年的空分设备管理和运行维护经验，先后组织或参与了国家能源集团宁夏煤业有限责任公司煤化工园区 17 套空分设备的论证、选型、施工、试车、运行与维护，特别是在空分设备的运行维护方面，从 $3 \times 10^4 \mathrm{Nm}^3/\mathrm{h}$ 到 $10 \times 10^4 \mathrm{Nm}^3/\mathrm{h}$ 不同规格的设备；在空分设备成套商方面，从国内的杭氧、川空、开空到国际上的液空、林德等公司；配套压缩机组从国产的陕鼓、沈鼓到进口的西门子、曼透平；管理范围从单套空分设备的运行维护到集群化空分设备的运维管理；服务模式上从煤化工主装置的物料供应响应时间到煤化工园区内的氧氮物料互供等组织并参与了不同规模、不同厂商、不同管理范围、不同模式的空分设备的运行维护工作。先后创造性地实施了"双持"操作、"一单五卡"、安全作业"八大票"和电子智能化办票系统（SAP）等管理措施，确保了检修作业管理受控；通过推行隐屏操作提高空分设备自动化程度，降低操作人员劳动强度，减少了误操作概率，确保空分设备运行稳定。煤化工项目配套的空分设备的运行维护有其特殊性，特别是安全运行面临更多的挑战，如空气质量突然恶化——二氧化碳、一氧化碳、氮氧化物、碳氢化合物超标等，在本书中作者将其特有的运行管理经验与大家分享。

目前，空分设备书籍多为空分设备设计人员或理论研究人员编著，理论性强；而本书作者在运行一线工作，更强调空分设备运行维护管理的实践，因此对于空分设备用户来说本书可借鉴性更强、更实用。特向从事空分设备建设、生产准备、调试、运行维护的技术管理人员推荐本书，供读者学习、参考、借鉴，并籍此提高我国空分设备的建设、运维水平。

蒋 明

男，1961年出生，1984年上海同济大学管理工程专业毕业，高级经济师，杭州杭氧股份有限公司党委书记，董事长。先后获得浙江省"创业富民、创新强省"新闻人物、杭州市"十大突出贡献工业企业优秀经营者""品质杭商""浙江省优秀企业家""中国能源装备优秀管理者""全国机械工业劳动模范""浙江省功勋企业家""杰出杭商""中国工业影响力70人物""壮丽70年奋斗新时代中国能源功勋自主创新人物"等荣誉。

　　国家能源集团宁夏煤业有限责任公司是我国最大的煤化工基地之一，地位重要。400万吨/年煤炭间接液化项目是当今全球一次建设规模最大的煤化工项目，总投资概算550亿元，于2013年9月获国家发改委核准并正式开工，2017年12月全面满负荷生产。按制氧量计，宁煤有大型、特大型空分设备：川空$3×10^4Nm^3/h$ 1套，开空$4.5×10^4Nm^3/h$ 2套，法液空$9×10^4Nm^3/h$ 2套，林德$10.15×10^4Nm^3/h$ 6套和杭氧$10.15×10^4Nm^3/h$ 6套，共计17套，总制氧量达$151.8×10^4Nm^3/h$，已形成特大型空分设备集群，既相互独立，又相互关联互保，实现安全经济、先进高效、连续稳定的集群化生产，属国内仅有，世界罕见。其中，主力$10.15×10^4Nm^3/h$空分设备12套，于2012年立项，2013年4月招标，2017年8月全部完成试车投产，历时5年。一次性购买特大型空分设备12套，设备费用达55.9亿元，当时一笔订单金额之高创世界之最，号称空分行业"全球第一单"，整个空分项目投资60亿元，系国内空分行业首创。特别值得一提的是煤制油空分厂$12^{\#}$ $10.15×10^4Nm^3/h$空分设备由杭氧成套，空分装置由杭氧制造，空压机、增压机由沈鼓制造，工业汽轮机由杭汽制造，主要设备实现全国产化，2018年5月正式通过国家级鉴定，整体性能达到国际领先水平，是气体分离设备行业发展中一个新的里程碑，在我国空分行业发展史上写下了浓墨重彩的一笔，值得国人骄傲。这12套特大型空分设备技术创新、流程先进、设备精良、安全可靠，投产两年来安全、经济、高效、稳定、连续运行，设备性能达到或超过设计指标，为国家能源集团宁夏煤业公司创造了巨大的经济效益和社会效益，为国家做出了重要贡献。

《特大型集群化空分设备运行与维护》一书，介绍了空气分离的基本方法，热力学定律、制冷原理和精馏原理等基础知识，空分产品在国民经济中各大行业的应用，具有科普性。在空分设备行业展望中，结合本单位实践，提出了规模大型化、集群化，设计精细化、精准化、个性化，操作高度自动化、智能化，广泛应用新技术、新流程、新设备、新材料，做到安全可靠、节能减排，观点正确，反映行业诉求且有独到之处。在空分项目实施中，国家能源集团宁煤公司煤制油空分厂人员参与全过程，对工厂设计进行审查与改进，参与杭氧国产 $10.15 \times 10^4 Nm^3/h$ 空分设备研发与评审，在施工管理上深入推行"审核＋检查＋考核"的质量管理模式，坚持"自检、互检、专检"，严把质量关、文明施工常态化，确保工程质量，积累了宝贵经验。在试车调试中，岗位操作严格执行"一单五卡"制，即工作任务清单、风险辨识卡、风险控制卡、能量隔离卡、应急处置卡和质量验收卡，确保试车调试安全正常有序进行。对于特大型集群化空分设备生产，既强调了安全可靠、经济高效的特点，也指出了系统内安全隔离的困难，有利于今后改进和同行借鉴。对于电气仪控系统的优化与改进，是操作高度自动化的保证。对于 $10 \times 10^4 Nm^3/h$ 空分设备流程、系统设备、生产准备、试车、开停车操作及维护，结合实际针对性地详尽介绍，是职工技能培训的良好教材，是安全生产操作的切实保证。对于工艺、安全、设备等多方管理，实行制度化、标准化，如设备二维码管理法、检修作业标准化等，提高了企业管理水平。由于以上措施的贯彻执行，不仅培养了一批技术精湛的专业技术人员和熟练操作人员，更为企业安全生产、经济高效、长期稳定运行打下了坚实基础。

国家能源集团宁夏煤业公司依据《中华人民共和国安全生产法》《危险化学品安全管理条例》《生产经营单位生产安全事故应急救援预案编制导则》（GB/T 29639—2013）等法律法规，编制了《神华宁煤生产安全事故应急救援预案》完整体系，并定期进行演练。本书对此进行了简单介绍，体现贯彻了安全生产工作应当以人为本，坚持安全发展的理念，坚持安全第一、预防为主、综合治理的方针，强化和落实生产经营单位主体责任，建立生产经营单位负责、职工参与、政府监管、行业自律和社会监督的机制。对安全生产高度重视，并采取了多种措施。编写安全培训教材，如本书"第十章空分设备安全技术"创新安全管理办法，如岗位操作实行"一单五卡"制，安全作业"八大票"制（即动火作业票、受限空间作业票，吊装作业票、盲板抽堵作业票、动土作业票、断路作业票、高处作业票和设备检维修作业票），确保检修维护作业安全。建立电子智能化办票系统，实现安全作业电子化、智能化科学管理。安全工作成果显著，值得推荐。

《特大型集群化空分设备运行与维护》一书，是约44万字的大作，展示了科学与求实，充满了经验与教训，体现了敬业与奋斗，聚集了国家能源集团宁夏煤业有限责任公司空分设备从业人员的聪明才智与劳作心血。我郑重地向空气行业的同仁尤其是大型空分设备的运行维护人员推荐这本好书。

马大方

男，1940年生，教授级高级工程师，1962年毕业于武汉钢铁学院，曾任武汉钢铁集团公司制氧厂副厂长、热力厂厂长、能源总厂副厂长，曾参与武汉钢铁集团氧气有限责任公司4套$6 \times 10^4 m^3/h$空分设备的筹建工作，现为冶金工业气体安全技术协会理事长、中国工业气体工业协会和中国通用机械工业协会气体分离设备分会专家组成员。

前言

FOREWORD

国家能源集团宁夏煤业有限责任公司（简称宁夏煤业）煤化工板块现拥有川空、开空、液空、林德及杭氧等公司成套的不同等级空分设备17套，涵盖了国内外尖端空分设备技术，见证了空分设备从大型化到集群化的发展历程，已建成世界最大规模空分集群，培养了一批优秀的专业技术人才，形成了一套实用而先进的管理模式，为进一步总结提炼特大型空分集群化的技术优势，推广国家能源集团宁夏煤业公司煤制油空分厂试车、生产和管理等方面的先进方法，促进行业内空分设备长期、安全、经济、高效、稳定运行，特编著此书。

本书共分十章，包括：概述、低温法空分工艺原理、煤制油10万等级空分设备与流程介绍、空分设备集群化、空分生产准备、空分试车、大型空分设备开停车操作与维护、电气仪控系统、空分装置应急管理和空分设备安全技术。本书内容力求系统、全面、先进和实用，主要供大型、特大型空分的技术人员和操作人员使用；可以作为10万等级集群化空分设备的生产准备及试车、工艺操作及维护、应急处置及事故处理的参考用书。

本书编写过程中得到了许多同志的帮助，作者在此表示感谢。首先，要感谢宁夏煤业煤制油分公司（简称煤制油）赵建宁、黄斌、朱国强、高萍、李高军、赵伟、陈红杰、杨晓东、孟卫宁、沈永斌、李中鹤、张国民、张新民等同志，正是他们的建议，作者才下定决心编写本书；其次，要感谢煤制油空分厂祁卫保、魏志勇、高宝刚、王文龙、霍源、陆业衡、杨冰、田永胜、林强、文飞、刘蕾、马磊、田儒、孟静静、朱晓梅、马银、王宗宁等同志，他们为本书的编写提供了数据支持；接着，要感谢福斯达公司阮家林、川空研究所江蓉、杭氧设计院韩一松、宁夏煤业安装检修分公司占天鹏、宁夏煤业烯烃一分公司黄建萧等同志，他们审查了本书初稿并提出了宝贵的意见，特别是阮家林和江蓉两位同志，就本书的构架提出了很好建议；最后，要感谢煤制油田兴兵、王璞玉、岳峰、杜长银、李杰、马晓东、姜涛、孙少华、姜国华、侯立志、杜振威、胡稳强、鲍涛、刘海燕、陈营、刘伟、毛建武、苏琪、郑之敬、王银彪、马欢、米鑫、宋晓丽等同志和煤制油电气仪表及杭氧公司技术人员，他们在本书的编写过程中提供了无私帮助。希望本书的出版，能够为空分行业的人才培养起到促进作用，为空分技术的发展和进步做出贡献。

由于作者水平有限，书中难免有错误或不当之处，敬请读者提出宝贵意见。

目录

第1章　概　述

第 2 章　低温法空分工艺原理

第 3 章　煤制油 10 万等级空分设备与流程介绍

第4章　空分设备集群化

第5章　空分生产准备

第6章　空分试车

第7章 大型空分设备开停车操作及维护

第8章 电气仪控系统

第9章 空分设备应急管理

第 10 章　空分设备安全技术

第1章
概　述

空气分离，简称空分，是指根据空气中各组分物理性质不同，采用低温法（又称低温精馏法或深度冷冻法）、吸附法、膜分离法等方法从空气中分离出氧气、氮气、氩气，或同时提取氖气、氦气、氪气、氙气等稀有气体的过程。空气分离设备，简称空分设备，是指以空气为原料，通过压缩、膨胀深度冷冻的方法把空气变成液态，进而精馏依次分离生产出氧气、氮气、氩气，或同时提取氖气、氦气等稀有气体的设备。

1.1 空气分离方法简介

空气是混合物，分层覆盖在地球表面，主要由氮气、氧气、氩气、其他稀有气体（如氖气、氦气、氪气、氙气等）、二氧化碳及水蒸气、杂质等组成，其组成随海拔高度、气压、地区的不同而变化。标准状况下，大气层中干洁空气主要组分体积分数为：氮气78.09%、氧气20.94%、氩气0.93%、二氧化碳0.0315%、氖气0.0018%、甲烷0.00010%~0.00012%、氦气0.0001%、一氧化氮0.00015%、氢气0.00015%、氙气0.000108%、二氧化氮0.000102%。因各行业对氧气、氮气、氩气等空分产品的需求不同，所以技术人员研究开发了多种分离方法，从空气中分离提取出某一种或多种规格气体。当前工业界主要存在3种基本空气分离方法：低温法、吸附法和膜分离法。

1.1.1 低温法

低温法分离是根据空气各组分沸点不同，通过将空气液化后进行精馏达到各组分分离的目的，和吸附法、膜分离法相比，低温法具有多组分分离、产品纯度高、装置大型化、投资高等特点，因此大型空分设备一般采用低温法。

低温法空分流程分为多种形式，按工作压力不同分为高压、中压、低压流程；按膨胀机的形式不同分为活塞式、透平式和增压式；按照净化（除去空气中水分和二氧化碳）方法可分为冻结法和分子筛吸附法；按照产品的压缩方式可分为外压缩和内压缩流程。其中，低压流程具有单位能耗低、应用广的特点；透平增压膨胀机具有可利用膨胀功、单位制冷量大、效率高的特点；内压缩流程是指利用低温泵压缩液态产品，再经复热、汽化后送至装置外，和外压缩法相比较为安全，同样条件下内压缩流程能耗较外压缩流程高，提取率略低。

现在煤化工行业配套空分设备多采用全低压、分子筛吸附净化、空气透平增压膨胀机＋液体膨胀机制冷、内压缩的工艺流程。图1-1是低温法空分设备流程。

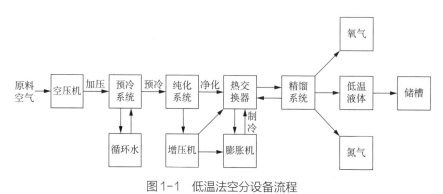

图1-1　低温法空分设备流程

1.1.2　吸附法

吸附法制氧气起源于20世纪60年代，其原理是利用氧气、氮气分子大小不同，以特制的分子筛吸附剂为吸附载体，通过改变压力（加压吸附、减压脱附）从空气中分离出氧气/氮气组分，其中氧组分含量可达90%~95%。其产品氧主要用于高炉富氧炼钢、废水处理、造纸业及养殖发酵业；产品氮用于金属热处理、防爆密封、鲜果贮藏和食品业（如啤酒）。和膜分离法相比，吸附法分离具有产品纯度高、投资高等特点；和低温法相比，具有操作方便、运行成本低、产品纯度不高、规模小、投资少等特点。图1-2是吸附法流程。

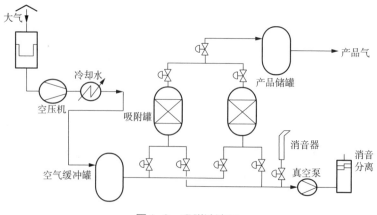

图1-2　吸附法流程

1.1.3　膜分离法

膜分离法制氧气兴起于 20 世纪 70 年代，产品主要应用于富氧空气燃烧及医用领域，其原理是利用渗透膜的选择性，通过膜两侧对应组分的压差对空气中氧气和氮气进行分离。和低温法、吸附法相比，膜分离法具有投资少、能耗低、维修费用低等优点。图 1-3 是膜分离制氧流程。

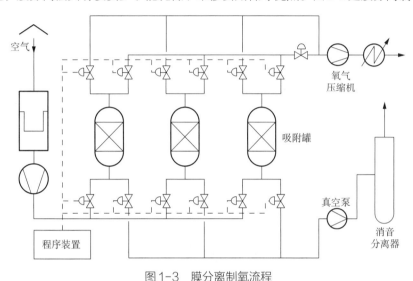

图 1-3　膜分离制氧流程

1.2　空分设备在各行业中的应用

氧气、氮气和氩气是空分设备的主要产品，也是冶金、化肥、石油及煤化工等行业的重要原料。空气除氧气、氮气、氩气等气体外，还存在其他稀有气体（如氖气、氦气、氪气和氙气）。稀有气体在电子工业、医学、生理学、航天国防等领域应用广泛，其提取制备技术也迎来了巨大的发展机遇。

1.2.1　空分设备在冶金行业的应用

空分设备在冶金行业中应用广泛，单机容量横跨小、中、大、特大型，总体规模巨大。其中，在黑色冶金中，氧气主要用于转炉炼钢、电炉炼钢、高炉富氧鼓风、高炉熔融还原炼铁；在有色冶金中，氧气主要用于吹氧炼铜、炼铝、炼铅等以缩短冶炼时间、提高产量。氮气主要用于保护气、氮封、置换等方面，如轧钢厂中退火炉、镀锌炉等保护气和机械零部件热处理保护气；转炉氧枪、汇总料斗及溜槽、煤气回收系统、事故水槽充压等进行氮封；可燃易爆介质（如煤气、天然气等）管道、容器进行安全置换。氩气主要用于不锈钢、轴承钢、高速钢、高温钢等特种钢的冶炼,可使钢水成分均匀、清除杂质、调节温度、脱除有害气体,提高钢水质量。而氧气、氮气、氩气的纯度和压力取决于用户的需求。由于冶金工业发展充分,所以空分设备作为其配套装置发展较快。

1.2.2　空分设备在石油化工行业的应用

石油化工在国民经济中具有举足轻重的地位,是材料工业的支柱。各行各业离不开石油化工。石油化工行业需要空分设备提供氧气、氮气,例如:以乙烯为原料采用氧气氧化法生产有机化工原料时,乙烯氧化生产环氧乙烷需要大量高纯度氧气(氧气纯度≥99.6%),如炼油装置、乙烯装置,加氢装置、乙二醇等装置等需要使氮气作为保护气或密封气。随着石油化工的不断发展,空分设备也必将继续发展。

1.2.3　空分设备在煤化工的应用

在煤化工项目中,空分设备为煤气化装置提供氧气作为氧化剂,为低温甲醇洗、甲醇合成、MTP、油品合成等装置提供保安氮气。以煤间接液化为例:煤粉和空分设备送来的氧气在气化炉中反应生成工艺气体(O、H_2)经水煤气变换反应、低温甲醇洗进行洗涤,得到合成气:分别在甲醇合成装置合成甲醇和费托合成装置合成航空柴油、液体石蜡等产品;从低温甲醇洗装置洗涤出的含硫废气和空分设备送来的氧气在硫回收装置中反应,生成硫黄产品。空分设备所产氮气送至煤粉、气化、低洗、甲醇合成、油品合成等单元装置作为保安氮气或置换气。

由于煤化工行业氧气需求量极大,且对氧气、氮气纯度有较高要求(氧气纯度大于99.6%、氮气纯度大于99.999%),所以煤化工项目多采用大型低温法空分设备。以400万吨/年煤制油项目为例,所需配套空分设备为12套$10.15 \times 10^4 Nm^3/h$(O_2)。因此随着煤化工行业的大规模应用推广,集群化空分设备规模必将迎来新的春天。

1.2.4　空分设备在化肥行业中的应用

化肥号称农业的"粮食",是农业生产中不可或缺的物料,其发展趋势为大型化、稳定化、高效化。以煤为原料的大型尿素合成装置为例,空分设备为合成氨提供不同压力等级的氧气、氮气、液氮。高压氧气作为原料,在气化炉中与煤反应生产粗合成气,再经变换后进入低温甲醇洗装置分离出氢气、二氧化碳,清除含硫气体等杂质。氢气中含有一氧化碳等少量有害杂质,经液氮洗涤后得到高纯度氢气。空分提供的氮气作为原料气与氢气以1:3的比例进行配比,送往压缩合成装置生成氨气。氨气和来自低温甲醇洗的二氧化碳在尿素合成装置中反应合成尿素。由于化肥对农业有重要意义,作为化肥项目的配套装置,空分设备不可替代。

1.2.5 空分设备产品在其他行业的应用

空分设备产品包含氧气、氮气、氩气和其他稀有气体（氖气、氦气、氪气、氙气），在国民经济中用途广泛，地位重要，意义重大。除前文所述行业外，在机械行业中氧气用于设备、管道的气焊、气割，在建材行业的各种炉窑加热中提供富氧以节能提效，在国防工业可作为火箭推进剂、液氧炸药，在医疗行业中用做"高压氧仓"等呼吸用氧。

氮气广泛用于安全保护气与置换气，在电子行业、集成电路、玻璃生产中氮气用作洗涤气和保护气，在食品行业、畜牧业、低温医疗行业中液氮用作速冻、冷藏的冷源，在金属表面低温处理和低温研究中液氮可作为冷媒。

氩气主要用作保护气，如多种金属及其合金焊接、特殊金属切削、等离子切割喷涂堆焊及单晶硅、锗的制备，在照明灯具和各类电压管、放电管、激光管制造中充氩气可延长钨丝寿命，在医疗中可作为手术用止血喷枪，在分析中氩气可作为色谱仪的载气、光谱仪的保护气。

其他稀有气体（氖气、氦气、氪气、氙气）在国防军工、航空航天、电光源、激光技术、高能物理、低温超导、高端医疗和特种金属冶炼焊接等高新科技产业和民用方面有广泛的重要用途，是国防科研不可或缺的战略物资。

由于空分产品的广泛应用，特别是随着氩气等稀有气体应用增长及节能需求，空分设备流程将迎来重大突破。

1.3 国内外空分行业发展史

1.3.1 国外空分行业发展史

1. 国外空分行业发展编年史

世界空分设备的发展，以空分技术突破为先导，纵观百年历史，标志性的进展如下：

1852 年，英国科学家焦耳和汤姆逊发现气体节流后温度降低，提出了"焦–汤效应"。因"焦–汤效应"在工业液化气体中的重大指导作用，世界科学家把"焦–汤效应"这一重要发现称为低温技术发展的里程碑。

1895 年 5 月 29 日，德国林德利用焦耳–汤姆逊节流效应制成世界第一台 3L/h 高压空气液化装置，液化空气成功并投入工业生产，建立了"林德节流液化循环"。

1902 年，林德设计世界第一台 10m³/h 高压节流单级精馏制氧机；1903 年，开车产出氧气。

1902 年，法国克劳特发明对外做功来降低温度的活塞式膨胀机，并在一台中压（50 个大气压）带活塞式膨胀机中液化了空气，建立了有名的"克劳特膨胀液化循环"。"克劳特膨胀液化循环"改善了林德的"高压节流液化循环"，使空分液化由高压转到中压，这是空分技术的一大进步，被称为低温技术发展的又一里程碑。

1910年，法国液化空气集团（简称液空公司）制成第一台中压带活塞式膨胀机的50m³/h制氧机。

1914年，德国林德公司（简称林德公司）发明第一台制氩装置。

1924年，德国法兰克尔提出在大型空分设备上采用金属填料的蓄冷器，代替一般的热交换器。林德公司1926年开始在空分设备中应用，这是大规模气体液化与分离方面的一个重要进展，到20世纪40~50年代被切换式换热器取代。

1930年，林德公司开创用冻结法清除空气中的水和二氧化碳。

1932年，苏联拉赫曼提出将部分膨胀空气直接送入上塔参与精馏，挖掘上塔潜力，即"拉赫曼原理"。"拉赫曼原理"在空分设备中沿用至今。

1937年，苏联卡皮查在物理所建造并试验带有透平压缩机和透平膨胀机的低压空分设备，建立了"卡皮查低压液化循环"。

1939年，卡皮查发明高效率（大于80%）径流向心反动式透平膨胀机，开始研究全低压空分设备。"卡皮查低压液化循环"是现有大型全低压空分设备的基础，卡皮查透平膨胀机是近代世界各国透平膨胀机发展的基础，在空分发展史上有重大的里程碑意义，被称为低温技术发展的又一里程碑。

20世纪40年代，美国发明切换式换热器并用于空分设备。1956年液空加拿大分厂为美国制造一套制氧机，首次使用切换式换热器。

1956年，美国联合碳化物公司林德分公司在高压空分设备上采用分子筛净化空气，开拓了空气净化新工艺，并沿用至今。

1960年，液空公司开始通过管道输送空分产品气体给用户。

1968年，林德公司开发了常温分子筛吸附净化空气流程，改变可逆流程，延长板式换热器寿命。

1976年，日本神钢在日本加古川钢铁厂3000m³/h空分设备上采用一台16位微型计算机进行控制，使设备利用率由86%提高到96%~97%，使制氧过程能按需要量自动快速调整到最佳工况，节省大量能耗。这是世界上第一套用电子计算机全自动控制的空分设备。

1978年，林德公司成功开发空分设备内压缩流程。

20世纪70年代末，苏尔寿公司将规整填料应用于空分塔，代替筛板塔，并沿用至今。

1990年，林德公司开发了分子筛净化带增压透平膨胀机的空分流程。

2002年，林德公司向阿拉伯提供一套当时世界最大的低温法空分设备［10.5×10⁴Nm³/h（O₂）］。

2015年，液空公司与Sasol公司签订5000t/d［约15×10⁴Nm³/h（O₂）］的空分设备。

2. 国外空分设备公司介绍

液空公司创建于1902年，是一家具有百年历史的大型跨国集团公司。1902年创建"中压克劳特循环"法，1910年制成第一台中压带膨胀机的50Nm³/h（O₂）制氧机，1957年制成

$1.075 \times 10^4 Nm^3/h$ 空分设备，为南非的 Sasol 提供了 12 套 $6.69 \times 10^4 Nm^3/h$（98.5% O_2）空分设备，后期又设计制造了一套 $7.4 \times 10^4 Nm^3/h$（O_2）空分设备，2008 年为国家能源集团宁夏煤业有限责任公司（简称宁夏煤业）50 万吨/年烯烃项目设计制造的 2 套 $9 \times 10^4 Nm^3/h$（O_2）空分设备并完成调试。液空在欧洲建立起世界上最大的氧、氮、氩供应网络，管路总长达 3000km。2015 年液空与 Sasol 签订 5000t/d［约 $15 \times 10^4 Nm^3/h$（O_2）］的空分设备，目前已成功投产。

林德公司是德国工业气体巨擘，1947 年开始开发全低压工艺流程的空分设备，1968 年开发了常温下利用分子筛吸附净化空气的流程，1981 年能同时生产气体和液体的带内部循环压缩膨胀流程空分设备问世，1990 年制氩装置的氩塔采用规整填料塔，诞生了全精馏制氩技术，2002 年林德公司为沙特阿拉伯设计第一套突破 $10 \times 10^4 Nm^3/h$（O_2）空分设备，2006 年 9 月兼并英国 BOC 集团，2016 年完成宁夏煤业煤制油项目空分集群的 6 套 $10.15 \times 10^4 Nm^3/h$（O_2）空分设备安装、调试工作。

美国空气制品与化学品公司（APCI）创建于 1939 年，是世界最大的特种气体、电子气体生产者和供应商。1991 年收购柏美亚，在膜分离技术上居于世界领先地位；1992 年为菲利普石油公司北海埃科菲斯克油田提供一套 $22 \times 10^4 Nm^3/h$（N_2）特大型制氮设备，是大型空分设备首次安装在近海采油平台上；1997 年为荷兰鹿特丹壳牌公司提供 $9.052 \times 10^4 Nm^3/h$（O_2）空分设备，该设备同时产氮 $21.65 \times 10^4 Nm^3/h$（N_2）、液氧液氮 450t/d、氩气 2878Nm^3/h；是全面气体和化学品管理（MEGASYSTM）的创建者和推行者。

梅塞尔工业气体有限公司（简称梅塞尔）创建于 1898 年，位于德国克莱福德，是世界最大的由家族经营的工业气体、医疗气体和特种气体领域的公司，总部位于德国法兰克福附近的巴佐登，公司的产品和服务分布欧洲、亚洲和美洲。梅塞尔集团 2018 年的销售额达 13 亿欧元，产品包括氧气、氮气、氩气、二氧化碳、氢气、氦气、焊接保护气、特种气体、医疗气体和各种混合气。梅塞尔拥有世界一流的技术研发中心，不断开发出创新的气体应用技术，被广泛应用于工业、食品、环保、医疗和科研等各个领域。1995 年梅塞尔进入中国，目前已成为在中国的主要国外工业气体供应商之一。

1.3.2　国内空分行业发展历程

1. 国内空分行业发展编年史

新中国成立初期，我国机械制造行业水平十分落后，但通过一代又一代空分人的艰苦奋斗，中国空分设备实现了从无到有、从只能仿制到世界先进水平的飞跃。

1953 年，哈尔滨第一机械厂试制成功 2 套 $30m^3/h$（O_2）的高压流程制氧机，从而开创了我国自主制造空分设备的历史。

1958 年 4 月 30 日，杭氧试制成功我国第一套 $3350m^3/h$ 空分设备，标志着我国空分设备实现了小型向大型的飞跃，开启了我国第一代空分产品。第一代空分产品采取铝带蓄冷器冻结高低压空分流程，具有流程复杂、能耗高、氧提取率低、蓄热器自清理未得到妥善解决等缺点。

1968年，杭氧设计、试制完成了我国第一台全低压流程的6000m³/h空分设备，开启了我国第二代空分产品。第二代空分产品采取石头盘管式蓄冷器冻结全低压空分流程，流程较第一代大为简化，较第一代产品具有氧、氮纯度高，氧提取率高、能耗低等优点，存在体积大、膨胀量调节范围小，配管复杂，制造困难等缺点。

1970年起，随着杭氧、开封空分等厂设备制造水平提升，杭氧设计了1000~10000m³/h空分设备的系列产品，开启了我国第三代空分产品。第三代空分产品采取了切换式换热器冻结全低压空分流程，和第二代空分产品相比，由于采取板翅式换热器和反动式可调喷嘴的透平膨胀机，具有传热效率高、结构紧凑轻巧等优点，使流程简化、能耗降低，氧提取率提高至87%。

1981年起，我国引进、吸收林德公司技术后，开启了第四代空分产品的设计制造。第四代空分产品主要应用于石化、化肥等化工领域，采取了常温分子筛净化全低压空分流程。由于采取了分子筛吸附H_2O、CO_2及碳氢化合物，使得流程得以简化，冷箱内设备减少，运行周期延长，操作维护便利，氧、氩提取率提高（氧90%~92%、氩52%），但能耗较第三代空分产品高。

1986年起，杭氧自行开发成功采用常温分子筛净化增压膨胀空分流程的6000m³/h空分设备，开启了我国第五代空分产品的设计制造。第五代空分产品采用了常温分子筛净化增压膨胀空分流程、带增压机的透平膨胀机、立式单层分子筛吸附器等新技术，同时成功地将集散系统应用于空分装置控制调节，提高了自动化控制水平。和第四代空分产品相比，其能耗降低，氧、氩提取率提高（氧提取率可达93%~97%、氩提取率54%~60%）。1995年10月，开封空分在三明钢铁厂3200m³/h空分设备改造设计中，上塔采用了规整填料塔技术并开车成功。

1996年后，杭氧设计推出采用规整填料和全精馏无氢制氩技术的第六代空分产品设备。和第五代空分产品相比，其能耗降低，氧提取率提高（高达97%~99%）、精氩纯度提高（含氧量低于2×10^{-6}）。

2000年后，为了满足不同行业的用户对产品的种类、纯度、压力等各种需求，空分发展主要向大型化、运行可靠、安全性高等方面进行流程优化。

2003年，开封空分为柳化公司提供双泵内压缩流程的2.8×10^4m³/h的空分设备投入运行，开创了行业大型空分设备采用内压缩流程的先河。

2012年，杭氧取得了伊朗卡维12×10^4Nm³/h特大型成套空分设备的合同订单，2014年发货完毕。

2017年8月25日，杭氧成套的宁夏煤业煤制油项目6套10.15×10^4Nm³/h（O_2）空分设备顺利完成试车。

2. 国内空分设备公司介绍

杭州杭氧股份有限公司（简称杭氧）是目前国内大型的空分设备制造企业，属高新技术企业，拥有国家级企业技术中心，是我国重大技术装备国产化基地。自1950年建厂，1955年设计制造出我国第一套自主研发空分设备以来，杭氧为我国冶金、化肥、石化、煤化工、航天航空等行业研制、提供成套空分设备4000余套。其中，公司研制的10万等级空分设备经中国机械工业联合会与中国通用机械协会联合鉴定，其总体技术达到国际领先水平，打破了国际公司对大型空分设备的垄断。

开封空分集团有限公司（简称开封空分）成立于1958年，1965年建成投产，目前是中国空分装备制造业的骨干企业和中坚力量，隶属于河南能源化工集团。公司主要产品为成套大、中型空分和气体液化配套设备、高压绕管换热器、金属组装式冷库、化工用压力容器、环保设备及以液氮洗、碳氢分离等为代表的各种化工气体低温分离装置，天然气、煤层气分离液化装置。开封空分年产大中型空分设备制氧容量达 $80 \times 10^4 m^3$，累计为我国冶金、石化、化肥、煤化工、新能源、航天等行业提供大中型空分设备和气体液化设备1000余套，累计出口50余套，已跻身于世界著名空分厂家行列。

四川空分设备（集团）有限责任公司（简称川空）1966年建厂，主要从事大、中、小型空气分离设备，是以低温技术为核心的国家高新技术企业集团。近年来，川空通过创新，掌握并成功运用了特大型空分上的关键技术，具备了设计、制造、成套80000~120000m³/h等级大型空分装置的能力；研制了全球首套用于富氧燃烧的新型节能低纯氧三塔流程空分装置，针对大型空分装置，成功开发出高纯氩、氪精制设备、高纯氖、氦精制设备，在成套空分装置方面确立了国内领先优势。

杭州福斯达深冷装备股份有限公司（简称福斯达）于1984年成立，设计、制造了50~80000Nm³/h等级制氧装置，经过多年的创新，研发出目前具备 $10 \times 10^4 Nm^3/h$ 等级制氧装置的设计、制造和成套能力。研制的高效节能主冷得到了广泛运用。同时，在天然气液化、高压绕管式化热器、化工冷箱、环保装置领域取得了明显的发展。

1.4 未来空分行业展望

回顾国内外空分行业发展历程，展望空分行业未来发展趋势，我们认为具有以下特点：

（1）规模大型化、集群化。随着现代工业的发展，特别是大型煤化工项目的发展，空分设备趋向于大型化、集群化。空分设备多作为煤化工、冶金行业的配套装置，为其提供所需氧气、氮气产品。当用户规模增大时，所需氧氮产品量也随之增大，空分设备必将朝大型化方向发展，目前已出现单套规模 $15 \times 10^4 Nm^3/h$ 的空分设备，同时出于设备制造、运输及项目整体操作弹性考虑，空分设备必将朝大型化、集群化方向发展。

（2）设计精细化、精准化、个性化。不同的用户对于空分设备产品需求不同，如氧、氮纯度不同、压力不同、用量不同，未来空分设备会按用户需求精细化、精准化、个性化设计，甚至达到一户一类型——如根据煤化工气化炉用氧气压力不同，结合装置能耗及安全性，设计出内压缩流程；根据集成电路工艺所需氮纯度不同，设计出满足电子工业要求的高纯氮空分设备；根据污水处理所需氧气纯度略低等特点设计出吸附法空分设备，从而减少不必要的中间流程，达到节能降耗、优化投资的目的。

（3）操作高度自动化、智能化。当前各空分设计公司在空分设备仪表组态上先后试验、开发了自动变负荷技术、隐屏操作等功能模块，达到减轻操作人员压力的目的。未来随着5G、智能化的发展，空分设备必将迎来无人值守、AI远程监控等智能化、一键启动的全面实施阶段。

（4）新技术、新流程、新设备、新材料得到广泛应用，做到安全可靠节能减排。随着科技的发展，未来将设计制造出更先进的机组取代当前的机组，吸附烃类、二氧化碳、氮氧化物能力更强的高效分子筛取代现有分子筛等。随着新技术、新流程、新设备、新材料的广泛应用，空分设备将向安全性更高、产能更高、占地面积更小、单耗更低的方向发展。

第2章
低温法空分工艺原理

2.1 基础知识

2.1.1 空气组分

空气是存在于地球表面的气体混合物，接近于地面的空气在标准状态下的密度为 $1.29kg/m^3$，主要成分是氧气、氮气和氩气。以体积含量计，氧气约占 20.95%，氮气约占 78.084%，氩气约占 0.93%，此外还含有微量氖气、氦气、氪气、氙气等稀有气体（干燥空气组分见表2-1）。根据地区条件不同，还含有不定量的二氧化碳、水蒸气及乙炔等碳氢化合物。

表2-1 干燥空气组分

组分	分子式	体积分数/%	质量分数/%
氮气	N_2	78.084	75.52
氧气	O_2	20.95	23.15
氩气	Ar	0.93	1.282
二氧化碳	CO_2	0.03	0.046
氖气	Ne	18×10^{-4}	12.5×10^{-4}
氦气	He	5.24×10^{-4}	0.72×10^{-4}
氪气	Kr	1.14×10^{-4}	3.3×10^{-4}
氙气	Xe	0.08×10^{-4}	0.36×10^{-4}
氢气	H_2	0.5×10^{-4}	0.035×10^{-4}
甲烷、乙炔及其他碳氢化合物		3.53×10^{-4}	2.08×10^{-4}

2.1.2　空气组分的性质

作为制氧的原料气——空气，它是由多组分的气体混合而成的混合气体，其主要组分为氧气、氮气、氩气和微量的氖气、氦气、氪气、氙气等稀有气体。

混合气体的性质，取决于组成混合气体的各组分的含量。下面分别介绍空气中各组分气体的性质。

1. 氧气

氧气分子式为 O_2，相对分子质量为31.9988，无色、无味的气体。在标准状态下的密度为1.429kg/m³，熔点为54.75K，沸点为90.17K。化学性质极活泼，是强氧化剂，不能燃烧，具有助燃性。

2. 氮气

氮气分子式为 N_2，相对分子质量为28.013，无色、无味的惰性气体。在标准状态下的密度为1.251kg/m³，熔点为63.29K，沸点为77.35K。化学性质不活泼，不能燃烧，是一种窒息性气体。

3. 氩气

氩气分子式为 Ar，相对分子质量为39.948，无色、无味的气体。在标准状态下的密度为1.784kg/m³，熔点为84K，沸点为87.291K。化学性质不活泼，不能燃烧，也不能助燃。多用于焊接、冶炼中作保护气。

4. 氦气

氦气分子式为 He，相对分子质量为4.003，无色、无味的气体。在标准状况下的密度为0.1786kg/m³，熔点为4.3K，沸点为1.0K。化学性质极不活泼，常用于镁、锆、铝、钛等金属焊接的保护气，也可用于火箭、宇宙飞船上的高真空装置、原子核反应堆，作为输送液氢、液氧等液体推进剂的加压气体。

5. 氖气

氖气分子式为 Ne，相对分子质量为20.1797，无色、无味、不燃烧的惰性气体。在标准状况下的密度为0.4839kg/m³，熔点为24.55K，沸点为27.09K。常温下为气态的惰性气体，不燃烧，也不助燃。常用于电子工业的填充介质（如高压氖灯、计数管等）。

6. 氪气

氪气分子式为 Kr，相对分子质量为83.80，无色、无味的惰性气体。在标准状况下的密度为3.74kg/m³，熔点为116.55K，沸点为120.85K。常温下为气态的惰性气体，不燃烧，也不助燃，广泛用于电子工业、电光源工业。

7. 氙气

氙气分子式为 Xe，相对分子质量为131.3，无色、无味的惰性气体。在标准状况下的密度为5.89kg/m³，熔点为161.15K，沸点为165.04K。具有麻醉性，它和氧的混合物（20%Xe，80%O_2、体积）是对人体的一种麻醉剂。用于闪光管、闪光灯充气，可以在通电时发出特强的白光（例如人造小太阳和广场照明）。

2.1.3　气体状态参数

1. 温度（T）

温度是物体冷热程度的标志，和物体的热运动状态有关系。从微观上说，温度反映物质内部分子运动的激烈程度。水的温度降低到一定程度时，可以变成固体，对空气降温也可以得到液态空气。

（1）摄氏温标（℃），定量地表示温度的高低有不同的温标。最常用的是摄氏温标，取标准大气压下水的冰点为 0 摄氏度，水的沸点为 100 摄氏度。将其间分为 100 等分，每一等分为 1 摄氏度，用符号℃标记。低于冰点的温度则为负。例如，氧在标准压力下的液化温度为 –182.8℃。

（2）热力学温标（K），热力学温标又称绝对温标或开尔文温标，记为 K。它与摄氏温标的分度相同，但零点不同。0℃相当于 273.15K，即 0K=–273.15℃。它们的关系如下所示。

$$T（K）=t（℃）+273.15$$

$$t（℃）=T（K）–273.15$$

因此，采用开尔文温标，温度均为正值。

2. 压强（压力）（p）

单位面积上的作用力叫压强，我们习惯称之为压力。对于气体，压力的方向总是垂直于容器的器壁；对于液体，由于液体本身受到重力的作用，底部的压力高于表面的压力，而且随深度增加而增大。

按国家标准，力的单位为牛（N），面积的单位为 m^2，则压力的单位为 N/m^2，记作帕斯卡（Pa）。工程上实际常用它的 10^6 倍，即 1MPa=10^6Pa。

工程上习惯用大气压作为压力单位，并用液柱高度来测量压差。它与 MPa 的关系为：

1 工程大气压（at）=1kgf/cm^2=0.098MPa ≈ 0.1MPa

1 标准大气压（atm）=760mmHg=1.033 工程大气压 =0.1013MPa

标准大气压目前是作为确定一些理化数据的基准压力，一般不作为压力的单位使用。工程大气压是作为压力的一种单位，一个工程大气压在数值上接近周围大气产生的压力。

液柱高度表示液体在重力作用下的力（重量）对单位面积施加的压力。液柱产生的压力还与液体的密度（ρ）有关，计算公式为

$$p = \rho g h$$

1mmH$_2$O 产生的压力为：1000kg/m^3 × 9.8m/s^2 × 0.001m=9.8Pa

1mmHg 产生的压力为：13600kg/m^3 × 9.8m/s^2 × 0.001m ≈ 133.2Pa ≈ 13.6mmH$_2$O

1 工程大气压 ≈ 1kg/cm^2 ≈ 735.6mmHg ≈ 10mH$_2$O

压力表测量的压力数值反映压力的高低，但并不是实际的压力。根据压力表的工作原理，测得的压力是实际压力（绝对压力）与周围大气压力的差值。当实际压力高于大气压力时，测

得的压力叫表压力。绝对压力应等于表压力加上大气压力：

$$p_绝 = p_表 + p_大气$$

当实际压力低于大气压力时，测得的压力叫真空度，也叫负压。绝对压力等于大气压力减真空度：

$$p_绝 = p_大气 - p_真$$

由于大气压力近似等于0.1MPa，所以当压力较高时，表压力加上该数值就近似等于绝对压力。工程上通常使用的压力为表压（即压力表直接读取），物性计算时常用绝对压力，通常：

$$p_绝 = p_表 + p_大气$$

压力单位的换算见表2-2。

表2-2 压力单位的换算

数值	物理大气压	工程大气压	bar	mmHg
1物理大气压	1	1.0332	1.013	760
1工程大气压	0.968	1	0.98	735.6
1bar	0.987	1.02	1	750
1000mmHg	1.315	1.36	1.33	1000

3. 质量体积与密度

单位质量气体所具有的容积称为质量体积（v），单位体积的工质所具有的质量称之为密度（ρ）。

$$v = V/G \qquad \rho = G/V$$

式中　v——质量体积，m^3/kg；

　　　ρ——密度，kg/m^3；

　　　V——体积，m^3；

　　　G——质量，kg。

4. 气体的三个状态参数p、V、T的关系

早在1662年，波义耳测验气体容积和压力关系时，发现在恒定温度下气体的容积与压力成反比：

$$V \propto \frac{1}{p}$$

$$pV = C$$

式中　p——压力；

　　　V——容积；

　　　C——常数，其值与温度、气体的种类及量有关。

若以 v_1 和 v_2 表示气体分别在 p_1 和 p_2 压力下的比容时，则：

$$p_1 v_1 = p_2 v_2 = \cdots\cdots \text{或} \frac{p_1}{p_2} = \frac{v_2}{v_1}$$

理想气体，在一定温度下，一定质量气体在各状态下的压力 p 和质量体积 v 成反比，被称为玻意耳–马略特定律。

1801 年查理氏与盖–吕萨克氏测得气体容积与温度之间的关系为：在压力一定时，当温度改变 1℃时，一定质量气体容积的改变为它在 0℃时容积的 $\frac{1}{273}$，即：

$$V_t = V_0 \left(1 + \frac{t}{273}\right)$$

若以绝对温度 T 来表示可得：

$$\frac{V_1}{T_1} = \frac{V_2}{T_2} = \cdots\cdots = C_2$$

由上式可知，在恒定压力下，一定量气体容积与绝对温度成正比，被称为盖–吕萨克定律。

同理，在气体容积恒定时，气体的压力与温度的关系可以用下式表示，

$$\frac{p_1}{T_1} = \frac{p_2}{T_2} = \cdots\cdots = C_3$$

$p = C_3 T$ 称之为查理定律。式中 C_3 为常数，它与容积、气体种类及量有关。

总之，对于理想气体，具有以下基本定律：

（1）T 不变时，对一定量的气体，压力越高，则气体所占体积越小，压力降低，体积增大；

$$p_1 V_1 = p_2 V_2 = \cdots\cdots = pV = \text{常数}$$

（2）p 不变时，对一定量的气体，温度升高时气体体积增大，反之缩小；

$$V_1/T_1 = V_2/T_2 = \cdots\cdots = V/T = \text{常数}$$

（3）V 不变时，对一定量的气体，温度升高压力则增高，反之下降。

$$p_1/T_1 = p_2/T_2 = \cdots\cdots = p/T = \text{常数}$$

实验表明，不同气体遵守上述三个公式的范围是不同的。可以假设一种在任何情况下完全符合上述三个公式的气体存在，这种气体称之为理想气体。

所谓理想气体，就是指这样一种假想的气体，其分子是完全弹性的不占体积的质点，分子间没有相互作用力，即是一群自由运动着的质点的集合体。理想气体实际上是气体在压力 $p \to 0$、比容 $v \to \infty$ 时，这一极限状态下的气体。

根据上述三个关系式，可得到理想气体在状态变化时的压力 p、温度 T、质量体积 v 之间的关系，即理想气体状态方程。

设某种气体由状态 1（p_1、v_1、T_1）变化到状态 2（p_2、v_2、T_2），求两个状态下各参数关系，气体状态变化见图 2–1。

假设先有状态 1 等压变化到状态 1′（p_1、v_1'、T_2），则有：

$$v_1/T_1 = v_1'/T_2$$

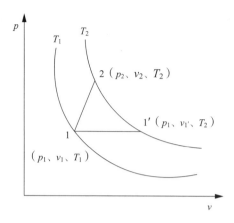

图2-1　状态变化示意图

然后由 $1'$ 等温变化到状态2（p_2、v_2、T_2），则有

$$p_1 v_{1'} = p_2 v_2$$

消去 $v_{1'}$ 得：

$$p_1 v_1 / T_1 = p_2 v_2 / T_2 \text{ 或 } pv/T = \text{常数}$$

如用R表示这个常数，则理想气体状态方程为

$$pv = RT$$

式中　R——气体常数，J/（kg·K）;

　　　p——气体的绝对压力，Pa;

　　　v——气体的质量体积，m³/kg;

　　　T——气体的绝对温度，K。

因为 $v = V/G$，则 $pV = GRT$。式中，G 为气体的质量，V 为体积。

对于一种气体，不论哪种状态下的R值都不变，但是不同的气体具有不同的R值。在国际单位制中，R的单位为J/（kg·K）。制氧常用的几种气体常数见表2-3。

表2-3　常用气体常数表

气体名称	R/[J/（kg·K）]	气体名称	R/[J/（kg·K）]
空　气	287.16	氖　气	412.11
氧　气	259.89	氪　气	99.24
氮　气	296.86	氙　气	63.34
氩　气	208.17	水蒸气	461.49
氦　气	2077.45	二氧化碳	319.38

根据阿伏伽德罗定律，在等温、等压条件下，不同气体在相同体积内的分子数相同。在标准状态下，1mol气体的体积为22.4L。换言之，在等温、等压条件下，各种气体的体积与物质的量成正比。因此气体参数 p、V、T 的关系可以写成：

$$pV = nR'T$$

式中　n——物质的量，mol；

　　　R'——气体常数，J/（mol·K）。

此式为理想气体状态方程式通式。其中的气体常数 R' 已与气体的种类无关，只与测量所用的单位有关。随着单位的不同，R' 的数值不同。通用气体常数值单位表见表2-4。

表2-4　通用气体常数值单位表

pV的单位	T单位	n单位	R'单位	R'值
J	K	mol	J/（mol·K）	8.314

通用气体常数的物理意义，即表示1mol理想气体在恒温下，温度升高1℃所做的膨胀功。

2.1.4　热力学基础

广义上，热力学是研究能量间的转变以及转变的倾向及平衡关系的科学。低温法制氧，首先要获得比环境低得多的温度，即通过适当的能量转换方式，将被冷物体的热量转移到环境中，然后建立平衡。能量转换必须遵循热力学的基本定律，所以制氧技术是建立在热力学基础之上的。

1. 热力学第一定律

人类经过长期实践总结，发现功和热能相互转化，热可以变成功，功也可以变成热。一定量的热消失时，必定产生一定量的功，消耗一定量的功时，必定出现与之对应的一定量的热，这就是热力学第一定律。

热和功的相互转化总是要通过某种工质，即热和功的转化过程中，工质的能量也是改变的，只是热和功转换时数量一定守恒。可见，热力学第一定律是能量守恒定律在热量传递过程中的应用。

1）功

功是能量变化的一种度量，其数字表达为：功=力 × 距离。压缩气体推动活塞做功 ΔW，等于气体对活塞的作用力 F 与活塞移动距离 Δr 的乘积，即 $\Delta W = F\Delta r$。若作用在活塞上的压力为 p，活塞的截面积为 S，那么功又可以表示为 $\Delta W = PS\Delta r = p\Delta V$，其中 ΔV 为气体膨胀的体积变化值。若汽缸内的气体为 Gkg，则每千克气体所做的功 $\Delta W = p\Delta V/G = p\Delta v$，这表示气体的膨胀功可用压力与比体积的变化量的乘积来表示，功的单位常用"kJ"或"kW·h"。

2）热量

热量是物体内部分子所具有能量变化的一种度量，用字母 Q 或 q 表示。如果分子运动的动能增加，反映出温度升高，这一过程中分子吸收了热量。工程上用"J"作为热量的度量单位。

1kg 物质温度升高 1℃ 所需要的热量叫做该物质的质量热容，用字母 c 表示，其单位为 kJ/（kg·K）。气体的质量热容并非常数，而与温度、压力有关。气体的质量热容可以在低温工质的热物性表中查出。

质量和质量热容的乘积 mc 称为热容。热容越大，单位物质温度变化 1℃ 所吸收或放出的热量就越多。

为了获得并维持低温，将热量自低温装置排至外界，这部分热量习惯上被称为冷量。

3）热功当量

热量与功都是与工质状态变化过程有关的物理量，两者都不是工质的状态参数。热量和功可以相互转换并有下面简单的关系式：

$$Q = AW$$

式中　Q——热量；

　　　W——所做的功；

　　　A——单位功所相当的热量，故称为热功当量。随热量及功的表示单位的不同而不同。

4）热力学能

工质由分子组成，其内部分子不停地运动而具有动能，工质分子之间存在着作用力而具有位能。分子的动能和位能之和称为工质的热力学能，通常用 U 来表示，单位为焦耳（J）。用 ΔU 表示工质热力学能的变化。分子动能和位能变化都会引起热力学能的变化。分子动能的大小与工质的温度有关，温度越高分子的动能越大；而工质的位能大小取决于分子之间的距离，即由气体工质的质量体积也就是比体积 v 来决定。由于温度与比体积都是状态函数，所以热力学能也是状态参数，也就是热力学能只与状态有关而与变化过程无关。这与功和热量两个过程参数不同。热力学能的改变通常通过传热和做功两种方式来完成。

5）焓

在制氧生产的过程中，加工空气、产品气体都在不断地流动，气体不仅具有热力学能，而且在流动中能量也在不停地变化。流动中的气体所具有的总能量应等于气体的推动功（$p\Delta v$）与其热力学能（U）之和，用符号 i 或 H 来表示，$H=U+pv$，称之为焓。焓表征了流动系统中流体工质的总能量，它的数值为热力学能和流动时的推动功之和。流动时的推动功 $p\Delta v$、压力和质量热容都是状态函数，热力学能 U 也是状态函数，因此焓也是一个状态函数。

2. 热力学第二定律

热力学第一定律说明了能量传递及转化时的数量关系。当两个温度不同的物体接触，其间有热量传递时，第一定律说明了某一物体所失去的热量必定等于另一物体所得到的热量，但并未说明究竟谁传给谁，在什么条件下方能传递以及过程将进行到何时为止。

当热能和机械能互相转换时，第一定律也只是说明了两者之间的数量上的当量关系，而并未说明转化的方向、条件及深度。

克劳休斯于1850年提出了完整的热力学第二定律：热不可能自发地、不付代价地从一个低温物体传给另一个高温物体。普朗克对热力学第二定律这样描述：只冷却一个热源而举起载荷的循环发动机是造不成的，即不可能制成第二类永动机。

热能从低温传向高温的过程或热能转化为机械能的过程是不会自发进行的。要使它们成为可能，必须同时有其他一些过程，如机械能转化为热能，或热能从高温传向低温，或工质膨胀等过程同时进行。后面一些过程则可以无条件地自发进行，叫做自发过程。前面一些过程叫做非自发过程，非自发过程的进行必须有自发过程的同时进行为条件。

前面已讲到5个物质的状态参数，即温度、压力、比体积、热力学能和焓。熵也是一个状态参数，用符号 S 表示。

自然界有许多现象有方向性，即向某一个方向可以自发地进行，反之则不能。热量只能从高温物体传给低温物体，高压气体会自发地向低压方向膨胀，不同性质的气体会自发地均匀混合。一块赤热的铁会自然冷却，水会自发地从高处流向低处，它们的逆过程则均不能自发进行。这种有方向性的过程称之为"不可逆过程"。

不可逆过程前、后的两个状态是不等价的。熵可以用来度量不可逆过程前后两个状态的不等价性。

空气通过节流阀和膨胀机时，压力从 p_1 降到 p_2，理想情况下，两个过程均可看成是绝热过程。但是，由于节流过程没有对外做机械功，压力降完全消耗在节流阀的摩擦、涡流及气流撞击损失上，要使气体自发地从低压处 p_2 反向流至高压处 p_1 是不可能的，因此它是一个不可逆过程。对于膨胀机，其叶轮对外做功，使气体的压力降低，内部能量减少。在理想情况下，如果将所做的功利用压缩机加以回收，则仍然可以将气体由低压压缩至高压且没有消耗外界的能量，因此，膨胀机的理想绝热膨胀过程是一可逆过程。

由此可见，流体经节流与膨胀机膨胀后的压力虽然相同，但是这两个状态是不等价的。它们的不等价性通过理论证明可用熵来度量。对于节流过程来说，是绝热的不可逆过程，熵是增大的；对于膨胀机来说，在理想绝热情况下，为一可逆过程，熵不变。即节流后的熵值比膨胀机膨胀后的熵值要大，其差值说明了不可逆的程度。

对其他绝热过程来说，自然过程总是向着熵增大的方向进行；或者说，熵增加的大小反映了过程的不可逆程度。因此，熵就是表示过程方向性的一个状态参数。

熵是从热力学理论的数学分析中得来的，定义也是用数学公式导出的，正像焓一样，熵在热工理论计算及热力理论中具有很重要的作用，它表明工质状态变化时其热量的传递程度。熵值不能通过仪器直接测量，只能通过计算得出。

熵可定义为 $dS = dq/T$。公式表明，熵的增量等于系统在可逆过程中从外界传入的热量，除以传热当时的绝对温度所得的商。或者说，物质熵的变化可用过程中物质得到的热量除以当时的绝对温度来计算（如果过程中温度不是常数，熵的增减需用数学积分计算）。熵的单位是 J/K。

从熵的定义可以看出，$dS=0$ 或 $\triangle S=0$ 表示过程绝热，$\triangle S>0$ 表示过程吸热，$\triangle S<0$ 表示过程放热。而工程热力学中又规定向工质传入热量为正，从工质对外传出热量为负。熵的绝对值和内能焓一样，在一般的热工计算中无关紧要，所感兴趣的是熵的增加或减少。熵给热量的分析和计算带来了方便，绘制与熵有关的线图是引进"熵"这个概念的重要用途之一。

3. 气体的热力性质图

已知气体的两个状态参数即可确定气体的状态。以两个状态参数为坐标，将气体的某些状态参数的相互关系绘制在坐标图上，这就是热力性质图。在空分设备计算中，用的最多的有空气的温–熵图（T–S图）、焓–熵图（H–S图）、焓–温图（H–T图）等。

1）T–S图

T–S图是以温度为纵坐标，熵为横坐标的热力学函数图。图中向上凸起的曲线叫"饱和曲线"，饱和曲线由两部分组成，左半边称为饱和液体线，右半部分称为饱和蒸汽曲线，两条曲线的汇合点称为临界点。在临界点所对应的温度称为临界温度，对应的压力称为临界压力。临界点是气体与液体相互转化的极限，T–S图见图2-2。由图2-2知，饱和曲线和温度T临界点将此图分为3个区域，T–S（饱和曲线）见图2-3。

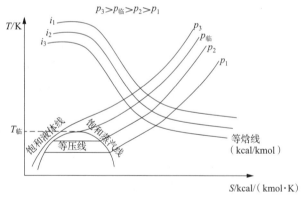

图2-2　温–熵（T–S）图

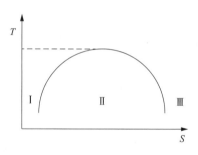

图2-3　温–熵（饱和曲线）图

Ⅰ区：饱和液体线左侧区域为未饱和液体区。

Ⅱ区：饱和液体曲线和蒸汽曲线下面的区域为气液共存区。

Ⅲ区：饱和蒸汽曲线右侧区域为过热蒸汽区。

临界点的存在说明：只有气体的温度低于其临界温度时，该气体才可能变成液体。

2）H–T图

H–T图的横坐标是温度，纵坐标是焓值。H–T图的形状如图2-4所示。根据定压下汽化过程的实验数据，得出一组等压线。每条等压线由3段构成。随着压力升高，饱和温度提高，等压线

在 $H-T$ 图中逐渐右移。最右边的等压线压力最高。由不同压力下的饱和液体点和饱和蒸汽点连成饱和曲线，二线相交于临界点 K。饱和曲线将图分成 3 个区。在饱和曲线内为湿蒸汽区，饱和液体线以下为未饱和液体区，饱和蒸汽线以上及临界温度线以右为过热蒸汽区。图中 a 点在饱和液体线上，蒸汽含量为 0％；b 点在干饱和蒸汽线上，蒸汽含量为 100％；c 点在湿蒸汽区，它为气液混合物。由于节流过程是等焓过程，所以 $H-T$ 图对节流过程的计算提供了方便。

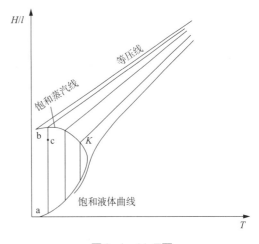

图 2-4　$H-T$ 图

3）$H-S$ 图

$H-S$ 焓熵图中有等压线组、等温线组，还有等干度线，其图的形状如图 2-5 所示。图中等压线向右上方散射，左边压力比右边压力要高。等温线是上面温度高，下边温度低。$X=1$ 为饱和液体线。线下为湿蒸汽区，为确定湿蒸汽状态的方便，画出了一组等干度线。由于膨胀机制冷在理想状态下是等熵过程，所以，膨胀机的计算应用 $H-S$ 图较为方便。

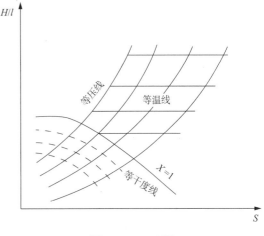

图 2-5　$H-S$ 图

2.2　获得低温的方法

大型空分设备分离空气选用低温精馏的方法。先将空气冷凝成液体，再按各组分蒸发温度的不同使空气分离。因空气是在低温精馏塔中进行分离的，所以说通过制冷获得所需的低温并维持这个环境，是空气分离的基本前提条件。

要使空气液化，需要从空气中取出热量使其冷却，最后全部成为液体。我们知道，在 $9.8 \times 10^4 Pa$ 大气压下，空气液化温度是 –191.8℃，从 300K 变为干饱和蒸汽需取出 222.79kJ/kg 热量，再从干饱和蒸汽变为液体需取出 168.45kJ/kg 热量（即潜热），显然，为使空气液化首先要获得低温。

工业上空气液化常用两种方法获得低温，即空气的节流降温和膨胀机的绝热膨胀制冷。

2.2.1 等焓节流降温

当一定压力的流体在管内流经一个缩孔或阀门时，由于流通截面突然缩小，流体中会发生激烈扰动，产生旋涡、碰撞、摩擦，流体在克服这些阻力的过程中，压力下降，使阀门后的压力 p_2 低于阀门前的压力 p_1（见图2-6），我们把这种因流体流动遇到局部阻力而造成的降压过程称之为节流。流体在管道内流动和流经各种设备时也存在着流动阻力，压力也有所下降，所以节流过程也包括流体流经管道与设备时的压降过程。从能量转换的观点来看，由于工质流经节流阀的速度很快，膨胀后来不及与周围环境进行热量交换，并且节流阀安装在保冷箱内，四周传递的热量可以忽略不计，因此节流过程可看成是绝热过程。同时，流体流经阀门时与外界没有功交换，在既无能量输入又无能量输出的情况下，流体在节流前后的能量不变，即节流前后的焓值相等 $i_1 = i_2$，这说明节流本身并不产生冷量。

节流过程是一个等焓过程，理想气体的焓只是温度的函数，所以理想气体节流后温度并不发生变化。而实际气体的焓值是温度和压力的函数，因此实际气体节流后的温度存在变化，归纳为三种情况：下降、不变、上升。温度变化与否同节流工质的性质和节流前的状态有关。

图2-7给出的是由实验方法得到的空气节流转化曲线。转化曲线将坐标分割成两部分，内侧为制冷区，即工质节流前处于该区域的某个状态，经节流后温度将下降；外侧为制热区，即工质在节流前处于该区域的某个状态，节流后温度将升高。氧、氮、二氧化碳等工质均存在相似的转化曲线。

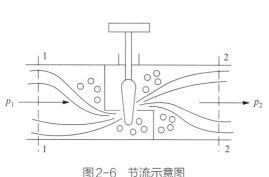

图2-6 节流示意图

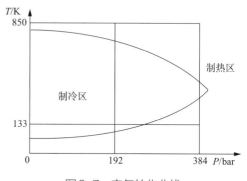

图2-7 空气转化曲线

从图2-7可以得知，在相当大的范围内，空气节流后温度都会下降，氧、氮、氩、氖、氙也是如此，只有氦室温节流温度会升高。因此选用节流工质时应该注意其转化温度。

在常温范围内，空气节流后的温度变化，可以用每降低一个大气压所降低的温度 a_i 来表示：

$$a_i = (a_0 - b_0 p)(273/T)^2$$

式中，a_0、b_0 为实验常数，p、T 分别表示节流前空气的绝对压力（大气压）和绝对温度（K）。这样，当空气从压力 p_1 节流到 p_2 时，产生的温降为：

$$\Delta T = a_i (p_1 - p_2) = a_i \Delta p$$

从温降的表达式可以看出，节流前的气体温度越低，节流前后压差越大，节流所获得的温降就越大。氧气、氮气节流温降的计算经验公式也与此类似。利用以上公式，可以指导我们进行空气节流制冷的实际应用。

既然通过节流可以降低温度，那么节流后的工质相对于节流前的温度就具备一定的制冷能力，我们把这个制冷能力称为等温节流制冷量，如图 2-8 所示。

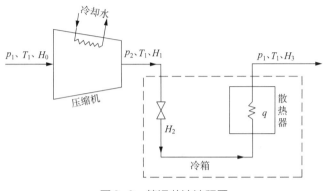

图 2-8　等温节流流程图

单位质量工质的制冷量：

$$q = \mathrm{C}p_1 \Delta T$$

即：

$$q = \mathrm{C}p_1 a_i \left(p_1 - p_2 \right) = H_3 - H_2 \left(H_1 = H_2, \ H_0 = H_3 \right) = H_0 - H_1$$

式中，$\mathrm{C}p_1$ 表示工质在 p_1 下的平均定压比热。

从计算结果来看，等温节流制冷量等于压缩机等温压缩前后的焓差。事实上，如前所述，节流并不产生冷量，只是通过节流，把工质在等温压缩时已具备的制冷量表现出来而已。真正的制冷量是在等温压缩过程中产生的，即冷却水从压缩机带走的能量大于驱动机传给压缩机的能量，致使压缩机出口工质的焓值 H_1 小于入口工质的焓值 H_0。

焓与压力、温度一样，都是状态参数，当物质的状态确定后，它的焓也随之确定。焓代表了流体在流动时所携带的能量，单位是 kJ/kmol。

焓（单位质量的焓）= 比内能 +pv，其中 pv 为流体受到的推动力、p 为流体的压力、v 为流体的比容。

流体的内能由内动能与内位能组成。温度越高，内动能越大。内位能不仅与温度有关，更主要的是取决于分子间的距离，即决定于比容，比容越大内位能越大。

熵的绝对值和焓及内能一样，在工程计算中无关紧要，我们所关心的只是它们的相对变化量。

2.2.2　等熵膨胀制冷

利用透平膨胀机制冷是空分设备制取冷量获得低温的主要途径。工质在膨胀机内膨胀，同时对外做功，使膨胀后的工质大大降温，膨胀机安装在保冷箱内，而且由于过程进行得很快，来不及与外界进行热交换。所以膨胀过程近似可以看成是绝热过程，在理想状况下（即工质在膨胀机内没有任何摩擦），膨胀过程熵值不发生变化。流体的熵的变化等于外界传递进来的热量与传热时流体的绝对温度之比：$\Delta S = \Delta Q/T$，则当流体由状态1→状态2的熵变应为：

$$\Delta S = \int_1^2 \mathrm{d}Q/T$$

如图2-9中1→2所示：实际上，由于气体与气体之间，气体与机器壁面之间不可避免地要产生摩擦，摩擦热又传给气体，使膨胀后气体的温度及焓值增加，熵也增加。实际的绝热膨胀过程应如图2-9中1→3所示，实际的绝热膨胀焓降为$i_1 - i_3$，它比理想的绝热膨胀焓降$i_1 - i_2$要小。

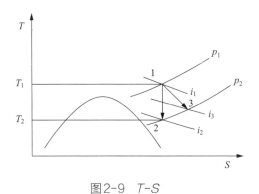

图2-9 T-S

通常把气体实际的绝热膨胀焓降与理想的绝热膨胀焓降之比，称为膨胀机的等熵效率，用η_s表示，即$\eta_s = (i_1 - i_3)/(i_1 - i_2)$

透平膨胀机的等熵效率与设计制造的质量有关，同时与安装、维修也密切相关。在正常情况下，目前透平膨胀机的等熵效率一般能达85%以上。

经膨胀机膨胀后的降温效果要比节流好得多，这是由于当气体经膨胀机膨胀时，除了产生节流降温效果，气体还在膨胀机中对外做功，消耗气体自身的能量，使分子的动能进一步减少，因此降温更显著。

膨胀机前后的压差及膨胀机进口的工质温度，直接影响着膨胀机的制冷效果。如果膨胀机的等熵效率保持不变，进口温度一定时，当压差越大，那么单位质量的工质膨胀后的焓降也越大，对外做功也越多，温度降低越显著，当膨胀机前后的压差一定时，提高进膨胀机的温度，膨胀后的工质温度升高，则降温效果变大，单位质量工质的制冷量增加。

对于理想气体，膨胀温降可以用下面的关系式精确表达：

$$\Delta T = T_1 - T_2 = T_2\left[\left(\frac{p_1}{p_2}\right)^{\frac{R-1}{R}} - 1\right] \quad （双原子的理想气体 R = 1.4）$$

对于实际气体，膨胀过程的温降常用热力学图（ T - S 图）查找。

膨胀机的作用相当于一个对外做功的节流阀。所以单位质量的膨胀工质的制冷量分为两部分（见图2-10）。

$$q = 等温节流制冷量 + 膨胀机的输出功 = （i_1 - i_4） + （i_2 - i_3）$$

压力工质进入膨胀机进行绝热膨胀后，以较低的温度和压力排出机外，同时膨胀机对外做功。过去常用电机或风机作为膨胀机的制动设备。现在往往用单级离心压缩机（增压机）作为制动装置。增压机获得膨胀功后，将送入膨胀机的工质进一步升压。随着膨胀机入口压力增加，单位质量的工质制冷量也将增大。当空分设备的冷量要求一定时，膨胀量就可以因此减少。

另外，采用增压机这种制动方式还避免了机械能转变成电能所导致的损失，提高了膨胀功的回收效率，膨胀机工作能量转移如图2-11所示。

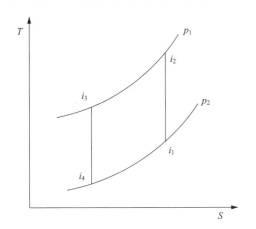

图2-10　膨胀机制冷循环示意图

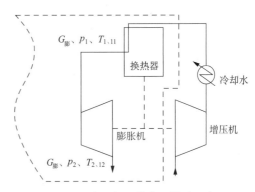

图2-11　膨胀机工作能量转移示意图

膨胀机在绝热条件下工作，根据能量守恒：

$$G_膨 i_1 = W_膨 + G_膨 i_2$$

所以

$$W_膨 = G_膨 （i_1 - i_2）$$

另外，等温节流制冷量与节流前有无换热器无关。压缩工质经换热后，在节流时，并不增加制冷量，而是影响节流前后的温度。

1. 节流膨胀与等熵膨胀制冷的比较

（1）从降温效果来看，膨胀制冷要比节流制冷强得多。

（2）从结构来看，节流阀结构简单，操作方便，而膨胀机是一套机组，结构复杂，操作、维修要求高。

（3）从使用范围来看，节流阀适用于气液两相区内工作，即节流阀出口可以允许有很大的带液量，但目前带液的两相膨胀机，其带液量尚不能很大。

根据以上特点，在全低压空分设备中，一般都同时采用节流降温与膨胀制冷，互补所缺。

2. 空分设备的冷量平衡

维持系统的冷量平衡是空分设备正常运行的基本保证，空分设备的冷量损失主要包括以下几项：

（1）跑冷损失：透过保冷层，周围大气传递给冷箱内低温设备及管道的热量，即相对冷箱而言损失了的冷量，叫跑冷损失。

（2）热交换不完全损失：低温气体离开冷箱时，在理想状态下它应复热到正流工质进入冷箱的温度，这样冷量可全部回收，但由于存在传热温差，在换热器热端，复热工质不能达到正流工质的进口温度而带走的冷量损失。

（3）生产液态产品带走的冷损（如果不生产液态产品，就没有这项冷损）。

（4）其他冷损：当装置有泄漏时，损失了一部分低温液体或气体，这种损失属于其他冷损。

在正常生产过程中，空分设备处于稳定流动状态。根据能量守恒定律，则有：等温节流制冷量+膨胀机制冷量=跑冷损失+热交换不完全损失+液体产品带走的冷损。

如图2-12所示，对于内压缩流程而言，冷损中还包括高压氧气带走的冷量，该项冷量相当于等温压缩制冷的逆过程。

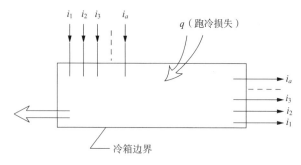

图2-12　空分设备其他冷损示意图

跑冷损失是进入冷箱各工质的焓值之和等于离开冷箱的各项工质的焓值之和加膨胀机的输出功，即：

$$q = H_{进} - H_{出} - W_{膨}$$

2.3　精馏原理

2.3.1　单组分气液相平衡

如图2-13所示，在封闭容器中，在一定条件下，液相中各组分均有部分分子从界面逸出进入液面上方气相空间，而气相也有部分分子返回液面进入液相内。经长时间接触，当每个组分的分子从液相逸出与气相返回的速度相同，或达到动平衡时，即该过程达到了相平衡。

平衡时气液两相的组成之间的关系称为相平衡关系。它取决于体系的热力学性质，是蒸馏过程的热力学基础和基本依据。

相平衡是物质在各相之间分布的平衡。达到平衡之后，各相的组成和数量不随时间改变。

对单组分气–液两相系统，可以将压力表示为温度的函数：

$$p = \psi(T)$$

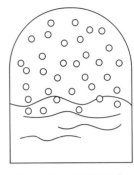

图2-13　气液相平衡

此方程式所决定的压力 p 称为气–液两相系统的平衡压力。方程式在 p–T 图上表示成一条曲线，称为饱和蒸汽压曲线（见图2-14）。这条曲线上的点对应于两个平衡共存的液相与气相。饱和蒸汽压曲线也是气–液相平衡曲线，因为稳定的两相平衡状态只能是位于曲线上的点所表示的状态。p–T 图上其余的点或对应于两相系统的不平衡状态，或对应于单相的平衡状态。

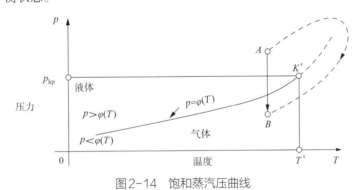

图2-14　饱和蒸汽压曲线

2.3.2　双组分理想溶液的气液相平衡

1. 拉乌尔定律

根据溶液中同分子间与异分子间的作用力的差异，可将溶液分为理想溶液和非理想溶液两种。实验表明，理想溶液的气液平衡关系遵循拉乌尔定律，即：

$$p_A = p_A^0 x_A = p_A^0 x$$

$$p_B = p_B^0 x_B = p_A^0 (1 - x)$$

式中　　　p——溶液上方组分的平衡分压，Pa；

p^0——同温度下纯组分的饱和蒸汽压，Pa；

x——溶液中组分的摩尔分率；

下标 A——易挥发组分、B——难挥发组分。

为简单起见，常省去上式中的下标，习惯上以 x 表示液相中易挥发组分的摩尔分率，以 $1-x$

表示难挥发组分的摩尔分率；以y表示气相中易挥发组分的摩尔分率，$1-y$表示难挥发组分的摩尔分率。

2. 相律

相律表示平衡物系中的自由度数、相数及独立组分数间的关系，即：

$$F=C-\phi+2$$

式中　F——自由度数；

　　　C——独立组分数；

　　　ϕ——相数。

式中的数字2是假定外界只有温度和压强两个条件可以影响物系的平衡状态。对两组分的气液平衡物系，其中组分数为2、相数为2，而可以变化的参数有4个，即温度t、压强p、一组分在液相和气相中的组成x和y（另一组分的组成不独立），故：

$$F=2-2+2=2$$

由此可知，两组分气液平衡物系中只有2个自由度，即在t、p、x和y 4个变量中，任意确定其中的2个变量，此平衡状态也就确定了。又若固定某个变量（例如外压），则仅有1个独立变量，而其他变量是它的函数，因此两组分的气液平衡可以用一定压强下的$t-x$（或y）或$x-y$的函数关系或相图来表示。

3. 两组分气–液相平衡图

1）$x-t$（泡点）关系式

液相为理想溶液，服从拉乌尔定律：

$$p_A = p_A^0 x_A = p_A^0 x$$
$$p_B = p_B^0 x_B = p_A^0 (1-x)$$

气相为理想气体，符合道尔顿分压定律：

$$y_A = \frac{p_A}{p} = \frac{p_A^0 x}{p}$$

混合液沸腾的条件是各组分的蒸气压之和等于外压，即

$$p = p_A + p_B$$
$$= p_A^0 x + p_B^0 (1-x)$$
$$x = \frac{p - p_B^0}{p_A^0 - p_B^0}$$

纯组分的蒸汽压p^0与温度t的关系式可用安托因方程表示，即

$$\log p^0 = A - \frac{B}{t+c}$$

故x与t的关系为非线性关系，已知t求x用上式很方便，但是已知x求泡点t要用试差法求。

2）$y-t$（露点）关系式

指定t用上述方法求出x后，用道尔顿分压定律求y，即

$$y_A = \frac{p_A^0 x}{p}$$

3）t–x（或 y）图

将用上述方法求出的 t–x（或 y）的数据画在同一张图上，就得到 t–x（或 y）图。如图2-15 t–x–y所示。

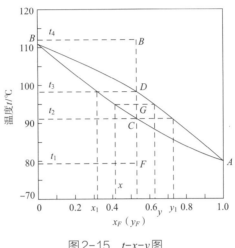

图2-15　t–x–y图

此图的特点如下：

两端点 A 与 B：端点 A 代表纯易挥发 A 组分（$x=1$），端点 B 代表纯难挥发 B 组分（$x=0$）。$t_{A,沸点} < t_{B,沸点}$。

两线：t–x线为泡点线，泡点与组成 x 有关；t–y线为露点线，露点与组成 y 有关。

三区：t–x线以下为过冷液体区；t–y线以上为过热蒸汽区；在 t–x 与 t–y 线之间的区域为气液共存区，在此区域内气液组成 y 与 x 是成平衡关系，气液两相的量符合杠杆定律。只有设法使体系落在汽液共存区这才能实现一定程度的分离。例如将组成为 x_F 的过冷溶液加热至 C 点，产生第1个气泡，故 C 点所对应的温度称为泡点，气泡组成为 y_1，维持加热升温至 G 点，溶液部分气化，气相组成为 y_F（F 点），液相部分分离，y 与 x 成平衡关系，G 点所对应的温度为气液相的平衡温度；反之将组成为 y_F 的过热混合气体冷却至 D 点，第1滴冷凝液出现，D 点所对应的温度为露点，液滴组成为 x_1，继续冷却至 G 点气相部分冷凝，液相组成为 x，气相组成为 y，$x < y_F$，$y < y_F$，故部分冷凝亦可实现一定程度的分离。

由此可见，将液体混合物进行一次部分气化的过程，只能起到部分分离的作用，因此这种方法只适用于要求粗分或初步加工的场合。显然，要使混合物中的组分得到几乎完全的分离，必须进行多次部分气化和部分冷凝的操作过程。

4）y–x 在蒸馏计算中的广泛应用

y–x 在蒸馏计算中广泛应用的是在一定总压下的 y–x 图。因 $p_A^0/p > 1$，故在任一 x 下总是

$y > x$，相平衡曲线 y–x 必位于对角线 $y = x$ 上方。若平衡曲线离对角线越远，越有利于精馏分离。注意：y–x 曲线上各点对应不同的温度，x、y 值越大，泡点、露点温度越低。

4. 相对挥发度和相平衡方程

纯组分的饱和蒸汽压 p^0 只能反映纯液体挥发性的大小。某组分与其他组分组成溶液后其挥发性将受其他组分的影响。溶液中各个组分的挥发性大小应用各组分的平衡蒸气分压与其液相的摩尔分数的比值，即挥发度 γ 表示。

$$挥发度\ \gamma_A = \frac{p_A}{x_A},\quad \gamma_B = \frac{p_B}{x_B}$$

在蒸馏中表示分离难易程度要用两组分挥发度之比，称为相对挥发度 α

$$相对挥发度：\ \alpha = \frac{\gamma_A}{\gamma_B} = \frac{p_A/x_A}{p_B/x_B} = \frac{y_A/x_A}{y_B/x_B} = \frac{y_A/y_B}{x_A/x_B} = \frac{y/(1-y)}{x/(1-x)}$$

$$相平衡方程：\ y = \frac{\alpha x}{1 + (\alpha - 1)x}$$

此式表示互为平衡的气液两相组成间的关系，称为相平衡方程。如能得知值，便可算出气液两相平衡时易挥发组分浓度 y–x 的对应关系。

对于理想溶液，将拉乌尔定律带入 α 的定义式可得：

$$\alpha = \frac{\gamma_A}{\gamma_B} = \frac{p_A/x_A}{p_B/x_B} = \frac{p_A^0}{p_B^0}$$

即理想溶液的 α 值仅依赖于各纯组分的性质，纯组分的饱和蒸汽压 $p_A{}^0$、$p_B{}^0$ 均系温度 t 的函数，且随温度的升高而加大，因此 α 原则上随温度（也即随 x）而变化。但 $p_A{}^0/p_B{}^0$ 与温度的关系较 $p_A{}^0$ 或 $p_B{}^0$ 单独与温度的关系小得多，因而可在操作的温度范围内取一平均的相对挥发度 α 并将其视为常数，这样利用相平衡方程就可方便地算出 y–x 平衡关系。换句话说相平衡方程仅对 α 为常数的理想溶液好用。

当 α 为常数时，溶液的相平衡曲线如图 2-16 所示。当 $\alpha=1$ 时，$y=x$（即对角线），α 值越大，同一液相组成 x 对应的 y 值越大，可获得的提浓程度越大，分离程度越好。因此，α 的大小可作为用蒸馏分离某物系的难易程度的标志。

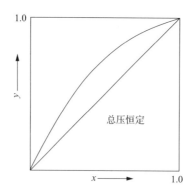

图2-16　相对挥发度为定值的相平衡曲线

2.3.3　空气分离原理

1. 多次部分汽化和多次部分冷凝

设想将如图 2-17 所示的单级分离加以组合，变成如图 2-18 所示的多级分离流程（图中以三级为例）。若将第一级溶液部分汽化所得气相产品在冷凝器中加以冷凝，然后再将冷凝液在第二级中部分汽化，此时所得气相组成为 y_2，且 y_2 必大于 y_1，这种部分气化的次数（即级数）愈多，所得到的蒸汽浓度也愈高，最后几乎可得到纯态的易挥发组分。同理，若将从各分离器所得的液相产品分别进行多次部分汽化和分离，那么这种级数愈多，得到的液相中易挥发组分的浓度也愈低，最后可得到几乎纯态的难挥发组分。

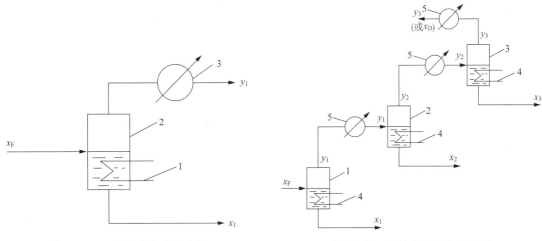

图2-17　一次部分汽化示意图
1—加热器；2—分离器；3—冷凝器

图2-18　多次部分汽化示意图
1、2、3—分离器；4—加热器；5—冷凝器

图 2-19 为一次部分气化 t-x-y 图。根据图 2-20 所示，在恒压条件下，通过多次部分气化和多次部分冷凝，最终虽然可以获得几乎纯态的易挥发组分和难挥发组分，但得到的气相量和液

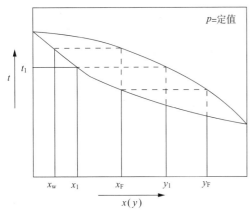

图2-19　一次部分汽化 t-x-y 图

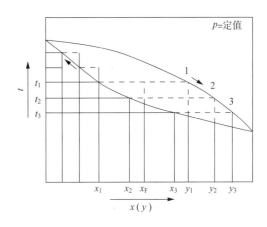

图2-20　多次部分汽化 t-x-y 图

相量却越来越少。采用如图2-19所示的流程用于工业生产，则会带来许多实际困难，如流程过于庞大，设备费用极高；部分汽化需要加热剂，部分冷凝需要冷却剂，能量消耗大；纯产品的收率很低。

2. 连续精馏装置流程

为了克服上述缺点，采用如图2-21所示带回流的流程多次部分汽化。

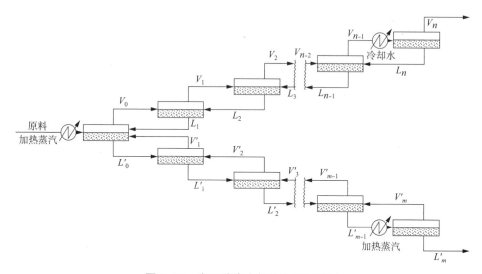

图2-21 有回流多次部分汽化示意图

在工业生产中，常采用如图2-22所示的流程进行操作。原料从塔中部适当位置进塔，将塔分为两段，上段为精馏段，不含进料，下段含进料板为提馏段，冷凝器从塔顶提供液相回流，再沸器从塔底提供气相回流。气、液相回流是精馏重要特点。

连续精馏装置主要包括精馏塔和蒸馏釜等。精馏塔常采用板式塔，也可采用填料塔。加料板以上的塔段，称为精馏段；加料板以下的塔段（包括加料板），称为提馏段。连续精馏装置在操作过程中连续加料，塔顶塔底连续出料，故是一稳定操作过程。

在精馏段，气相在上升的过程中，气相轻组分不断得到精制，在气相中不断地增浓，在塔顶获轻组分产品。在提馏段，液相在下降的过程中，其轻组分不断地提馏出来，使重组分在液相中不断地被浓缩，在塔底获得重组分的产品，冷凝器在塔顶提供高纯度的液相回流，再沸器在塔底提供纯度高的上升气，为精馏过程提供了传质的必要条件。提供高纯度的回流，使在相同理论塔板的条件下，为精馏实现高纯度的分离时，始终能保证一定的传质推动力。所以，只要理论塔板足够多、回流足够大，在塔顶可得到高纯度的轻组分产品，而在塔底获得高纯度的重组分产品。

3. 氧、氮混合物气液相平衡状态及其应用

为便于讨论问题，把空气作为氧和氮的混合物，把氩的含量归入氮组分，其他气体忽略不计，即认为空气中氧组分含量20.9%、氮组分含量79.1%。

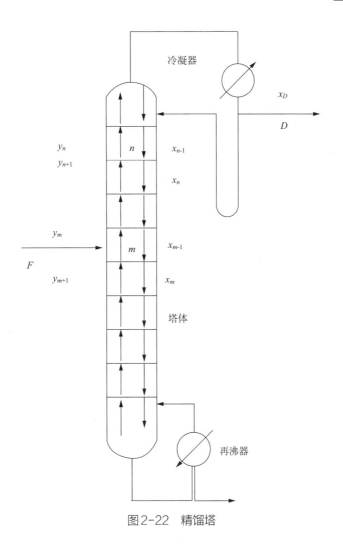

图2-22　精馏塔

氧和氮无论是气态还是液态都能以任何比例均匀的混合在一起。在同样的压力下，由于氧的冷凝温度高，氮的冷凝温度低，在混合气体中含氧组分多，则混合气体开始冷凝的温度就高。在一定压力下，当氧、氮混合气冷凝时，氧比较容易凝结成液体，冷凝下来的量多。所以，在冷凝的过程中蒸汽中氧的含量逐渐降低，氮的含量增加，冷凝温度也随着下降，直到气体全部冷凝为液体。所以，空气冷凝开始的温度与冷凝终了的温度是不同的。在一定压力下蒸发液态空气时则相反，低沸点的氮组分先蒸发，使液体中高沸点组分——氧的浓度增加，蒸发温度也随之升高，一直到蒸发结束。

图2-23表示在不同压力时氧、氮混合物的平衡曲线。横坐标表示氧的容积百分数，纵坐标表示相应的饱和温度。图中下面的一条曲线称液相线，它表示氧、氮混合液体的浓度和开始蒸发温度的关系。上面的一条曲线称为气相线，它表示氧、氮混合气体的浓度和开始冷凝温度的关系，在两条曲线的中间为气、液两相区。

氧、氮混合液体开始蒸发的温度随着氧组分的增加而升高，同样氧、氮混合气体开始冷

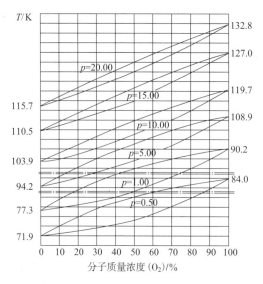

图2-23 氧氮混合物平衡曲线

凝的温度随着氧组分的增加而升高。例如在1kg/cm²压力时含氧量为20%的液体蒸发温度是78.5K，含氧量为80%的液体蒸发温度是85.4K；含氧量为20%的气体冷凝温度为81.4K，含氧量为80%的气体冷凝温度是88.5K。

在氧、氮混合物冷凝或蒸发过程中，液相和气相的组分是连续变化的，而冷凝开始与冷凝结束，或蒸发开始与蒸发结束组分是相同的。如液体空气中氧的浓度为20.9%，蒸发温度为78.6K，它所蒸发出来的蒸汽温度也应是78.6K，第一滴液体蒸发的蒸汽浓度为6.3%（O₂）。在同一压力下，相同温度的气体浓度和液体浓度，称为气、液的平衡浓度。因在这种情况下，在没有外面的影响时，如不再继续加热，蒸发就停止，气、液虽接触在一起，但气、液的浓度不会发生变化。蒸发到最后，它所蒸发出来的气体的浓度是20.9%（O₂）与它相平衡的液体，即最后一滴液体的浓度为51.5%（O₂），由此在蒸发的过程中液相的浓度由20.9%（O₂）连续地变化到51.5%（O₂），气相的浓度由6.3%（O₂）连续地变化到20.9%（O₂）。在某一温度达到气、液相平衡时，气相中的含氧量总是小于液相中的含氧量。换句话说，液相的氧浓度也总是高于气相的氧浓度。而且为了在气相中得到氮浓度愈高，那么与它相平衡的液体中含氮量也愈高，例如为了得到浓度为99%氮气（即气相中含氧量为1%），那么与它相平衡的液体中含氮量就要96%N₂（即液相中含氧量4%）。

由图2-23可见压力愈低时，气相和液相中氧的浓度差愈大，因此利用浓度差来分离空气时，压力愈低愈好。

同样地，简单的蒸发并不能完全地分离空气。例如，在1kg/cm²压力下，液态空气在刚蒸发时，得到的气体浓度为6.3%（O₂），即含氮量为93.7%，这时得到的氮气数量很少，浓度也不高，如果继续蒸发，可以得到的氮气数量将增加，但浓度相应降低。

如果处在冷凝温度时的空气，穿过比它温度低的氧、氮组成的液体层时，则气、液之间由于温度差的存在，要进行热交换，温度低的液体吸收热开始蒸发，其中氮组分首先蒸发，温度较高的气体冷凝，放出冷凝热，气体冷凝时，首先冷凝氧组分。这过程一直进行到气相和液相的温度相等为止，即气、液相处于平衡状态。这时液相中由于蒸发，使氮组分减小，同时由于气相冷凝的氧也进入液相，因此液相的氧浓度增加了，同样气相由于冷凝，使氧组分减少，同时由于液相蒸发的氮进入气相，因此气相的氧浓度增加了。多次的重复上述过程，气相的氮浓度就能不断增加，液相的氧浓度也能不断增加。例如，图 2-24 中有 3 个容器，在气液平衡时，容器 A 中盛有含氧量为 40% 的液体，容器 B 中盛有含氧量为 30% 的液体，容器 C 中盛有含氧量为 20.9% 的液体。将压力为 $1kg/cm^2$ 的空气冷却到开始冷凝的温度 81.5K 进入到容器 A，这时容器 B 中含氧 30% 的液体流到容器 A 中，它的温度为 79.5K。由于气、液之间存在温差，低温的液体吸收高温气体放出的冷凝热，而蒸发了一部分含氮量较高的气体，进入气相，高温气体放出冷凝热，也冷凝一部分含氧量较高的液体进入液相，最后气、液相之间达到平衡，它们的温度都是 80.5K，而气相中含氧量减少为 14%，液相中含氧量增至 40%。然后再把蒸汽引入到容器 B 中。在容器 B 中有从容器 C 中流来的温度更低的，氧浓度为 20.9% 的液体，气液之间由于温度差的原因，进行热交换，最后达到相平衡气、液的温度均为 79.5K，气相中含氧量进一步降低为 9.5%，液相中含氧量增加到 30%，气体继续引入到容器 C 中，液体流到容器 A 中。在容器 C 中，最初有流进来的浓度为 10% 的温度为 77.8K 的液体，气、液之间重复上述过程并达到平衡时，从容器 C 中引出的蒸汽的含氧量仅 6.3%，液相中含氧量也由 10% 增至 20.9%。再继续进行上述过程，那么气相中的氧浓度将不断减少，液相中的氧浓度不断增加，直到混合物分离成两种组分。

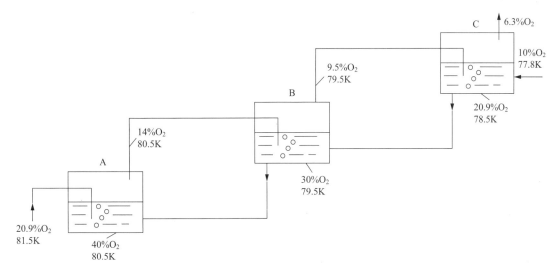

图 2-24　液体空气多次汽化、冷凝流程图

这个例子说明了精馏的基本概念，并可将它概括为：温度较高的气相与温度较低的液相接触时，必然发生热量交换，则高温气相把氧冷凝到液相中，低温液相把氮蒸发到气相中，即引起质量交换，直到气、液相达到平衡时为止。

第3章
煤制油10万等级空分设备与流程介绍

国家能源集团宁夏煤业公司煤制油（简称煤制油）项目12套10万等级空分设备是国内当今空分行业单套产氧量最大的空分设备，也是目前最大的空分集群。煤制油空分设备采用全低压分子筛吸附净化、空气透平增压膨胀机+液体膨胀机制冷、产品氧气和高压产品氮气内压缩、低压产品氮气外压缩、带增效氩塔的工艺流程方案，其选型及工艺流程是现代煤化工配套低温法空分设备的典型代表，下面对煤制油10万等级空分设备工艺流程与设备选型进行简单介绍。

3.1 煤制油10万等级空分设备工艺流程简介

和现代低温法空分工艺流程一样，煤制油10万等级空分设备工艺流程由压缩系统、预冷系统、纯化系统、制冷系统、精馏系统、产品输送和低温液体储存系统6个子系统组成，工艺方块流程如图3-1所示。

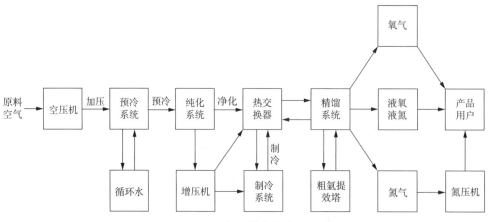

图3-1 空分设备工艺方块流程示意图

3.2 宁煤10×10⁴Nm³/h空分流程简介及工艺技术特点

3.2.1 流程概述

1. 空分工艺流程

大气吸入的原料空气通过空气过滤器（AF），去除灰尘和机械杂质。过滤后的空气由带中间冷却器的多级透平压缩机（ATC_1）压缩后，不经过后冷器直接送往空气预冷系统。压缩后的空气在空冷塔（AC）中以对流形式被两层喷淋冷却水冷却和清洗。在中部，空气被来自水泵的循环冷却水预冷，在上部空气被经水冷塔、冷冻水泵和冷冻机的冷冻水进一步冷却。压缩空气中可溶于水的化学杂质也被下落的冷却水清洗吸收。

冷却水从水冷塔（WC）顶部喷淋下来，被从冷箱出来的干燥污氮气冷却，部分冷却水被蒸发，产生制冷效果（即污氮气的增湿），在底部得到温度较低的冷冻水。

空气中剩余的杂质包括水蒸汽、二氧化碳、一氧化二氮和碳氢化合物，在通过两台装有分子筛的吸附器（MS）中的一台时被吸附。两台吸附器由来自分馏塔的污氮气加热后进行交替循环再生。在加热阶段，再生气体由蒸汽加热器（SH）加温。

两只吸附器当一只处于工作状态时（吸附），另一台吸附器由来自分馏塔的污氮气进行再生；吸附与再生循环交替进行，定时自动切换。

一部分来自分子筛纯化器（MS）的干燥纯化空气直接进入冷箱，在主换热器（E_1）中被污氮气和产品气体冷却至近似于露点温度，然后再送入压力塔（T_1）底部。另一部分纯化空气进入空气增压机（ATC_2）进一步压缩，以便为膨胀机提供膨胀气和内压缩产品提供加热气。空气增压机（ATC_2）分为两段；从第1段出来的空气经膨胀机增压端（BT）增压，并经增压端后冷却器冷却后送往主换热器（E_1）换热，最后从主换热器中部抽出，送往透平膨胀机（ET_1）膨胀制冷；剩余的空气被增压机第二段增压至所需压力，进入主换热器（E_1），被冷却后，送入液体膨胀机（ET_2）膨胀，再进入压力塔（T_1）中部。宁煤10×10⁴Nm³/h空分设备流程如图3-2所示。

低温空分工艺的绝大部分冷量是由增压机制动的透平膨胀机（ET_1）中空气绝热膨胀产生的。膨胀后的空气进入压力塔（T_1）底部。

低压塔（T_2）和压力塔（T_1）采用并列布置。

工艺空气在压力塔（T_1）经过预分离，顶部得到纯氮气，底部得到富氧液空。顶部氮气大部分进入位于顶部的多层浴式主冷凝蒸发器（K_1）被冷凝为液氮，作为压力塔的回流液。低压塔（T_2）底部的液氧由液氧循环泵（OP_1）送入主冷凝蒸发器（K_1）另一侧，液氧则被汽化为气氧，返回到低压塔（T_2）底部，作为上升气。

来自压力塔（T_1）中上部的污液氮，经过冷器（E_2）过冷后，节流送入低压塔（T_2）顶部，为低压塔提供回流液。来自压力塔（T_1）中部的液空，经过冷器（E_2）过冷节流后送入低压塔（T_2）中部作为回流液。

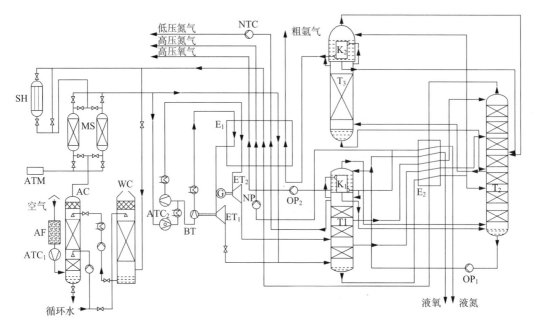

图3-2　宁煤10×10⁴Nm³/h空分工艺流程图

来自压力塔（T₁）底部的富氧液空在过冷器（E₂）冷却后分为两路，一路进入粗氩冷凝器（K₂）作为冷源，蒸发掉的液空蒸汽和未蒸发的液空均回到低压塔（T₂）进一步精馏，另一路进入上塔做回流液。

来自低压塔（T₂）的污氮气，在过冷器（E₂）中将冷量传递给液空、富氧液空、污液氮、液氧和液氮，然后通过主换热器（E₁）复热后出冷箱。污氮气部分作为分子筛吸附器（MS）的再生气，剩余部分送往水冷塔（WC）作为冷源冷却循环水。压力塔（T₁）顶部的纯氮气经过主换热器（E₁）复温后，绝大部分送往氮气压缩机，压缩到所需压力送往用户。

来自低压塔（T₂）中部的富氩气体作为粗氩塔（T₃）的原料气，气体进入粗氩塔（T₃）底部进行精馏。粗氩塔（T₃）顶部气体在冷凝器（K₃）中，通过气化来自压力塔（T₁）的富氧液空进行热交换，从而被冷凝作为粗氩塔（T₃）的回流液。不凝气体通过主换热器（E₁）复热后放空。粗氩塔（T₃）底部的液体回流至低压塔（T₂）中部进一步精馏。

来自低压塔（T₂）底部的液氧经过循环液氧泵（OP₁）加压送往主冷凝蒸发器参与精馏。

液氧产品取自主冷凝蒸发器（K₁），经高压液氧泵（OP₂）加压经主换热器（E₁）复热后，送入氧气管网。液氧液体产品自主冷凝蒸发器取出经过冷器（E₂）带有一定过冷度作为液氧产品送入液氧贮槽。

从压力塔（T₁）顶部抽出的部分液氮产品经液氮泵（NP）加压至所需压力，经过主换热器（E₁）汽化复热出冷箱，作为高压氮气产品，送往高压氮气管网。

从压力塔（T₁）上部抽出的部分氮气，经主换热器复热出冷箱，作为氮气和密封气，氮气经过外置氮压缩机压缩至所需压力，送入低压氮气管网。

自压力塔（T_1）顶部抽出的部分氮气进入主冷凝蒸发器（K_1）冷凝后，部分液氮作为液氮产品，经过冷器（E_2）过冷后，带有一定过冷度作为液氮产品送入液氮贮槽。

2. 液体贮存及后备系统工艺流程

1）氧气后备系统

从冷箱抽出的液氧产品储存在常压平底贮槽中。一旦空分停车，储存的液体可用于保证用户氧气短暂供应。当一套空分跳车，冷备的高压液氧后备泵自动启动，将来自液氧贮槽的液氧升压至所需压力，再送往水浴式汽化器中，气化后进入高压氧气管网。

部分液氧，经过超高压后备泵升压至所需压力，送往空浴式汽化器气化后，贮存在高压氧气缓冲罐中备用。在液氧后备泵自启动至向管网送出氧气的过程间隙中，高压氧气缓冲罐向管网释放高压氧气，确保管网压力不出现大的波动。

2）氮气后备系统

从冷箱抽出的液氮产品储存在常压平底贮槽中。在装置短时间停车期间，储存在液氮平底贮槽的液氮可为用户短暂供应氮气产品。

在装置启动和停车阶段，低压液氮真空储槽中的液氮经低压氮水浴式汽化器气化后，为装置提供密封气。

（1）高压氮气后备系统。

当空分跳车，冷备的高压液氮后备泵自动启动，将来自液氮贮槽的液氮，升压至所需压力，再送往水浴式汽化器中，气化后进入高压氮气管网。

在停电、停蒸汽的极端情况下，由应急电源供电，高压液氮后备泵自动启动，液氮被加压送至空浴式汽化器气化，供用户短暂使用。如果环境温度过低，电加热器自动启动将氮气加热到预设温度，然后送入管网。

（2）低压氮气后备系统。

当一套空分跳车，冷备的低压液氮后备泵自动启动，将来自液氮贮槽的液氮，升压至所需压力，再送往水浴式汽化器中，气化后进入低压氮气管网。

在低压氮气后备泵启动至满负荷运转的间隙，低压液氮真空储槽向低压氮水浴式汽化器提供低压液氮，气化后补充到低压氮气管网，防止管网压力出现较大波动。

在停电、停蒸汽的极端情况下，由应急电源供电，低压液氮后备泵自动启动，液氮被加压送至空浴式汽化器气化。如果环境温度过低，电加热器自动启动将氮气加热到预设温度，然后送入管网。

3.2.2　装置工艺技术特点

煤制油空分设备规模大、设计参数和工艺技术先进、能耗低、自动化程度高、安全性好、整套装置运行可靠、技术成熟、流程先进、操作方便、控制容易，是目前国内乃至世界最大的空分设备集群。

1. 规模大

空分设备区位于液化项目厂区东北角，总投资60亿元，占地面积$31.24 \times 10^4 m^2$，由12套$10.15 \times 10^4 Nm^3/h$的空分单元组成。氧气（5.9MPa）产量为$121.8 \times 10^4 Nm^3/h$，高压氮气（7.0MPa）产量为$8.22 \times 10^4 Nm^3/h$，低压氮气（1.0MPa）产量为$83.4 \times 10^4 Nm^3/h$，年运行时间为8000小时。

本装置大型设备众多，有大型塔类60个、换热类设备417个、大型压缩机77台、高压汽轮机12台；工艺流程管道和公用工程管道数量多、管径大、管线长，其中高压蒸汽母管公称直径DN600，管线长度约1km；氧气母管公称直径DN600，管线长度约2km；低压氮气母管公称直径DN1400，氮气、仪表空气、工厂空气管网遍布全厂。

2. 工艺技术先进

采用立式径向流分子筛吸附器净化空气、空气增压、氧气和高压氮气内压缩、低压氮气外压缩流程。空气增压透平膨胀机和电机制动液体膨胀机制冷，上下塔均采用规整填料塔来分离空气。

空压机入口设置流量调节导叶，以满足空分设备变负荷操作时平稳运行的要求。

3. 能耗低

（1）原料空气压缩机、空气增压机用高压蒸汽透平驱动，采用"一拖二"的形式，选择先进压缩机型，能耗低。蒸汽透平冷凝器采用直接式空冷器，节省水资源的消耗。

（2）采用立式径向流分子筛吸附器，结构简单、阻力小、能耗低，占地面积小。

（3）空分设备低压塔、压力塔均采用填料塔，减少投资，又相对降低了能耗。主冷凝蒸发器采用多层浴式设计，兼具有全浸式冷凝蒸发器的安全性。

（4）采用高低压组合一体式板翅式换热器，进一步优化换热效果

（5）液氧、液氮采用内压缩，降低了能耗、节省了投资。

4. 自动化程度高

空分设备采用DCS和CCS系统实现空分设备的过程控制和安全操作，其中过程控制由DCS实现，CCS在实现三大机组的安全联锁保护和负荷控制功能的同时，也实现空分设备重要的安全联锁保护功能。考虑到仪表控制系统安全功能失效引起的可能危险，采用DCS和SIS相结合，以降低风险、提高设备运行的安全性。

5. 安全性好

（1）内压缩流程用液氧泵取代了氧压机，不用压缩气氧，火险隐患小。

（2）主冷取出液氧量大，使烃类物质积累的可能性大大降低。

（3）特殊设计的液氧泵自动启动与运行程序可有效地保证装置的安全运行与连续供氧。

（4）氧系统的阀门全部采用蒙乃尔材质。

（5）主冷凝器采用浴式多层结构，全浸式操作，增加了主冷的循环倍率，防止碳氢化合物、N_2O在主冷的换热器表面析出。

3.3 煤制油10万等级空分设备简介

煤制油10万等级空分设备是当前国内单套产能最大的空分设备，开创了10万等级设备的先河，下面按系统对部分单体设备进行简单介绍。

3.3.1 空气压缩系统

压缩系统由三大机组及附属设备等组成，其目的是为空气提供动力（见图3-3）。

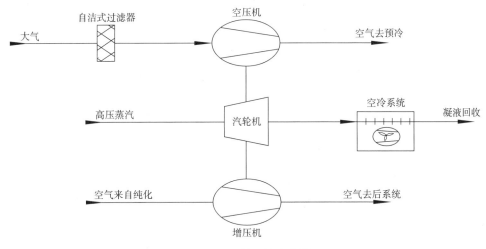

图3-3　压缩系统示意图

1. 空气压缩机组

空气压缩机组是为原料空气提供压力的主要设备，是空分设备流程中的龙头，大型低温法空分设备空气压缩机组一般由空压机、增压机和汽轮机组成。

在空分设备中，空压机、增压机压缩空气。按照气体主要运动方向，压缩机可为离心式、轴流式和轴流离心复合式3种类型，即离心式压缩机压缩气体在压缩机内主要为径向流动，轴流式压缩机压缩气体在压缩机内主要为平行于轴线流动，轴流离心复合式压缩机是在轴流式的高压段配以离心式段。和离心式压缩机相比，轴流式压缩机具有效率高、流量大等优点，排气压力较低、稳定工作范围窄、对工质中的杂质敏感、叶片易受磨损等缺点。由于煤制油项目地处西北，扬沙天数多，结合工艺特点，煤制油空压机选用了操作弹性大、流量大、能耗低的轴流离心复合式压缩机，即6级轴流（前四级带可调节导叶）＋1级离心。增压机选用了能耗低、压力高、整体齿轮式机型的多轴离心式压缩机。

蒸汽汽轮机是驱动空压机和增压机的源动设备。按照热力性质，汽轮机可分为凝汽式、背压式、调整抽气式和中间再热式4种形式。凝汽式汽轮机，即蒸汽在汽轮机中膨胀做功后进入高度真空状态下的凝汽器凝结成水。背压式汽轮机，即排气压力高于大气压力，直接用于供热，无凝汽器。调整抽气式汽轮机，即从汽轮机中间某几级抽出一定参数、一定流量的蒸汽对外供热，剩余排汽仍排入凝汽器。中间再热式汽轮机，即蒸汽在汽轮机内膨胀做功过程中被引出，再次加热后返回汽轮机继续膨胀做功。由于凝汽式汽轮机具有排汽压力低、蒸汽焓降大、汽机功率大、机组经济性较高、对蒸汽管网压力波动影响小等特点，煤制油空分设备选择了全凝式汽轮机。同时和低压、中压汽轮机相比，高压汽轮机位能高更节能，因此煤制油空分设备选择了高压全凝式汽轮机。

煤制油压缩机组采用"一拖二"形式，即全凝式高压汽轮机+轴流离心复合式空压机+离心式压缩机（见图3-4）。和其他形式压缩机组相比，具有结构简单、占地面积小、效率高、能耗低、可靠性好等特点。在12套空分设备中，11套压缩机组为曼透平公司提供（汽轮机型号DK080/250R、增压机型号RG56/6、空压机型号AR115/06L4R1）；1套汽轮机为杭汽公司开发、空压机和增压机由沈鼓公司开发，机组整体国产化。其中国产化压缩机组的运行成功，标志着我国在超大型空分设备关键设备配套方面跻身世界前列，打破了国外核心技术垄断壁垒。

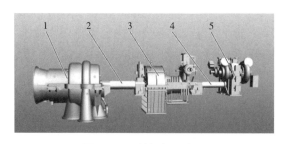

图3-4　压缩机组示意图
1—空压机；2—联轴器；3—高压蒸汽汽轮机；
4—联轴器；5—增压机

图3-5　滤筒

2. 附属设备

由于空压机采用了轴流离心复合式压缩机，对于轴流段有对工质中的杂质敏感、叶片易受磨损等缺点，煤制油空分设备在空压机入口处设置了空气过滤器。

煤制油空分设备选用了脉冲喷射自洁型空气过滤器，该过滤器空气过滤效率99.99%，过滤粒度≥1μm，初阻力≤150Pa，过滤流量按空压机最大吸气量的2倍设计，可在线更换滤筒。该过滤器核心部件是过滤筒，滤筒采用高效防水滤纸，经特殊工艺生产而成（见图3-5）。同时，过滤器设前置过滤网，防止柳絮、树叶及异物吸入，延长滤筒使用寿命。

由于全凝式汽轮机的排汽需在凝汽器的高真空条件下凝结为凝结水，而排汽冷凝释放的气化潜热需另设换热器换热带走。常规换热介质为循环水。煤制油空分设备位于西北干燥缺水地区，出于节水目地，采用了空冷岛代替循环水换热。

空冷岛，也称直接空气冷却系统，即利用环境空气使汽轮机排汽冷凝成凝液回收的换热装置，是全凝式汽轮机的辅助设备，由冷凝器和轴流风机组成。和传统水冷却方法相比，空冷岛具有运行维护费用低、不受水源控制、换热器无水腐蚀等优点。煤制油空分设备配套空冷岛采用了 3×3 形式，出于节能考虑，其配套轴流风机采用变频控制。

3.3.2　预冷系统

预冷系统由空冷塔、氮水塔及附属设备组成，其作用是将空压机出口的高温原料空气（≤110℃）冷却到 −12℃，并洗涤除去空气中杂质，如残留的灰尘、易溶于水中的酸洗气体（NO_2、SO_2、Cl_2、HF）等对分子筛有毒害作用的物质，防止纯化系统的分子筛中毒。预冷系统结构见图 3-6。

在预冷系统中，煤制油空分设备空冷塔和氮水塔均为立式圆筒型塔，上下两层填料，塔顶设有捕雾器和分布器，在两填料层的中间设有再分布器。

由于介质温度区别，两塔填料略有不同。在空冷塔中，空气来自压缩机、自下而上通过空冷塔，进塔温度

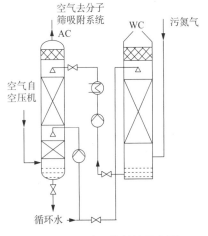

图 3-6　预冷系统结构示意图

为 ≤110℃，出塔温度约 12℃。出于节水降耗和降低塔高节省投资考虑，循环水分两层进入空冷塔，即常温循环水自塔中部进入塔内和压缩空气接触进行洗涤降温，冷冻循环水自塔上部进入塔内和洗涤降温后的空气进行接触降温。因此，空冷塔底层填料为不锈钢填料，上层为增强型聚丙烯填料。

在氮水塔中，干燥的低温污氮气来自冷箱，经过复热由下向上穿过填料层，与向下喷淋的循环水进行热质交换，由于流体温度均低于 100℃，所以填料均选择增强型聚丙烯填料。

3.3.3　纯化系统

纯化系统由 2 台分子筛吸附器和 1 台蒸汽加热器及其附属设备组成。其作用是除去原料空气中的水分、二氧化碳和部分烃类等有害杂质，保证精馏系统安全有效运行。

1. 分子筛吸附器

煤制油空分设备采用立式径向流分子筛吸附器，和其他形式的分子筛吸附器相比，具有结构简单、阻力小、占地面积小、无流态化危险、节约能耗等优点。其中，由于水、二氧化碳在低温下转为固态，会堵塞精馏系统管道、换热器通道；二氧化碳和部分烃类等在主冷凝蒸发器中会富集，在富氧环境下易引起爆炸。因此煤制油空分设备在分子筛吸附器出口管道处设置分析仪，监控纯化吸附效果（CO_2 浓度 ≤1×10^{-6}）。图 3-7 是纯化系统设备示意图。

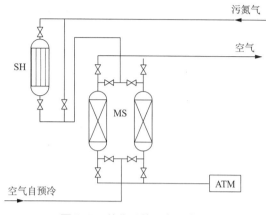

图3-7　纯化系统设备示意图

分子筛纯化器工作程序如下：当一台处于工作状态时（吸附），另一台吸附器由来自低压塔的污氮气进行再生；吸附与再生循环交替进行，定时自动切换。分子筛纯化器再生步骤如下：①卸压，将等待再生的分子筛吸附器内压力由吸附工作压力卸至常压；②加温，再生污氮气由再生蒸汽加热器加热到所需再生温度后送入吸附器，对吸附器内的分子筛加热，使其吸附的杂质解析；③冷吹，将吸附器内的温度降至工作温度；④充压，

对吸附器进行充压，使其吸附器内压力达到吸附工作压力。纯化系统的自动切换可通过顺序控制系统自动实现。

2. 蒸汽加热器

蒸汽加热器为分子筛再生污氮气提供加热，即污氮气在再生蒸汽加热器中和2.8MPa的饱和蒸汽进行换热，被加热至再生所需温度后送入分子筛吸附器中对分子筛加热，使其解析。由于煤制油配备锅炉可提供各等级的蒸汽，和电加热的换热器相比，蒸汽加热器运行费用较低，因此，煤制油空分设备选择了立式翅片管蒸汽加热器。

3.3.4　制冷系统

制冷系统由气体膨胀机、液体膨胀机、板式换热器及其附属设备组成。其作用是液化原料空气，为精馏提供冷量。其制冷流程见图3-8。

1. 膨胀机

膨胀机是利用压缩气体膨胀降压时向外输出机械功使气体温度降低以获得冷量的机械。按运动形式可分为活塞式和透平式。由于透平式膨胀机具有体积小、结构简单、振动小、连续工作周期长、操作维护方便、工质无污染、调节性能好、效率高等特点，在低温法空分设备得到广泛应用。

透平膨胀机可分为流通和制动两个部分。流通部分由蜗壳、喷嘴、工作轮、扩压管等组成，是工质进行能量转换的主要部分，即膨胀工质在流通部分膨胀降温的同时将工质内能转换为输出外功。制动部分，即制动器，其作用是把透平膨胀机发出的功消耗掉或转换为其他形式的能量输出使得透平膨胀机转子维持在所需转速上。现代大型空分设备中广泛应用的为制动风机、透平增压机制动、电机制动和油制动四种方式，其中透平增压机制动和电机制动能够回收功率。出于节能考虑，煤制油空分设备气体膨胀机选择了透平增压机制动，即气体经气体膨胀机增压端进行压缩后送入板式换热器取走显热，再进入膨胀端进行膨胀制冷；液体膨胀机选择

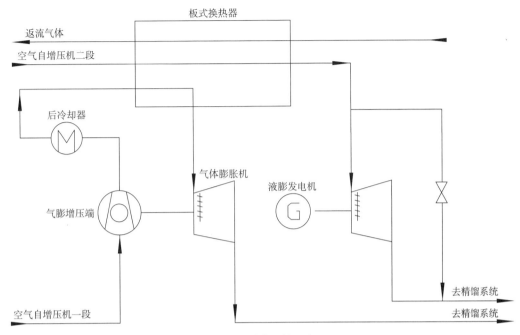

图 3-8　制冷系统示意图

了电机制动。由于气体膨胀机工作轮和增压机叶轮由同一根转轴相连，所以转速相同，因此在设计时必须充分考虑增压端和膨胀端的功率平衡、作用力的平衡、调节工况和性能的匹配。

煤制油空分设备属于低压流程，气体膨胀机提供了全流程中超过 90% 的冷量，作用重要。出于运行可靠性、维护方便性及节能考虑，气体膨胀机采用增压透平膨胀机，型号 TC300/60-AS。

液体膨胀机代替高压液空节流阀，以等熵膨胀代替节流膨胀，节约能耗。煤制油空分设备液体膨胀机采用异步发电机制动，膨胀端和发电机间通过减速箱连接，型号 LTG90。

2. 板式换热器

板式换热器是回收出冷箱介质冷量的换热设备。出冷箱介质具有温度较低（最低温度 -174℃）、换热介质种类多等特点。由于板式换热器具有传热效率高、对数温差大、结构紧凑、适用于多重介质换热等特点，空分设备换热器多采用板式换热器；出于降低冷损考虑，一般设置冷箱放置板式换热器，填充物多采用珠光砂。煤制油空分设备采用了高低压组合一体式板翅式换热器，采取钎焊式，板片为人字形波纹板，3 进 5 出，虽然投资偏大，但节省了能耗，降低了运行费用。

3.3.5　精馏系统

精馏系统由低压塔、压力塔、粗氩增效塔及其附属设备和主冷凝器、过冷器组成。其系统流程见图 3-9。

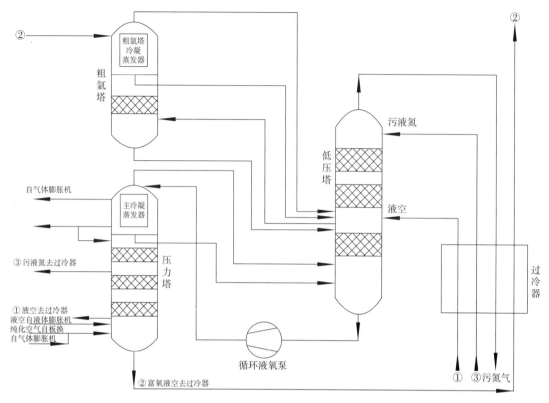

图3-9　精馏系统流程示意图

1. 精馏塔

精馏系统的低压塔、压力塔和粗氩增效塔均为规整填料的精馏塔。其模式为回流液以"之"字形线路流过交织的填料表面，在填料表面以及填料上所有的小孔，都均匀地覆上了一层液膜；上升蒸汽穿过气体流道，与两侧填料表面所形成的液膜充分混合，并进行组分交换；气、液两相间的充分接触之后，液相中低沸点组分被蒸发，同时气相中高沸点组分则被冷凝。

煤制油空分设备三塔外型尺寸为低压塔 $\Phi 4800mm \times 44000mm$，压力塔 $\Phi 4880mm \times 45000mm$，粗氩增效塔 $\Phi 3350mm \times 14500mm$；容器主要材料均为5083-H112，填料均为规整填料。

和大部分空分设备不同，出于降低冷箱高度考虑，煤制油空分设备压力塔和低压塔并排放置，压力塔、低压塔间设置循环泵进行液态物料输送；精馏塔均采用了填料塔，既减少了投资，又相对降低了能耗；同时考虑到安全因素，低压塔底部配有铜填料，进一步确保安全性。

2. 主冷凝蒸发器

主冷凝蒸发器是精馏系统的核心设备，换热部分采取板式换热器。在精馏系统中，主冷凝蒸发器液化下塔顶部的氮气，同时气化上塔底部的液氧，以维持下塔、上塔的精馏工况。出于安全考虑，煤制油空分设备均采用浴式主冷，全浸式操作，有效避免由于液氧的干蒸发造成碳氢化合物富集进而爆炸的危险。其中，林德系列采用林德专利的多层浴式设计，兼具全浸式冷凝蒸发器的安全性和膜式冷凝蒸发器的节能性；杭氧系列空分装置采用四层全浸式主冷结构，蒸发侧液氧柱高度低，节省能耗。

3. 过冷器

过冷器为板式换热器，层状结构，气相或液相介质分别进入不同的板式通道，通道之间用隔板分开。其目的是为了减少低温液体节流所造成的蒸发损失。

3.3.6　产品输送和储存系统

1. 产品输送

对于氧气，出于安全、运维费用考虑，煤制油空分设备采取了内压缩流程，即采用增压（空气压缩）机、液氧泵、液氮泵并通过换热器系统的合理组织来取代氧压机，即煤制油空分设备氧气输送无设备。

对于高压氮气，根据工艺，高压氮自压力塔顶部抽出进入主冷凝蒸发器冷凝后，经液氮内压缩泵压缩至所需压力在主换热器汽化复热后作为高压氮气产品送往高压氮气管网，即煤制油空分设备高压氮气无输送设备。

对于低压氮气，从压力塔上部抽出的氮气经主换热器复热出冷箱作为低压氮气供用户使用。由于压力达不到管网要求，故需设置氮压机增加压力到管网要求后送入低压氮管网。综合考虑低压氮气产量大、操作弹性和投资运维费用，煤制油采取一个系列（6 套空分设备）配置 3 台氮压机。氮压机均为离心式压缩机、电机驱动，其中 I 系列氮压机 CAMERON 提供，型号为 2R1MSGEP+16/15；II 系列氮压机阿特拉斯公司提供，型号为 GT063N2K1。

2. 储存系统

考虑到空分设备开停车或单 / 多套空分设备跳车期间用户及装置自身氮、氧需求，煤制油采取 6 套设备配置 1 套后备应急系统，每套后备应急系统设置一台 $2000m^3$ 液氧储槽和一台 $5000m^3$ 液氮储槽及其各自附属设施。氧、氮储槽均采用高架式基础底座平底储槽，底部为水泥支柱支撑，珠光砂绝热，蒸发率均小于 0.18%。

（1）液氧应急系统主要包括液氧储槽、超高压液氧泵、超高压氧缓冲罐、高压液氧泵、液氧水浴式汽化器、液氧空浴式汽化器等设备。

液氧储槽为珠光砂绝热的平底自增压贮槽，用于储存液氧；来自储罐的液氧，经超高压液氧泵加压后，送至空浴式汽化器复热，送入超高压氧缓冲罐存储，事故状态下保证管网压力稳定。来自储罐的液氧，经高压液氧泵加压后，送至水浴式汽化器复热后送至管网，已满足下游装置对氧气的应急需求。

（2）液氮储存系统主要包括液氮贮槽、液氮真空贮槽、高压液氮泵、高压液氮水浴式汽化器、高压液氮空浴式汽化器、高压氮电加热器、中压液氮泵、中压液氮水浴式汽化器、中压液氮空浴式汽化器、中压氮电加热器等设备。

　　液氮贮槽为珠光砂绝热的平底自增压贮槽，用于储存液氮；液氮真空贮槽用于存储中压液氮泵加压后的液氮，事故状态下保证密封氮气及中压氮气管网压力稳定。来自储罐的液氮，经高、中压液氮泵加压后，送至水浴式汽化器复热后送至管网，以满足下游装置对高、中氮气的应急需求。高、中压液氮空浴式汽化器及电加热器的作用是在事故工况下（停电停蒸汽），复热液氮作为下游高、中压事故保安氮气。

第4章
空分设备集群化

产业集群，首先由美国迈克尔·波特教授于1990年提出，是一组在地理上靠近的相互联系的公司和关联的机构，它们同处或相关于在一个特定的产业领域，由于具有共性和互补性而联系在一起。核心是在一定空间范围内产业的高集中度，这有利于降低企业的制度成本（包括生产成本、交换成本），提高规模经济效益和范围经济效益，提高产业和企业的市场竞争力。

空分设备集群化主要是指多套空分设备集成为一个单元，各套空分设备间相互独立而又相互关联。大型空分设备集群一般多应用于冶金、化工、煤化工等行业，在企业中处于上游装置，从生产准备成本、建设成本、结构稳定性、应急处理难度等角度考虑，空分设备的集群化逐渐被企业选择。

4.1 现代煤化工中空分设备向大型化、集群化的发展

传统煤化工主要包括煤制化肥、合成氨和焦炭等产业，区别于传统煤化工，现代煤化工是指以煤为原料，经化学加工使煤转化为气体、液体和固体燃料以及化学品的过程。主要包括煤的气化、液化、干馏以及焦油加工和电石乙炔化工等，根据不同工艺或阶段得到不同的化工产品，包括甲醇、聚丙烯、各类油品、聚乙烯、聚甲醛、二甲醚、液体石蜡、液化石油气、硫磺等，而这些化工产品通常作为原材料进一步加工，得到塑料、染料、香料、农药、医药、溶剂、防腐剂、胶黏剂、橡胶等。

根据我国能源结构以及原油与煤炭的价格比，使得煤炭作为原材料的成本优势得到提升，而石油、天然气的进口受外界因素影响较大，煤化工的经济优势逐步显现。煤化工可以作为石油化工很好的补充，具有很强的战略意义。

随着煤化工行业的日益发展，空分设备正向着大型化、集群化发展，包括宁夏煤业、内蒙古伊泰、中安联合煤制甲醇及转换烯烃、包头烯烃、恒力石化、浙石化等项目均采用了集群化空分设备。下面以宁夏煤业各个煤化工项目配套的空分设备为例，简单介绍集群化空分设备的发展。

4.1.1　25万吨/年甲醇项目

25万吨/年甲醇项目是宁夏煤业首个煤化工项目，总投资14.7亿元，采用德士古水煤浆废锅气化工艺制取粗煤气、低温甲醇洗工艺脱硫脱碳、华东理工大学等温绝热式反应器合成甲醇等工艺技术；主要由空分、气化、净化、甲醇合成及精馏等装置组成。该项目气化装置采用原首钢闲置德士古全废锅水煤浆加压气化装置，这是国际上德士古气化全废锅流程首次用于大型煤化工项目。相较于国内普遍采用的德士古激冷流程，全废锅流程能回收气化产生的显热和潜热，产生的10MPa高压蒸汽用于发电，节能效果明显。在生产过程中宁夏煤业通过对辐射废锅水冷壁和滴水檐等关键部位的重新设计和改造、优化德士古工艺烧嘴尺寸等方式，解决了气化炉辐射废锅结渣、通道阻塞、对流废锅积灰等问题，为国产气化技术的创新和技术推广奠定了良好基础。该项目于2004年开工建设，2007年8月产出合格精甲醇，2009年实现了安、稳、长、满、优运行，装置达到了设计产能，各项经济技术指标在同类型装置中处于领先水平。

25万吨/年甲醇项目配套空分设备由川空成套，氧气产量$3 \times 10^4 Nm^3/h$，流程采用全低压卧式分子筛吸附净化，空气透平增压膨胀机制冷，上下塔一体式设计，并配有产量为$930 Nm^3/h$的无氢制氩系统，产品氧气为内压缩流程，压缩机组选用"一拖二"形式，汽轮机为抽汽凝汽式高压汽轮机，由杭汽制造，空压机为单轴四级离心内置冷却式压缩机，增压机为单轴七级离心式压缩机，由陕鼓制造。

4.1.2　60万吨/年甲醇项目

该项目总投资40.32亿元，年产甲醇60万吨；采用华东理工大学四喷嘴气化专利技术，鲁奇公司低温甲醇洗工艺脱硫、脱碳和甲醇合成及精馏技术；主要由空分、气化、变换、低温甲醇洗、甲醇合成及精馏、硫回收等装置组成。煤气化采用华东理工大学拥有自主知识产权的多喷嘴对置式水煤浆加压气化工艺；低温甲醇洗、甲醇合成及精馏装置均采用德国鲁奇公司技术；硫回收采用荷兰荷丰的技术，使用集散型控制系统（DCS）进行监控和自动控制，产品质量达到AA级标准（0-M-232-K）；空分采用低温法分离技术。该项目于2007年3月开工建设，2010年4月产出合格产品，并于当年达产。

60万吨/年甲醇项目配套空分设备由开空成套，氧气产量$2 \times 4.5 \times 10^4 Nm^3/h$，流程采用全低压卧式分子筛吸附净化，空气透平增压膨胀机制冷，上下塔一体式设计，并配有增效粗氩塔，以提高氧的提取率，产品氧气采用内压缩流程，压缩机组选用"一拖二"形式，汽轮机为抽汽凝汽式，由杭汽制造；空压机为单轴四级离心内置冷却式压缩机，增压机为单轴七级离心式压缩机，由陕鼓制造。并配备$400m^3$液氧、$400m^3$液氮储槽及后备应急系统。

4.1.3　50万吨/年煤基烯烃项目

该项目总投资178.62亿元，是世界首套煤基烯烃工业示范装置；设计规模为年产甲醇167万吨、聚丙烯50万吨，副产混合芳烃18.48万吨、液化石油气4.12万吨、硫黄1.38万吨。项目采用的GSP干煤粉气化和甲醇制丙烯（MTP）技术在全球属首次工业化应用。其中，MTP单台反应器进料量由中试的0.042t/h放大到工业级104t/h，放大近2500倍。这两项技术在试车初期，暴露出许多设计缺陷和问题，经过宁煤人对技术的消化、吸收和再创新，最终这两项技术成功实现工业化应用，并与专利商分享专利分红。该项目于2007年5月开工建设，2010年8月建成投产，现已进入商业化运营。

50万吨/年煤基烯烃项目配套空分设备由液空成套，氧气产量$2 \times 9 \times 10^4 Nm^3/h$，流程采用全低压立式双层径向流分子筛吸附净化，空气透平增压膨胀机制冷，上下塔一体式设计，上下塔中间为全浸式冷凝蒸发器，安全性能更高，并配有增效粗氩塔，以提高氧的提取率，产品氧气采用内压缩流程，两套空分设备配置一台氮气压缩机用以加压并输送下塔顶部低压氮气，压缩机组由西门子成套提供，采用"一拖二"形式，汽轮机为全凝式高压汽轮机，空压机为单轴七级轴流两级离心复合式透平压缩机，增压机为多轴五级离心式压缩机。并配备$1000m^3$液氧、$1500m^3$液氮储槽及后备应急系统。

4.1.4　400万吨/年煤炭间接液化示范项目

该项目概算投资550亿元，总占地面积$5.6km^2$。项目建设规模为年产油品$405 \times 10^4 t$，其中柴油$274 \times 10^4 t$、石脑油$98 \times 10^4 t$、液化气$34 \times 10^4 t$，副产硫黄$20 \times 10^4 t$、混醇$7.5 \times 10^4 t$、硫酸铵$10.7 \times 10^4 t$。在28台气化炉中，24台采用GSP干煤粉气化炉，4台采用"神宁炉"干煤粉加压气化技术，12套空分设备中的6套采用林德工程公司成套技术、6套采用杭氧公司成套技术，6套一氧化碳变换装置采用青岛联信催化材料有限公司的耐硫变换工艺技术，3套硫回收装置采用山东三维石化工程股份有限公司的高温热反应和两级催化反应的Claus硫回收工艺技术，8套费托合成装置采用中科合成油技术有限公司的油品合成技术，1套油品加工装置采用中科合成油技术有限公司的加氢精制技术及单段全循环加氢裂化技术。该项目于2013年9月18日获得国家发改委核准，同年9月28日正式开工建设，2016年10月26日首台气化炉投料，12月21日油品A线打通全流程，产出合格油品，2017年7月17日油品第一条生产线实现满负荷运行，12月17日项目全面实现满负荷运行。

该项目配套氧气产量为$12 \times 10.15 \times 10^4 tNm^3/h$的空分设备，分为两个系列，其中一系列6套采用林德成套技术，二系列6套采用杭氧成套技术。空分设备流程采用全低压立式径向流分子筛吸附净化，空气透平增压膨胀机制冷，精馏塔采用上下塔分离工艺，降低冷箱整体高度，下塔顶部为全浸式冷凝蒸发器，安全性能更高，并配有增效粗氩塔，以提高氧的提取率，产品氧气和高压氮气采用内压缩流程，产品低压氮气由氮气压缩机加压送至管网。选用液体膨胀机取代传统高压液空节流阀，降低装置总能耗。由于装置处于西北地区，出于节水考虑，选用空冷器代替了传统的凝汽器。并配备 $2 \times 2000m^3$ 液氧、$2 \times 5000m^3$ 液氮储槽及后备应急系统。1–11#空分压缩机组由曼透平成套提供，选用"一拖二"形式，汽轮机为全凝式高压汽轮机，空压机为单轴六级轴流一级离心复合式透平压缩机，增压机为多轴六级离心式压缩机。12#空分设备为国内首套10万等级全国产化成套设备，空压机为单轴八级轴流二级离心复合式透平压缩机，增压机为多轴六级离心式压缩机，汽轮机为双进气全凝式高压汽轮机。空压机、增压机由沈鼓制造，汽轮机由杭汽制造。12#空分设备的投用，标志着国产化空分技术已达到国际先进水平。

4.2 集群化空分设备在煤制油项目的实际应用

在宁夏煤业400万吨/年煤炭间接液化示范项目（以下简称煤制油项目）中，空分设备作为整个项目的上游关键装置，其良好、稳定的运行是整个项目运行的基础。煤制油项目在立项后，从空分设备总体规划、设计选型、国产化研发、施工管理、试车调试等多方面着手，打造安全、高效、运行可靠的空分设备集群。

4.2.1 总体规划

煤制油空分设备作为世界上最大规模的空分设备集群，结合空分设备规模大、投资集中、系统集成性强、主要部机供货周期长、易受周边环境影响、安全要求高等特点，项目组前期对多家空分成套商进行考察交流，根据用气数据开展技术方案研究工作，从技术特点、主要部机型式、基本流程、系统配置、总图占地、供货周期等影响项目实施的主要方面收集信息。

根据用氧气条件，在方案研究基础上，经多方交流、对比，最终确定了 $12 \times 10 \times 10^4 Nm^3/h$ 产氧气能力的装置规模。组织专题研究12套空分设备上、下游配置方案，配合动力站选择蒸汽供应方案，根据气化装置用氧需求最终采用4进4出的设计方案，投资的经济性和运行能耗的合理性得到了很好平衡。

招标阶段就装置报价方案中的技术风险进行识别，识别出主要技术风险有"立式双层径向流分子筛吸附器"无6万等级以上国产空分设备设计制造及运行业绩；"主冷直径6m、立式四层"无设计、制造及运行业绩；"主空压机排压5.33 BarA"及"上塔＋下塔＋主冷总高72.89m"，下塔液体无法打入上塔；"上塔/下塔直径4.9m/4.88m、主冷直径6m"存在运输瓶颈；"通过3台高压液氮后备泵（取代高压液氮工艺流程泵）向下游工艺系统提供高压氮气的流程设计存在技术风险"等。经过技术谈判，将空压机排压从0.533MPaA提高到了0.555MPaA，将冷箱上塔落地；将高压液氮泵由后备集成改为每套空分设备单独设置；将杭氧主冷凝蒸发器从6m

缩到 4.9m。

单套空分设备采用全低压分子筛吸附净化、空气透平增压膨胀机 + 液体膨胀机制冷、产品氧气和高压产品氮气内压缩、低压产品氮气外压缩、带增效氩塔的工艺流程方案。高压液氧泵设计能力为 $3 \times 50\%$，两开一备；空分设备循环液氧泵一开一备，高压液氮泵一开一备，单泵变工况范围可从 $0.6 \times 10^4 Nm^3/h$ 变至 $1.5 \times 10^4 Nm^3/h$。

后备系统配备 3 台 $5 \times 10^4 Nm^3/h$ 液氧泵、3 台 $3.5 \times 10^4 Nm^3/h$ 低压液氮泵、3 台 $4 \times 10^4 Nm^3/h$ 的高压液氮泵；均能够在 30s 启动，保证管网压力稳定。此外设置了 1.2MPa 的低压液氮罐 + 汽化器，能瞬间提供 15min 极端事故工况的 $7 \times 10^4 Nm^3/h$ 低压氮气的无缝对接供应；设置了 15MPa 的高压氮气罐系统，能瞬间提供 2.5min 满足极端事故工况的 $3 \times 10^4 Nm^3/h$ 高压氮气的无缝对接供应。

4.2.2 工程设计审查与改进

与成套商召开开工会，就开展设计的基础设计规范及规定、公用工程条件、开车条件、编号问题、设计基础、流程布置、文件交付、设计对接、工艺参数、电气接线及变电所布置、仪表设计规范及选型、进度计划、制造检验、设备交付、施工事宜、沟通协调程序等内容分组进行详细讨论，确定了设计基础及管理程序。

组织审查成套商的 P&ID 图纸，分析出：水冷塔无启动管线、主冷凝蒸发器的液位控制方案不合理、纯化系统低压空气进主换无切断阀门、高压氧气管路阀没有均压阀、主冷液位控制容易引起主冷碳氢积聚、空浴式气化器后增设电加热器、分子筛蒸汽改为 2.8MPa 饱和蒸汽等关键技术问题。

组织第三方人员对成套商进行 HAZOP 审查，重点解决：空压机润滑油泵出口压力应高于循环水压力；增加压力氮出塔温度低低联锁关闭压力氮出口阀；污氮放空安全阀由冷箱中部放空改为冷箱塔顶放空；低温泵密封气系统增设专用的汽化器等设计问题。

组织成套商基础设计审查会，重点解决空冷塔内件（碳钢件）防腐、分子筛吸附器顶部分析口位置、高压氧泵隔离墙设置等问题。对进口压缩机组进行审查，解决了由于现场 CO_2 浓度增高带来腐蚀问题，以及通过增设现场 TCC 小屋解决仪表接线箱与 TCC 距离过远问题。

分 6 次组织召开 30%、60%、90% 模型审查会。对装置所有管道、仪表安装设计进行审查，对逐条管线、逐个阀门、逐个仪表全覆盖审查，进一步明确管道设计要求，解决了制约管道设计的关键及难点问题。

为保障设计进度，指派专人在成套商处跟踪设计、采购进度。定期召开设计采购协调会，就 P&ID、仪控、电控、装置布置图、基础图、外形图、载荷图的问题进行讨论协商。对碳钢容器采用现场制造，对主要设备监造、检验等进行控制和协调。

打破传统设计院由项目经理部主导，其他专业设计室支持的设计定式，要求设计院成立强有力的空分项目设计团队，最大程度减少设计协调流程，促进设计进度。定期召开设计院、成套商、业主三方协调会，协调影响设计的瓶颈问题。强化设计文件的审查优化工作，在保证设计安全和质量的前提下，尽可能的优化方案，节约投资。

4.2.3　国产空分设备研发

针对不同气象条件，经厂区 CO_2、污氮气等排放分布分析，结合排放口高度、方向、管径大小对浓度分布的影响，将分子筛污氮气排放口高度调整到30m，方向朝北。

精馏塔采用上、下塔落地，增效塔旁置的冷箱布置方式，较好地控制了冷箱高度。污氮气采用双管道对称分布，保证塔器受力均衡。对冷箱内重要管道、长路径管道的冷态应力采用 CAESAR Ⅱ 软件进行分析，根据分析结果调整配管补偿。

针对空分设备冷箱内高压液空节流阀振动大的问题，增大该阀执行机构的扭矩；对多个板翅式换热器布局进行配管应力分析，增大板翅式换热器高压液空接口直径，对三通薄弱处进行补强；对冷箱内主要工艺管道进行阻力分析，找出影响能耗的关键管路进行优化；为避免污氮气偏流影响，运用AFT Arrow软件与Fluent软件优化配管，解决偏流问题；针对该项目大气中甲烷含量高达 8×10^{-6}，经过计算核实，四层全浸式主冷各层的甲烷含量 $17 \times 10^{-6}/21 \times 10^{-6}/27 \times 10^{-6}/39 \times 10^{-6}$，远低于安全要求上限值；通过优化设计，减少气体管道阻力对主冷传热性能的影响。

选用高性能分子筛，吸附容量是常规分子筛的1.5倍；采用氧化铝层吸附水分，避免了分子筛粉化；对吸附器分布器进行了气流均布研究，增加吸附死区排气系统；增加足够厚的防沉降吸附穿透的密封区域。

针对环境中 CO_2 含量超过设计值后，如何保证空分设备的正常运行进行了研究，根据 CO_2 浓度变化进行工况变化的控制方案，降低分子筛入口温度，增加分子筛的吸附能力。利用ANSYS软件对吸附器钢板网进行交变应力分析，对材料进行破坏性试验，对吸附器需承受温度交变载荷进行结构分析，以满足多种工况下使用。

对空冷器、低温液体泵、液体膨胀机、气体膨胀机、氮气压缩机、国产空压机组及其油站系统组织相应的评审工作。

4.2.4　施工管理

深入推行"审核＋检查＋考核"的质量管理模式，坚持"自检、互检、专检"，严把工序验收质量，狠抓质量隐患的整改和落实，严格按照国家、行业及公司有关工程质量标准，对分项工程和单位工程进行检验评定。

按试车节点倒推施工进度，合理安排施工计划。如确认 1# 空分试车节点后，根据试车节点，逐项确认装置试车需要的前置条件，梳理困难，落实措施，统筹施工先后顺序，控制施工进度。对于户外管道施工，受环境温度制约大，尽量安排到夏季施工。冷箱施工可采取先总体吊装，铺设冷箱面板，再进行内部管道施工的办法，通过采暖设施，保证冬季冷箱内温度大于5℃，有效避免了因冬季环境温度低而导致冷箱内焊接作业不能进行的制约。

克服大宗材料供货严重滞后等不利因素，积极采取措施，多次前往设计院及各供货厂家进行对接并派专人跟踪供货进度；根据大宗材料较供货合同推迟3~4个月的实际情况，通过合理安排施工计划，调整供货顺序及协调施工组织等措施，为全面展开安装扫除障碍、提供保障。以煤制油项目指挥部"土建会战""百日会战""冬季会战"为契机，加大宣贯，提高参建单位认识，科学统筹，周密部署，按计划完成项目的施工。

文明施工常态化。按照煤制油项目指挥部统一部署，紧紧围绕"清洁化施工，无土化安装"的整体要求，全面开展土建尾项清理工作，完成装置地下工程、室内外地坪、道路及建筑工程，为大面积开展安装提供了良好的条件和场地。同时针对空分设备大机组多、安装要求高等特点，成立"6S管理"机构，细化管理内容，责任落实到人，形成"区域片区专人管，联检互检共促进，绩效考核分高低"的良好管理机制。

着重加强关键管道系统的安装管控。针对氧气及冷箱内管线安装要求高，P91管线焊接难度大、焊前预热、焊后热处理程序复杂等特点，成立安装攻坚小组，积极协调解决施工难题，为管道安装创造有利条件，严格监控施工过程中的每一道工序，严格执行签字审批手续，确保管道安装质量，P91管线及氧气管道焊接一次合格率在98%以上，空分单元的P91管道一次试压成功。

机组安装调试工作有序进行。以机组安装工作全面收尾、机械竣工为目标，成立机组攻关小组，每日对接、落实计划执行情况，解决安装过程中出现的问题，确保机组总体进度。严把设备开箱关，全程监控安装过程，确保机组安装的质量。与成套商、供货商、施工单位建立快速沟通渠道，对出现的问题积极制定解决方案，避免工期延误。协调施工单位管道、仪表、电气等专业积极配合，全力为机组安装创造条件。

加强对冷箱内管道进度及质量管控，对每根管线、每道工序逐一检测，对管口及时封堵，保证冷箱内清洁度，为冷箱裸冷及进气创造良好条件。

严格执行设计图纸施工及验收，加大现场质量监管力度，对管道焊接、热处理、无损检测、设备管道无应力安装等质量控制点进行全过程管控，切实保障工程质量。

4.2.5　试车调试

依据现场施工进展，及时组织项目部、设计院、成套商、监理及施工单位开展"三查四定"，按专业、系统、单元形成网络盘查，对查出的问题进行细化分解落实到人，加大考核力度，确保尾项按时保质保量完成整改。按照工程"九完五交"的标准，做好尾项清理及移交工作，安排专人负责中交过程中的资料、专用工具、备品备件移交，保证各装置、各单元按照进度节点顺利中交和开车运行。

生产准备人员提前进场，全程参与项目建设、"三查四定"、单机试车等工作，一方面提高了施工质量，另一方面加强了生产准备人员对工艺、设备的认识。此外，生产准备人员对单机试车工作的参与，使其安全性得到了很大保障。

完善生产秩序、制度、记录、报表、台帐等各类内业资料，按照煤制油各项要求开展工作。加强交接班、干部值班跟班管理，细化空分装置标准化试车作业包，建立健全开车三级确认制度、岗位操作"一单五卡"并严格执行。

紧紧围绕试车节点，按照试车顺序制定攻坚计划，召开攻坚会，充分发挥三级试车领导小组协调作用，及时协调解决试车中出现的问题。

提前筹划空分设备试车工作。根据试车计划，提前做好空分技术资料编制、方案规程优化等生产准备工作，完成各类预试车工作。按计划高标准、严要求完成空分装置中交及试车工作。

加强压缩机组调试统筹。按照调试计划进行管控，保证试车目标节点实现。同时做好外方服务人员的工时管理及试车前的准备及确认工作，必要时要求设备厂家增派调试人员。

安排专业工程师开展专项检查，确保辅助设施正常投用。根据煤制油"两条线"（即甲醇工艺线、合成油工艺线）试车计划，按顺序组织压缩机组油运、高压蒸汽管道吹扫、空冷器气密试验、分子筛装填、循环水冲洗、机组调试、预冷纯化调试、裸冷、装砂、氧氮调纯、低温泵调试等试车工作。科学组织，做好空分设备中交及汽轮机单试、机组联试、空分试车工作，重点落实与上下游装置工艺物料的衔接、隔离工作，保证试车有序进行。

建立内部沟通交流机制，将经验教训共享。在前期试车过程中出现的问题，在后续装置试车时坚决杜绝，降低试车安全风险，稳步推进试车进度。

加快高压蒸汽吹扫进度。采用憋压吹扫与稳压吹扫结合的方法，保证吹扫系数在 1.2 ~ 1.7 之间，缩短吹扫周期，总体吹扫时间缩短 2 个月。

优化试车程序，缩短试车时间。组织召开专题会，与成套商、设备供应商研究后，预冷纯化系统采取爆破吹扫，单套空分设备试车时间缩短 20 天，将增压机防喘振试验后移至冷箱裸冷结束珠光砂装填阶段，单套空分设备试车时间缩短 7 天。对纯化系统分子筛进口管道进行人工清理，提前进行分子筛装填工作，单套空分设备试车时间缩短 14 天。将分子筛活化再生调整至增压机联动试车期间，单套空分设备试车时间缩短 3 天。

冷箱不裸冷的可行性研究。组织冷箱设计专项审查，根据同类冷箱已发现的各类问题进行攻关，解决冷箱内管线温度补偿、管道焊接、珠光砂流动死区等问题，保证冷箱整体设计质量。组织各相关方对冷箱施工过程资料、设备管线实体进行详细检查，通过对已完成裸冷检查的冷箱相关数据进行搜集、整理、对比和分析，冷箱热态反复查漏，对冷箱内施工质量进行确认。经设计方、施工方、监理、业主共同确认后实施冷箱不裸冷，冷箱直接装填珠光砂，单套空分设备试车时间缩短 18 天。其中煤制油项目 4 套空分设备成功实施冷箱不裸冷方案，为企业节约资金近两千万元。执行冷箱不裸冷方案，需要确保冷箱设计质量以及施工质量，各方均要严格把控各个环节，监督检查到位，否则可能会因冷箱质量不过关而发生漏液现象，反而增加试车时间以及试车费用。所以采取冷箱不裸冷方案前，一定要对冷箱进行严格的评审，合格后才能进行作业。

煤制油空分项目自 2016 年 8 月 27 日首套试车成功并产出合格氧氮产品，至 2017 年 8 月 25 日第 12 套空分设备产出合格氧氮并入产品管网，历时 12 个月，全部空分设备一次性试车成功。截至目前，多套空分设备连续运行超过 400 天，11# 空分设备已连续运行 500 天。

4.3　集群化空分特性

煤制油空分厂 12 套空分设备试车及生产运行已 3 年有余，现根据各套空分设备的运行情况，对集群化优势进行总结。

4.3.1　集群化空分的优势

1. 集群化空分单元结构稳定性强

煤化工行业中空分设备主要为后工段提供氧气、氮气、仪表空气、工厂空气等，而这些产品基本都要保持稳定的压力、纯度，如气化装置对氧气压力设有高低限联锁值。随着多套空分设备并列运行，产品供应实行"多对一"管网布置，各单元互为备用。当后工段运行工况发生变动时，产品压力、纯度波动小，输送稳定，有效提高装置稳定性和抗干扰性。

2. 事故状态应急能力强

通过对宁夏煤业化工板块 17 套空分设备运行情况进行比对，集群化空分设备的事故应急能力更强。当某一套设备发生故障时，其输送的产品能迅速地分配到其他运行设备，基本不造成后工段生产中断事故；并列运行的设备越多，应急处理时间变相增加，对下游工段影响概率越小。

例如煤制油空分厂内 $12 \times 10.15 \times 10^4 Nm^3/h$ 空分设备出现单套跳车后，即使后系统适当减负荷操作，运行空分设备适当增加负荷调整，也可以满足后系统氧气、氮气工况需求，不造成工艺中断。

3. 操作、维护效率高

集群化空分设备采用相同或相似的工艺及设备，其日常操作、开停车操作、工艺交出等方面具有通用性，通过操作总结和经验分享，能够加快操作人员经验积累，统一培训，便于装置间人员的调配。

当装置内出现某一故障时，经工艺、设备、仪表、电气、安全等专业进行分析后，即可根据故障原因确定是否为共性问题，提前采取防范措施，避免同类型故障连续发生。根据各套空分设备互为备用的原则及后系统装置负荷情况，进行逐套停车检修。

4. 系统管容大，可进行无缝对接

大型集群化空分设备一般都设有后备储存系统，用以储存液氧、液氮等产品，同时根据产品需求配备低温液体泵，以应对空分设备跳车后的产品供应。煤化工项目各生产装置分布区域广，空分设备氧气，氮气产品输送至各装置所对应的管道长，加之空分设备自身套数多、规模较大，产品输送管网管容也相对较大。在单套空分设备停车、装置切换、跳车等情况下，可以起到缓冲"无缝"对接的作用，能够稳定保障各种产品供应，后工段无需进行相应停车或者紧急降负荷操作，确保整个化工生产链无间断、稳定运行。

以煤制油空分厂为例，氧气系统另外配备了后备液氧系统，其中包括 $2 \times 2000m^3$ 液氧储槽、$3 \times 50000Nm^3/h$ 高压液氧泵、水浴式汽化器及一台 $45m^3$ 超高压氧气缓冲罐；当一套空分设备跳车后联锁后备高压液氧泵迅速启动加载，在这期间依靠管径为 DN600、总长 $2.3 \times 10^4 m$、容积 $6400m^3$ 的管网和高压缓冲罐缓冲，确保氧气管网压力稳定，实现无缝对接的目标。

氮气系统另外配备了后备液氮系统，包括 $2 \times 5000m^3$ 液氮储槽、$3 \times 30000Nm^3/h$ 高压液氮泵、$3 \times 70000Nm^3/h$ 中压液氮泵、一台 $25m^3$ 液氮真空罐、水浴式汽化器、高/中压液氮空浴式汽化器及配套电加热器。当一套空分设备跳车后联锁后备高、中压液氮泵迅速启动加载，在这期间依靠管径为 DN1200、管长超过8800m、容积为 $10 \times 10^4 m^3$ 的管网缓冲，确保氮气管网压力稳定，满足后系统工艺用氮需求。

5. 集群化装置备件充足，节约库存

集群化空分装置通常采用相同或者近似相同的设备和工艺，故其设备的同一性就决定了备品备件不需要过多种类。在相同资金的情况下，可以储存更多数量的备品备件，尤其是部分单价较高、备货周期较长的重要备件，如机组转子、低温泵、干气密封、纯化器分子筛等。

以煤制油空分厂为例，根据设备运转部件磨损、腐蚀规律，合理编制备品备件的消耗定额和储备定额。其储备定额计算公式：

$$N = \frac{AKMT}{P}$$

式中　N——储备定额，件；

　　　A——同类设备台数，台；

　　　K——每台设备同种备件数，件；

　　　T——备件制造或订货周期月（公司自身加工 $T=6$、外购 $T=12$）；

　　　P——备件使用期限，月；

　　　M——不平均系数，由 A、K 的乘积而定（AK 在 1、2~5、5~10、10~20、20~30 时，M 相应为 1、0.9、0.8、0.7、0.6）。

4.3.2　集群化空分运行难点

和单套空分设备相比，多套空分设备组成集群化后，管理、运行也面临着新挑战，具体如下：

1）管线分布广，隔离困难

集群化空分设备管线成倍增加，管网范围分布更广。基于设计考虑，集群化空分多为部分设备检修，且检修时间短。而空分设备间通过管网相连，给隔离带来了挑战。隔离时，不但要考虑单套空分设备的隔离，还要考虑隔离后对公用管网的影响，稍有疏忽，则可能造成其他套空分的跳车或人员、设备受损。因此在管理上必须组织专人梳理管线，实行盲板动态管理，编制专项方案并组织 HAZOP 分析危险源辨识，阀门上锁挂签，通过管理来规避隔离困难。

2）公用工程相互影响

由于集群化空分的单套空分设备规模大，当出现异常时，产品管网或公用工程对相邻空分设备影响极大，甚至导致跳车。以煤制油空分高压蒸汽管线为例，3 套空分设备共用 1 根高压蒸汽母管，原始试车初期，1 套空分汽轮机测试跳车，汽轮机速关阀紧急切断，高压蒸汽管网瞬时减少蒸汽消耗 200t/h，导致管网超压，安全阀紧急起跳；触发同一母管上正常运行的 2 套空分设备触发主蒸汽压力高高联锁紧急跳车。在运行过程中，用户突然大量使用高压氧气时，也会出现管网前端的空分设备供氧压力急速降低、负荷迅速升高（抢量）等情况。对于集群化空分来说，公用工程相互影响极大，应从设计、控制方法上着手，通过合理的管线布置、管径选择，联锁响应时间设定来降低公用工程间的相互影响。

3）管线过长管网工艺参数不达标

由于集群化空分设备多，占地面积较单套设备广，因此蒸汽管线长。以煤制油空分集群为例，空分设备间距离可达 700m。同一蒸汽管线则由于管线长热损大，如果出现前面的满足工艺要求末端的不达标情况，甚至出现液击现象。因此，如何避免因管线过长导致介质工艺参数不达标而影响装置运行必须在设计时予以重视。

4）集群化空分相互间的环境影响

空分设备是以环境空气为原料进行低温精馏分离的。当环境空气组成发生变化时，会对生产造成影响。根据低温法空分流程，分子筛纯化器再生释放出污 N_2、CO_2 等，造成局部环境空气 N_2、CO_2 含量偏高。如空分设备间距离位置设置不当，则会被相邻空分设备吸入口吸入，导致原料空气 N_2、CO_2 含量比设计值高，从而导致生产能耗偏高，甚至出现精馏系统不能正常运行的状况。因此在设计初期，集群化空分设备间必须建立模型进行模拟，通过合理布局来避免集群化空分设备相互间的环境影响。

4.4　集群化空分的安全隔离

随着煤化工行业规模越来越大，氧气、氮气用量越来越大，因此大型煤化工项目多采用集群化空分设备，供应不同规格的产品，其产品管线分布广、错综复杂，在进行隔离过程中需要协调各用户单位进行整体调节，防止因发生管网压力、流量大幅度波动对其他装置工况造成影响。通常对需要检修的容器、管道隔离主要是通过阀门、断开管线、盲板的方法。

部分空分设备需要退出系统时，应做好与其他装置间的协调与配合，如氧气、氮气、蒸汽产品退网，应协调生产调度部门调整前后工段用量需求，并保持相互沟通，确保整条工艺生产线不发生工艺参数波动。

单系统解列操作后，与系统相关联的阀门采取上锁挂签且加盲板，实现彻底隔离的目的，防止物料互窜，造成人员伤害或设备损坏。

4.4.1　单套设备安全隔离操作

检修是空分设备实现长周期安全稳定运行的保障之一，为确保检修过程安全、有序、高效的进行，针对检修项目进行风险辨识，应成立专门的工艺交出组，负责工艺运行部交出方案、"一单五卡"的编制、审核、实施、验收及指导等工作；

以煤制油空分厂大检修为例，生产管理部针对检修项目，成立专门工艺交出组，该组人员应由对系统流程熟、技术水平高、责任心强的工艺主任、工艺技术员、运行班长和岗位主操等构成。检修项目前期负责工艺交出方案的编制、存在风险的辨识，制定消除风险的措施、应急方案及验收标准编写，绘制盲板隔离图；在工艺交出实施过程中负责作业的技术交底、过程监督及质量验收工作。

通过风险辨识后对交出的风险进行分级管控、分级审批，共分为A类（厂控）、B类（运行部控）两级，A类项需经岗位操作人员、班组长、工艺技术员、运行部主任、生产部专职技术员、生产部主管领导确认；B类需经岗位操作人员、班组长、工艺技术员、运行部主任、生产部专职技术员确认；方可进行交出检修，确保工艺交出万无一失。

1. 高压氧系统工艺交出

（1）确认单套空分停车后，将该套空分高压氧气送出手阀、旁路阀关闭，均上锁挂签；

（2）确认该套空分高压氧气送出调节阀关闭；高压氧气放空调节阀打开；

（3）确认高压液氧泵出口阀关闭；

（4）通过氧气管线导淋将管网压力泄至0kPa；

（5）联系保运人员或检修人员将氧气管线的盲板倒至"盲"位置；

2. 高压氮系统工艺交出

（1）确认空分停车后，将该套空分高压氮气送出手阀关闭，上锁挂签；

（2）确认该套空分高压氮气送出调节阀关闭；高压氮气放空调节阀打开；

（3）确认高压液氮泵出口阀关闭；

（4）通过氮气管线导淋将管网压力泄至0kPa；

（5）联系保运人员或检修人员将氧气管线的盲板倒至"盲"位置；

3. 低压氮系统工艺交出

（1）确认空分停车后，将该套空分低压氮气送出手阀关闭，上锁挂签；

（2）确认该套空分低压氮气送出调节阀关闭；低压氮气放空调节阀打开；

（3）确认低压液氮泵出口阀关闭；

（4）通过氮气管线导淋将管网压力泄至0kPa；

（5）联系保运人员或检修人员将氧气管线的盲板倒至"盲"位置；

4. 透平凝液系统工艺交出

（1）确认机组真空系统停止，将该套透平凝液送出手阀关闭，上锁挂签；

（2）停止冷凝液泵，关闭冷凝液泵出口阀，冷凝液泵断电，在电气柜内上锁挂签；

（3）通过冷凝液排液导淋将冷凝液管道内积水排净；

5. 工艺凝液系统工艺交出

（1）确认纯化系统停止，将该套工艺凝液送出手阀关闭，上锁挂签；

（2）关闭蒸汽加热器蒸汽手阀，上锁挂签；

（3）通过蒸汽加热器底部导淋或工艺凝液管线最低点将工艺凝液排净；

6. 脱盐水系统工艺交出

（1）确认装置内设备未使用脱盐水，具备交出条件，关闭该套脱盐水供水阀门，上锁挂签；

（2）通过装置内脱盐水管线最低点将脱盐水排净；

7. 中压过热蒸汽系统工艺交出

（1）确认机组停止，主抽气器/启动抽气器停止运行，汽轮机真空已破，轴封蒸汽停止，将该套中压过热蒸汽手阀关闭，上锁挂签；

（2）将单套中压过热蒸汽盲板倒至"盲"位置；

（3）通过装置内中压过热蒸汽管线导淋将蒸汽排净，泄压至0kPa；

（4）待检修位置降至常温或可作业温度后，再交由检修人员作业；

8. 中压饱和蒸汽系统工艺交出

（1）确认纯化系统停止，将该套中压过热蒸汽手阀关闭，上锁挂签；

（2）将单套中压饱和蒸汽盲板倒至"盲"位置；

（3）通过装置内中压饱和蒸汽管线导淋将蒸汽排净，泄压至0kPa；

（4）待检修位置降至常温或可作业温度后，再交由检修人员作业；

9. 低压饱和蒸汽系统工艺交出

（1）确认机组已停止，主抽气器/启动抽气器停止运行，汽轮机真空已破，轴封蒸汽停止，如有必要确认冷箱内排液结束，将该套低压饱和蒸汽手阀关闭，上锁挂签；

（2）将单套低压饱和蒸汽盲板倒至"盲"位置；

（3）通过装置内低压饱和蒸汽管线导淋将蒸汽排净，泄压至0kPa；

（4）待检修位置降至常温或可作业温度后，再交由检修人员作业；

10. 高压蒸汽系统工艺交出

（1）确认机组已停止，主抽气器/启动抽气器停止运行，汽轮机真空已破，轴封蒸汽停止，关闭该套高压蒸汽管道的电动阀、手动阀、旁路阀等，上锁挂签；

（2）通过装置内高压蒸汽管线导淋或烟道将蒸汽排净，泄压至0kPa；

（3）待检修位置降至常温或可作业温度后，再交由检修人员作业；

11. 仪表空气管线的工艺交出

（1）确认运行空分或后系统装置仪表气供应正常，将该套空分仪表空气送出阀缓慢关闭，注意整个仪表空气管网压力，关闭后上锁挂签；

（2）装置内仪表空气交出尽量以单个管线或系统交出，减少整个空分装置仪表空气的整体交出工作。如需进行装置仪表气整体交出工作，需要确认机组及其辅助系统已停止，精馏塔、低温泵、膨胀机已排液加温，装置各产品物料已切除，确认装置内气动阀门仪表气中断后的动作方向，再进行仪表空气交出工作。

12. 液氧、液氮管线的工艺交出

（1）确认关闭该套液氧/液氮进储槽阀门，上锁挂签；

（2）打开液氧/液氮管道在空分至储槽之间的导淋，将液体排净，防止管线超压；

（3）如液氧、液氮采用就地排放，排放过程注意对排放点进行警戒隔离；

13. 低温泵、膨胀机的工艺交出

（1）将设备进行隔离操作，切断低温液体的来源和送出；

（2）将设备内的低温液体排尽并静置一段时间；

（3）通入加温气体，控制加温气的压力，并确保设备不转动，加温至露点<－70℃，加温合格；

14. 循环水系统工艺交出

（1）确认机组、空分已停车，各换热器具备切除条件，循环水工艺交出时应首先跟调度沟通，与循环水厂协调，退循环水时注意给水泵压力，防止出现波动造成跳泵。

（2）退循环水时注意设备安全，正常情况下应先退大型设备循环水、后退总管，先退回水、再退上水。

4.4.2 集群化空分的安全隔离

集群化空分多作为煤化工项目的配套装置，而煤化工装置介质多为CO、H_2、CO_2、

CH_3OH、CH_4、C_2H_4、C_3H_6 等易燃易爆、有毒有害的危险化学品，如某台设备故障，则可能导致介质窜入其他管网，并通过管网进入空分界区。因此，集群化空分的隔离既要考虑空分设备单套之间的隔离，也要考虑集群化空分与其他装置之间的隔离，涉及管网范围更大、更繁琐，安全隔离难度更高。为确保隔离时无遗漏，在实际操作中，集群化空分多以系统划分，考虑对单套空分设备、各空分设备之间、空分集群和其他装置之间的相互影响，进而实施隔离。下面以煤制油集群化空分为例讨论。

1. 公用工程的安全隔离

1）密封气系统

空分设备流程中设置密封气系统，为压缩机组、膨胀机组、低温液体泵、冷箱提供密封气进行隔离，防止工艺空气被润滑油污染、低温液体泄漏或设备冻损等。在集群化空分中，多套空分设备共用一套密封气系统。当单套空分运行时，密封气既可自供也可通过密封气系统供其他空分设备。因此，在该套空分设备需停车隔离时，必须首先确定当前密封气系统有无其他空分设备供气，其次确定停车期间哪些设备仍然需要使用密封气，随后根据密封气供应、使用情况确定密封气隔离点，并进行隔离（阀门或盲板）、挂牌、拉设警戒带。

2）蒸汽及凝液系统

空分设备的蒸汽及凝液共分为五个系统，分别为：高压蒸汽（用于驱动汽轮机）、中压过热蒸汽（用于维持透平凝液系统真空）、中压蒸汽（用于加热纯化再生污氮气）、低压蒸汽（用于机组密封蒸汽及防冻蒸汽等）、透平凝液和工艺凝液。这五个系统既是空分设备之间共用，也和其他装置相连通。蒸汽及凝液管网发生异常时，必须全面考虑隔离，既要考虑单套空分设备的隔离，也要考虑空分设备之间的隔离，还要考虑对其他装置的影响，以避免造成人员伤害及设备运行异常。曾出现某厂甲醇合成装置换热器泄漏造成可燃气窜入蒸汽管网，导致空分压缩机组厂房内出现可燃气的现象；也有其他装置运行异常，导致蒸汽管网工艺指标超标触发空分设备联锁跳车的情况。

3）循环水系统

由于空分设备用水量大，集群化空分一般单设循环水场。因此空分设备的循环水管网不和其他装置相连，不受其他装置运行的影响。由于各空分设备间共用循环水管网，在高温季节时要考虑因循环水用量大而造成分配不均的情况，即地势高的循环水管线末端流量不足。因此，当有处于地势低或循环水管线前端的空分设备停车时，则应尽快用阀门切除。

冬季停车隔离时应注意防冻，防止设备、管线损坏，导致其他运行设备被迫停车。

4）雨水系统

煤化工项目多采用清污分离方式，即各装置各单元设置单独的雨水收集系统和污水收集系统，雨水、污水系统汇集后再送入水处理中心进行处理，所以空分装置的雨水系统和其他装置的雨水系统一般是通过雨水井、地沟等相通的。当其他装置生产异常导致有毒有害气体、液体进入雨水系统时，有毒有害物质（如硫化氢、油品等）会随雨水系统进入空分装置，可能会造成事故。空分设备界区应关注雨水管网的状态，如发现异常立即切断、隔离，并禁止界区内排放氧产品。

2. 产品管网的安全隔离

以煤制油集群化空分为例，其产品仪表空气、高压氧气、高压氮气和低压氮气通过管网供其他装置使用，外供产品时也应考虑产品的安全隔离。由于氧气易引起爆炸，氮气易导致人员窒息，所以隔离时应遵循"相信盲板不相信阀门，相信自己检查不相信别人介绍"的原则，分系统层层指定责任人，落实隔离情况并签字确认。

1）氧气管网

空分设备的产品氧气主要供应气化装置、污水处理、油品合成及硫回收等装置。集群化空分设备的氧气管网设计为母管联通模式，即三套空分产品氧气并入一根母管，单系列的两根母管通过后备联通，在其中一根母管对应的三套空分设备和气化装置停车检修时，此母管一旦隔离不彻底，会出现物料互窜，通过后备联通处窜入运行系统，造成燃烧爆炸事故。在隔离过程中，首先确保停用空分设备与运行空分设备隔离到位；其次要考虑母管与后续装置的隔离，需要后系统装置做好隔离工作，防止发生气体倒窜尤其是窜入可燃气体或者有毒气体，造成人身伤害、设备损坏事故。

2）氮气管网

空分设备的产品高压氮气主要用作气化炉停车保护气及异常情况下的密相输送载气；低压氮气主要用作空分设备密封气，及由氮压机加压后供全公司用作催化剂再生气、保护气、密封气。因此，高压氮气隔离涉及单套空分、界区内高压氮气管网、全公司高压氮气管网；低压氮气隔离涉及单套空分、氮压机系统、界区内低压氮气管网和全公司低压氮管网。隔离时既要防止其他装置物料倒窜，也要防止误切除正在使用的装置供给；既要防止隔离施工期间的人员窒息，也要防止隔离后容器管线未置换就进入。

第5章
空分生产准备

为了保证空分项目的正常开展，确保装置试车及后期生产的正常进行，应提前做好生产准备工作。本章从组织准备、人员准备、技术准备、安全准备、资金准备、物资准备、外部条件准备和营销准备8个方面对空分项目的生产准备进行阐述。

5.1 组织准备

根据设计要求和工程建设进展情况，按照现代化管理体制的要求，建设单位应该适时地组建各级生产及管理机构。管理机构和生产指挥系统应逐步充实、完善，以适应各阶段工作需要。

5.1.1 生产准备组织机构及职责

空分设备的生产准备工作由项目经理负责，生产准备组组织实施。成立生产准备领导小组，设置组长、副组长、人员准备组、技术准备组、综合准备组、安健环保组，全面负责空分装置的生产准备工作。生产准备组织机构如图5-1所示。

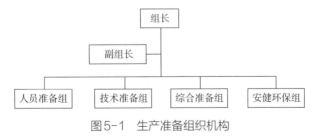

图5-1　生产准备组织机构

领导小组组长：项目经理

副组长：项目副经理

成员：人员准备组、技术管理组、综合管理组、安健环保组相关人员

1. **领导小组职责**

（1）负责统一部署空分项目生产准备各项工作。

（2）负责编制空分生产准备与试车手册。

（3）负责制定生产期组织机构设置、定岗定员方案和进场计划。

（4）负责生产准备人员的培训、实习和管理，编制培训方案和考核方案，完成培训任务和技能考核。

（5）负责编制总体试车方案、专项试车方案、操作规程、检修规程、现场生产管理制度、培训手册等技术文件，建立健全安全生产管理体系。

（6）负责组织编制试车期间水、电、气（汽）、"三剂"、备品备件、润滑油（脂）、工器具等原、辅料需求计划和资金计划，落实相关物资和外部条件准备。

（7）按总体试车要求制定试车节点。

2. **组长工作职责**

（1）全面领导生产准备工作，对空分装置的生产准备工作负总责。

（2）协调空分项目部内部、项目部之间、项目部与上级职能部室之间的关系。

（3）协调解决生产准备过程中出现的重大问题。

（4）监督检查生产准备工作节点、计划完成情况。

3. **副组长工作职责**

（1）在组长的领导下，负责组织协调生产准备过程的管理工作。

（2）负责开展人员、技术、物资、资金、外部条件准备等工作。

（3）组织编制组织机构设置、定岗定员方案及进场计划。

（4）组织编写生产准备人员培训方案及计划，组织开展生产准备人员培训。

（5）组织编写培训教材、生产技术资料、综合性技术资料及各类试车方案。

（6）协调解决生产准备过程中的重点、难点问题。

（7）完成组长安排的其他工作。

4. **人员准备组工作职责**

在生产准备领导小组统一领导下，负责开展组织和人员准备工作。主要负责开展组织机构和定员方案、人员进场计划、培训方案、培训管理制度、考核考评方案的编制，以及培训工作的具体实施。

5. **技术准备组工作职责**

在生产准备领导小组统一领导下，负责开展技术准备工作。主要负责开展培训教材、生产技术资料、综合性技术资料及各类试车方案的编制。

6. **综合准备组工作职责**

在生产准备领导小组统一领导下，负责开展物资、资金、安全、外部条件准备工作。主要负责生产准备工作的规划、物资和资金需求计划、生产管理制度的编制等相关工作。

7. 安健环保组工作职责

在生产准备领导小组统一领导下，负责开展安全设施准备工作。配合上级安健环保部完成安全技术文件的编制、消气防和环保器材、劳保用品及其他应急物资的准备工作。

5.1.2　空分项目试车指挥组织机构及职责

空分厂试车相关工作计划应结合项目组织机构和厂（车间）运行模式组织实施，拟成立试车领导小组，设置组长、副组长、工艺技术组、设备技术组、安健环保组、项目组、综合管理组，全面负责空分厂（车间）的试车相关工作。试车组织机构如图5-2所示。

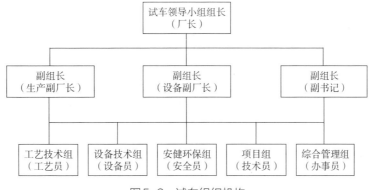

图5-2　试车组织机构

领导小组组长：厂长（车间主任）

副组长：生产副厂长、设备副厂长、副书记

成员：项目组、生产技术组、设备技术组、安健环保组、综合管理组及相关运行人员

1. 组长工作职责

（1）全面统筹空分项目试车工作，对试车工作负总责。

（2）协调内部及上级单位或部门之间的关系。

（3）调度厂内人、财、物等资源。

（4）监督检查各小组职责履行情况，督促按期完成节点任务。

2. 副组长工作职责

（1）在组长领导下，负责组织协调空分装置试车前的条件确认及试车过程中的生产管理工作。

（2）组织协调试车过程中安全、消防工作。

（3）协调解决试车中的重点、难点问题。

（4）组织修订、完善试车总体方案、投料试车方案、工艺技术规程及岗位操作法。

（5）组织对试车过程中的事故进行调查分析和处理。

（6）组织"三查四定"、整改消缺、工程中交等工作。

（7）负责组长安排的其他工作。

3. 工艺技术组工作职责

（1）负责与专利商的协调和沟通。

（2）组织"三查四定"、工程中间交接等工作。

（3）负责各类技术方案、装置操作规程的审查工作。

（4）负责协调原辅材料和"三剂"供应。

（5）组织试车前生产条件的确认和投料试车过程的调度指挥工作。

（6）参加装置开工重大步骤，提出技术方案与要求。

（7）对试运过程中技术疑难问题提出解决措施，对重大技术难题提出解决方案，并及时汇报领导小组研究决策。

（8）审查试车期间的事故预案和处理措施。

（9）组织开工调度会，协调处理投料试车过程出现的问题及日常事务。

（10）负责协调仪表调试确认。

（11）负责投料试车过程中物料的平衡。

（12）负责生产数据等各种情报信息的收集与管理。

（13）组织实施各装置考核标定工作。

（14）定期向领导小组汇报试车情况。

（15）完成领导小组安排的其他工作。

4. 设备技术组工作职责

（1）负责审定关键设备单机试运方案。

（2）负责动、静设备及其他设备检查验收。

（3）负责试车备品备件的保管及所需物资的采购和供应。

（4）组织相关单位按设计和实物量进行核实、交接，参加备品备件及专用工具等的交接。

（5）组织保运队伍完成保运任务。

（6）解决开车过程中急需物资配备，并落实供货厂家的技术支持工作。

（7）对试车过程中设备技术疑难问题提出解决措施，对重大设备技术难题提出解决方案，并及时汇报领导小组研究。

（8）办理特种设备使用许可证，建立特种设备台账和技术档案。

（9）组织协调电气设备的调试和运行。

（10）负责厂内通信联络系统、有线自动电话系统、调度直通电话系统、火警、急救电话、无线对讲、集群呼叫系统等方面的建设管理。

（11）负责特种设备检验发证的检查，建立相关技术档案。

（12）完成领导小组安排的其他工作。

5. 安健环保组工作职责

（1）负责空分装置试运及检修过程中的安全监督与检查。

（2）制定试运期间各种安全规程和安全措施，并组织实施。

（3）监督检查各装置的安全环保设施、消防设施和环境卫生。

（4）检查监督不安全因素的整改。

（5）向上级申报安全、消防和环保设施投产开工有关批文。

（6）对试运过程中安全环保技术疑难问题提出解决方案，并及时汇报领导小组研究。

（7）负责检查系统与装置边界盲板管理及特殊作业技术管理与监督。

（8）负责试运期间的安全保卫工作。

（9）完成领导小组安排的其他工作。

6. 项目组工作职责

（1）按照确定的试车时间及关键节点工期，全面安排好施工工期。

（2）组织试车前的"三查四定"，完成相关问题的整改。

（3）按审定的试车方案做好试车准备工作。

（4）负责试车前工程条件的确认。

（5）负责工程尾项的整改和清理。

（6）负责组织施工单位（总承包）开展试车保运工作。

（7）完成领导小组安排的其他工作。

7. 综合组工作职责

（1）协调解决空分项目结算、付款方面存在的问题，保障项目工程收尾、生产准备及开车等方面的资金需求。

（2）提出项目绩效评价考核意见，报领导小组审定。

（3）根据试车需要，负责编制试车期间的资金计划并保障资金及时到位。

（4）组织生产准备人员培训，协调做好生产准备人员划转工作。

（5）负责试车期间的宣传工作，编印开工、试车简报。

（6）编制试车后勤保障实施细则，并组织检查、执行。

（7）负责落实试车人员食宿、交通等后勤保障、医疗卫生工作。

（8）完成领导小组安排的其他工作。

班组在各个小组的带领下，全面负责空分装置的安全试车，搞好试车期间生产设备、安全装备、消防设施、防护器材和急救器具的检查维护工作。

操作人员在班组长的组织下，严格遵守试车管理的各项规章制度，掌握操作规程，执行工艺卡片和试车作业指导书；正确分析、判断和处理试车期间的各种突发事故，并做好操作记录，确保试车的顺利进行。

在组织准备中，应首先建立组织机构，确定运转模式（四班三运转或四班两运转等），明确维护范围，并根据定岗定员规范要求确定定岗定员信息。

鉴于空分设备技术复杂、工作量大，首次开工不可预测因素多等客观情况，试车难度较大，为确保试车工作顺利进行，在试车期间，聘请相关专家组成试车技术顾问组协助开车。试车技术顾问组由空分厂邀请机组专家、空分专家、仪表专家、电气专家、厂家技术人员、设计院专家、成套商专家等组成，主要职责是协助解决试车过程中出现的重大工艺、设备、仪表、电气等问题，提出合理的解决方案。

技术顾问组、开车队均在试车领导小组的统一指挥下开展试车工作。

空分设备试车期间，建议由专业的试车保运队伍同步上岗待命，负责处理试车过程中需要专业施工队伍紧急处理的热紧、堵漏、抢修、盲板加拆、临时设施施工等保障性工作。试车保运队伍由试车领导小组指挥。在投料试车过程中，要做到局部保全局，外围保主体，岗位保班组，班组保厂，操作轮班保全天，全天保试车全过程，"机、电、仪、操、管"共保试车总目标的实现。

保运队伍的职责是：

（1）在保运合同约定的时间和工作范围内，确保及时、准确完成装置联动试车、投料试车等各阶段保运工作任务。

（2）在试车领导小组的组织与协调下，配合工程总承包商、设计承包商、施工承包商、设备供应商及其他承包商，完成试车全过程需要的临时施工。

（3）保运人员应做到24小时现场值班，工种、工具齐全，随叫随到、跟踪服务，作业规范，保障有力。

5.2　人员准备

在总体设计批复确定的项目定员基础上，编制具体定员方案、人员配置总体计划和年度计划，适时配备人员，组织开展人员培训工作。

5.2.1　人员准备工作目标

（1）装置中交前人员全部到位；
（2）试车前操作工的培训全部完成。

5.2.2　人员进场计划

（1）按照定岗定编、组织机构要求，新招录的操作人员按照空分装置中交节点与开车顺序，建议在中交前12个月入场。

（2）招聘的熟练工建议提前9个月入场，配套的电气、仪表、公用工程、分析化验、检维修人员在中交前 3 个月入场。

（3）各科室的职能人员应较操作人员提前 6 个月入场，负责编制各类技术资料及文件，并负责组织开展操作人员的培训工作。

5.2.3　培训方案

以空分装置中交节点为主线，结合实际情况，坚持内部培训为主、外出培训为辅，分岗位、分层次、分阶段开展生产准备人员培训，确保人员素质满足空分装置试车要求。生产准备人员的培训工作主要由人员准备组负责组织实施，人员准备组应严格按照培训方案完成培训的相关工作。

5.2.4　全员培训计划

1. 培训目标

人员培训总体目标是：培训计划完成率 100%、人员受训率 100%。

生产准备人员参加各阶段培训后，要求特种作业取证率 100%、上岗合格率 100%。

通过培训，要提高生产准备人员思维能力、协调组织能力、操作和作业能力、反事故能力、自我防护能力、自我约束能力共 6 种能力，达到熟悉空分流程、建立系统概念，掌握上下岗位之间、前后工序之间、装置内外之间相互关系。

2. 培训阶段划分

1）全员培训

包括安全警示教育、消气防器材实操培训、安全管理体系、管理制度等专项培训。

2）操作人员培训

原则上分 8 个阶段进行：

第一阶段：安全、企业文化及基本知识培训。

第二阶段：空分设备工艺原理、流程、设备、仪表、电气知识培训。

第三阶段：目标工厂空分岗位实习培训、特种作业证培训。

第四阶段：目标工厂空分岗位安全上岗操作证培训。

第五阶段：空分设备 PID 流程、预试车方案（吹扫、气密等）、OTS 仿真等培训。

第六阶段：空分设备开停车方案、操作规程、事故预案、应急演练等培训。

第七阶段：参与"三查四定"、吹扫清洗、单机试车等现场练兵活动。

第八阶段：模拟开停车等岗位练兵活动。

3）技术人员、管理人员培训

根据空分厂培训需求和计划组织相关人员进行培训，定期举行各类技术人员的素质提升培训。

4）各类取证培训

特种设备操作人员培训、取证、复训（如压力容器证，液体充装证等）。

5）外委培训

建议空分设备操作人员第三、第四阶段的培训与外单位联合开展，外单位设备及流程最好与新建设装置一致，外委培训时间应不少于3个月。某厂培训实施如表5-1所示。

表5-1　某厂培训实施一览表

培训人员 ＼ 培训阶段	第一阶段	第二阶段	第三阶段	第四阶段	第五阶段	第六阶段	第七阶段	第八阶段
新招录学生	○	○	○	○	○	○	○	○
内部划转人员（本岗位）		○			○	○	○	○
内部划转人员（非本岗位）		○	○	○	○	○	○	○
外部招录熟练工		○	○	○	○	○		○
管理及技术人员							○	○
培训时间/月	0.5	1	2	2	1.5	1.5	1.5	至试车
培训方式	内培	内培	外委培训		内培	内培	内培	内培

注：①新招录学生：严格按照8个阶段的内容进行培训。

②内部划转人员（本岗位）：对第二阶段、第五阶段、第六阶段、第七阶段、第八阶段共5个阶段的内容进行培训。

③内部划转人员（非本岗位）：按操作人员的第二阶段、第三阶段、第四阶段、第五阶段、第六阶段、第七阶段、第八阶段共7个阶段的内容进行培训。

④外部招录熟练人员：按操作人员的第二阶段、第三阶段、第四阶段、第五阶段、第六阶段、第七阶段、第八阶段共7个阶段的内容进行培训。

⑤管理及技术人员：比操作人员提前3个月进场开始培训，同时参加本装置知识培训及"三查四定"、吹扫清洗、单机试车等现场培训。

5.2.5　培训教师

1. 内聘讲师

在空分厂范围内聘任兼职讲师，根据技术职称或职业资格、从事本专业工作年限等条件聘任高级、中级、初级兼职讲师。

内部讲师：主要为空分厂技术管理组、生产准备组、安健环保组的技术人员。讲师分装置、专业开展相关课程的讲授，讲师需根据所讲授的课程内容提前1周完成相关培训课件的准备工作，并报人员准备组相关负责人进行审核。

表5-2为内聘讲师名单，其将根据空分厂人员和生产准备人员到岗情况进行调整。

表5-2　内聘讲师表

单元	工艺	设备	仪表	电气	安全
空压站	工艺技术员	设备技术员	仪表技术员	电气技术员	安全员
空压机组	工艺技术员				
空分及后备系统	工艺技术员				

2. 外聘讲师

除内聘讲师外，空分厂将结合自身实际和专业特点，聘请其他空分厂家、空分成套商等专业人员作为外聘讲师。外聘讲师授课见表5-3。

表5-3　外聘讲师授课表

外聘讲师	空分成套商	专利商	设计院	设备专家	机组专家
讲课内容	设备结构、原理	工艺原理、工艺联锁、操作法	工艺流程	设备维护设备故障排除	机组常见故障排除

5.2.6　培训实施细则

培训实施细则明确了各个培训阶段、培训时间、培训内容、培训要求、培训课时及考评办法。培训工作应严格按照实施细则执行，人员准备组负责人员应跟踪、监督、考核、评估等各个阶段的培训情况。培训讲师应按照课程安排进行充分的准备和详细的讲解。在培训期间，对培训人员和培训讲师建立相应的培训档案，作为考评和定岗提升的依据。

1）第一阶段：空分装置安全基础知识培训

该阶段培训过程共计0.5个月（120课时），主要开展化工安全、企业文化及基本知识的培训，了解及掌握相关课程知识，为操作人员的安全生产工作提供相关基础理论。

2）第二阶段：工艺相关知识培训

该阶段培训过程共计1个月（240课时），主要学习空分装置工艺原理、流程、设备、仪表、电气知识，为后续培训提供相应的理论知识。

3）第三阶段：岗位实习理论培训

本阶段培训过程共计2个月，培训人员包括新毕业学生、其他单位划转及招录人员，主要开展同岗位实习培训和特种作业取证培训。同岗位理论实习是为了更好的理解所学的知识，特种作业取证是为了确保操作人员具备操作资质。

本阶段培训将与外委公司签订培训协议，实习人员分到实习车间后，由实习车间统一分配到班组进行跟班实习，所有跟班实习人员由实习车间（带队班长）进行管理。实习人员需与所在实习班组人员签订师徒协议，经过4个月（含第四阶段）实习期后，将以考试的形式对实习人员进行考评。

从第三阶段开始，空分厂管理人员及技术人员自主学习本装置的工艺流程、主要工艺参数等知识，空分厂将对管理人员和技术人员的学习情况进行考评。

4）第四阶段：岗位实习实践培训

本阶段培训过程共计2个月，培训人员包括新毕业学生、其他单位划转及招录人员，主要开展上岗实际操作并取得安全上岗操作证。同岗位实际操作是为了更好地运用所学知识，提高操作能力。上岗证作为操作人员具备操作资格的证明。

本阶段培训管理方式与第三阶段相同。

从第四阶段开始，空分厂管理人员及技术人员自主学习本装置的仪表管道流程图、操作规程等知识，空分厂将对管理人员和技术人员的学习情况进行考评。

5）第五阶段：工艺流程、OTS仿真培训

本阶段培训过程共计1.5个月（360个学时），培训人员包括新毕业学生、其他单位划转及招录人员、内部划转人员，主要开展装置PID流程、预试车方案（吹扫、气密等）、OTS仿真等培训。本阶段培训使操作人员能更好地运用所学知识，提高操作能力，为预试车和试车做准备。

6）第六阶段：开、停车程序及应急培训

本阶段培训过程共计1.5个月（360个学时），培训人员包括新毕业学生、其他单位划转及招录人员、内部划转人员，主要开展装置开停车方案、操作规程、事故预案、应急演练等培训。本阶段培训使操作人员能熟悉现场和开停车方案，为预试车和试车做准备。

现场培训与理论培训相结合。现场培训主要是熟悉装置相关操作要点和应急预案。本阶段培训将在装置现场进行，参培人员分装置开展培训，空分厂负责管理。

由空分厂培训领导小组组织管理人员及技术人员到相应的实习单位进行工艺、管理方面的学习（外出培训时间为0.5个月）。

空分厂管理人员及技术员围绕装置开停车方案、操作规程、事故预案、应急演练等内容展开培训，空分厂将对管理人员和技术人员的学习情况进行考评。

7）第七阶段："三查四定"实践培训

本阶段培训过程共计1.5个月（360个学时），围绕"三查四定"、吹扫清洗、单机试车、现场练兵等开展培训。培训人员包括管理人员、技术人员及所有操作人员。

本阶段培训，按运行模式实施管理，将邀请设备制造商、设备专家、机组专家等进行专业培训，主要针对现场的"三查四定"、清洗吹扫、单机试车方面进行跟踪培训。

8）第八阶段：装置模拟开停车培训

该阶段培训时间从中交至投料试车，主要围绕空分设备的模拟开停车等开展岗位练兵培训。培训人员包括管理人员、技术人员及所有操作人员。

本阶段培训在装置现场进行。

5.2.7 阶梯式培训

针对班组成员文化素质、技能水平存在差异等情况，根据"干什么、学什么；缺什么，补什么"的原则，开展分层阶梯式培训，通过系统性、具体性、针对性培训，为空分厂培养出更多、更好的实用型人才，以满足轮岗、换岗要求，为装置安全稳定运行提供人力保障。

1. 阶梯式培训设置

将操作人员培训分为6个级别，分别为："青铜"——现场副操、"白银"——现场主操、"黄金"——中控副操、"铂金"——中控主操、"钻石"——组长、"星耀"——班长。阶梯式培训星级如表5-4所示。

表5-4 阶梯式培训星级表

序号	级别	星级	对应岗位
1	"青铜"	★	现场副操
2	"白银"	★★	现场主操
3	"黄金"	★★★	中控副操
4	"铂金"	★★★★	中控主操
5	"钻石"	★★★★★	组长
6	"星耀"	★★★★★★	班长

2. 各级别培训目标

1）"青铜"

（1）会看PID图，对现场工艺流程熟知，能将现场流程和PID图联系起来；

（2）熟练掌握单体设备（水泵、低温泵、气液膨等）的现场操作；

（3）熟练掌握现场装置巡检内容，熟知现场工艺参数；

（4）熟知现场风险监控点，并知道相应的风险防范措施和应急处置措施；

（5）熟练掌握设备点检，会判断异常参数并上报；

（6）掌握监护知识；

（7）熟知空分现场所有设备的具体位置，了解现场单体设备的作用。

2）"白银"

（1）掌握现场所有操作，并且能根据具体情况，提前采取相应措施或者判断接下来的步骤；

（2）能够按照中控的要求完成现场操作或应急处置；

（3）能够辨识出现场作业存在的风险；

（4）会判断现场阀门状态；

（5）负责现场直接作业环节的票证办理、措施落实等事项、合理安排监护人；

（6）了解设备的结构及原理。

3）"黄金"

（1）熟悉DCS画面，能够熟练找出每一个参数所在位置；

（2）熟练掌握单体设备（水泵、低温泵、气液膨、氮压机等的启停、切换）、机组、预冷、纯化系统的中控操作及联锁逻辑动作；

（3）能够掌握简单的单体设备应急处置，如机泵、气液膨跳车等的应急处置措施；

（4）掌握中控工艺参数、报警、联锁参数、阀门参数；

（5）能够判断设备的运行情况，维护设备平稳运行。

4）"铂金"

（1）掌握空分设备各系统的操作及关联性，能够提前预判下一步的操作和需要准备的措施；

（2）掌握空分设备的联锁参数及重要联锁逻辑动作；

（3）掌握各系统停车的应急处置措施；

（4）能够合理安排副操的工作，明确工作重点；

（5）分析处理运行过程中出现的设备故障，避免出现设备事故。

5）"钻石"

（1）能够分析多套空分之间的产量平衡问题，并及时安排人员进行处理；

（2）能够合理安排空分的中控人员；

（3）掌握多套空分停车时后备系统、氮压机、空压站的应急处置措施，并能合理安排人员执行；

（4）熟练掌握单体设备的工艺交出；

（5）能够配合完成设备的检维修工作及验收工作。

6）"星耀"

（1）掌握空分集群所有操作，在多套空分跳车、其他系统（蒸汽系统、循环水系统等）发生变化的情况下能够及时协调各套进行处理，稳定装置运行；

（2）能够按规定编制低度风险单体设备工艺操作方案、交出的一单五卡，并安排执行；

（3）认识设备结构图纸，对大型机组结构有一定的了解。

3. 培训方式

采取集中培训、模拟实操培训、师带徒培训、班中小课堂培训。

4. 培训实施步骤

1）方案制订，思想宣传阶段

根据厂人员情况，制订阶梯式培训实施方案，并利用交接班等时间，宣传阶梯式培训的指导思想、培训方式、培训内容等，鼓励全员积极参与。

2）选定人员，培训内容确定阶段

根据现阶段全体操作人员从事的岗位及日常表现、工作业绩，确定每一个级别的培训对象，制订有针对性的、适用性的培训计划。

3）确定讲师，培训实施阶段

每一个级别的培训讲师，由专业技术、岗位知识、操作技能过硬的人员担任。通过理论讲解、现场实操、"传、帮、带"等方式开展培训。

4）过程管控，培训效果提升阶段

在培训过程中，为检验培训效果，加强过程管控，每月组织各级别人员进行考试，考试成绩计入培训积分卡。

5. 综合考评

针对每一级别的培训内容，以理论、实操等方式组织月中、月底两次考试，并将考试成绩计入培训积分卡。其中，月中考试成绩占晋级分数的30%，月底考试成绩占晋级考试分数的70%。晋级标准以综合分90分为合格标准。根据积分卡中的成绩，确定是否晋级。达到晋级标准的人员进行下一级别的培训，未达到晋级标准的人员继续本级别的培训。

5.2.8　培训效果评估

为了及时反馈参培人员的培训意见，合理调配授课资源，为生产提供人员技术保障，为后续培训提供管理经验，应做好培训效果的评估工作。

1. 评估办法

对参培人员的评估：主要是通过考试的方式来检验其培训效果。对成绩优异的学员，由厂给予奖励；对成绩差的学员，给予相应的考核。厂定期了解培训情况，抽查参培人员掌握知识情况。通过小考、手指口述等方式进行检测，成绩在90分以上为合格。

对授课人的评估：由参加培训的人员对授课讲师所培训的内容进行书面反馈，包括准确情况、培训内容、授课技巧等，厂统计核实后给出评估结果。培训效果评估考评见表5-5。

表5-5　培训效果评估考评表

考评对象＼结果	合格	不合格
师傅	按协议支付"师带徒"费用	扣除全部"师带徒"费用，并向所在车间领导反映情况
授课讲师	给予奖励	更换并考核授课讲师
参培人员	顺利上岗，给予奖励，执行上岗人员工资待遇	纳入绩效考核，解除师徒关系，自行学习，参加补考，直至通过。连续三次阶段性考试不合格，不得参加统一上岗考试

2. 评估后的整改措施

要求在试车前,全体操作人员通过培训完成"过八关"(安全应知应会关、制度关、设备"四懂三会"关、工艺流程参数关、开停车及操作票关、事故预案关、装置联锁及操作规程关、OTS仿真模拟操作关)考试并取得上岗证。此外,所有操作人员在上岗前,应取得压力容器作业证,充装人员应取得气体/液体充装证。

5.3 技术准备

包括编制各种试车方案、生产技术资料、管理制度等,使生产人员掌握空分设备的生产和维护技术,能达到指导或独立处理各种技术问题的水平。

5.3.1 技术准备总体计划

根据项目进度控制计划,在空分设备中交前编制完成各种技术资料及文件。总体编制计划是:

(1)在人员入场前,完成培训教材编制工作。

(2)在详细设计完成前,完成生产技术资料和综合性资料的编制工作。

(3)在中交前,完成各种试车方案编制工作。

本计划所列工作完成时间将根据各装置详细设计、中交节点的变化进行调整。

5.3.2 培训教材编写计划

培训教材的编制主要由生产准备领导小组技术准备组负责组织实施,由空分设备专业技术工程师编制,空分厂生产准备领导小组统一组织校审后,报指挥部审批。

根据技术准备总体计划,对培训教材进行编制,并制定编写计划表。表5-6为煤制油空分厂培训教材编写计划。

表5-6 煤制油空分厂培训教材编制计划表

工作项目	工作内容	文件编号	编制时间	校审时间	审批时间	印刷时间	编写组织人	校审人
培训教材	空分设备基础知识和专业知识培训教材						工艺技术员	生产准备组领导
	空分设备事故处理预案						工艺技术员	
	空分厂安全、工业卫生及消防知识教材						工艺技术员	安健环保组组长

5.3.3　生产技术资料编写计划

生产技术资料的编制主要由生产准备领导小组技术准备组负责组织实施，生产技术资料编制工作分编制、校审、审批、印刷。由空分装置专业技术工程师编制，空分厂统一组织校审后，报指挥部审批。表5-7为生产技术资料编制表。

表5-7　生产技术资料编制

工作项目	工作内容	文件编号	编制时间	编写组织人	校审人
生产技术资料	空压站工艺流程图册			工艺技术员/工艺工程师	生产准备组领导
	空压站岗位操作法			工艺技术员/工艺工程师	
	空压机组技术规程			工艺技术员/工艺工程师	
	……			工艺技术员/工艺工程师	

根据技术准备总体计划，结合工作实际，空分设备的生产技术资料应在详细设计结束前完成编制。

1. 岗位操作法的编制要求

（1）必须以设计和生产实践为依据，确保技术指标、技术要求、操作方法科学、合理。

（2）必须总结长期生产实践的操作经验，保证同一操作的统一性，确保成为人人严格遵守的操作行为指南，有利于生产过程的安全性、合规性。

（3）必须确保操作步骤的完整、细致、准确、量化，有利于装置和设备的可靠运行。

（4）必须在满足安全环保要求的前提下，将优化操作、节能降耗、提高产品质量等有机地结合起来，有利于提高装置生产效率。

（5）必须明确岗位操作人员的职责，做到分工明确、衔接紧密，有利于将操作法转换为可操作执行的风险控制卡。

（6）必须在生产实践中及时修订、补充、完善岗位操作法，实现从实践到理论的不断提高。

（7）岗位操作法履行平台审签程序，由空分厂编写、审核、审批，平台审签完成的文件需报各审签人员进行手签，手签完成并报生产管理部备案后，下发执行。

（8）空分厂应在投产前编制、发布岗位操作法，并下发至各岗位操作人员学习、执行。

（9）岗位操作法应至少包括岗位任务、工艺流程简述、开停车及正常操作、DCS操作程序、系统故障、紧急情况的处理程序、冬季防冻、劳动安全及职业卫生等主要内容。

（10）岗位操作法的修订：原则上岗位操作法应每3~5年修订1次，特殊情况下可考虑提前进行修订。岗位操作法在修订之前，由空分厂提出修订申请，经生产管理部同意后进行修订，修订完成后按流程进行审批并发布实施。修改内容应附入原岗位操作法中，原相应章节应有作废标识，若变动较大，须重新修订。

（11）岗位操作法的备案。空分厂岗位操作法编制完成并审定发布后，需及时将纸质版和电子版报上级生产管理部门备案；修订后的岗位操作法在完成审定发布后需重新上报上级生产管理部门备案。岗位操作法审批单如表5-8所示，煤制油空分厂岗位操作法目录如图5-3所示。

表5-8 岗位操作法审批单

项目	单位		审核意见	签字	日期
编写	空分厂	运行部			
		生产管理部			
审核	空分厂	运行部			
		生产管理部			
		机械动力部			
		安健环部			
审批		副总工程师			
批准		生产厂长			
审批	公司	生产管理部			
		机械动力部			
		安健环部			
批准		总工程师			

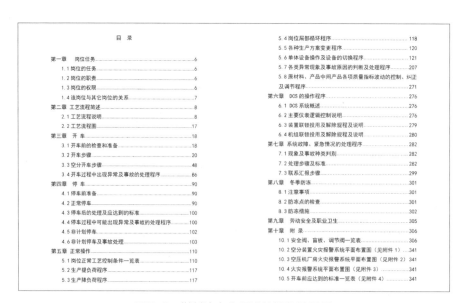

图5-3 煤制油空分厂岗位操作法目录

2. 工艺技术规程编制要求

（1）必须以设计和生产实践为依据，确保技术指标、技术要求、操作方法科学、合理。

（2）必须总结长期生产实践的管理经验，有利于生产组织的安全、平稳、高效。

（3）必须有利于装置和设备的长周期、安全、可靠运行。

（4）必须在满足安全环保要求的前提条件下，将优化操作、节能降耗、提高产品质量等有机地结合起来，有利于提高装置生产效率。

（5）在工艺流程发生变化时，及时修订、补充、完善相关规程内容。

（6）工艺技术规程应履行平台审签程序，由空分厂负责编写、审核，并提交有关职能部门会审，由公司总工程师负责审核、批准。对于平台审签完成后的文件，空分厂应指定专人报各审签人员进行再次手签，并报送上级生产管理部门备案后，方可发布使用。

（7）空分厂应在装置投产前编制、发布各项工艺技术规程，并下发至一线岗位操作人员组织学习、贯彻执行。

（8）工艺技术规程应至少包括装置概况、工艺路线、原材料及公用工程管理、产品、半成品、副产品管理、"三剂管理"、工艺技术指标控制、联锁控制及自动仪表、装置开停工及事故处理、"三废处理"、安全生产基本原则等主要内容。

（9）工艺技术规程首次编制的主要内容由相关设计单位或专利商提供，空分厂负责组织编制。

（10）装置考核标定或技术改造后，空分厂应依据技术改造文件、试生产总结、生产技术总结、科技攻关总结、工业性试验总结、工艺技术标定报告和国内外生产的先进经验，及时组织进行内容修订。

（11）工艺技术规程的修订：工艺技术规程原则上应每3~5年修订1次；新建或更新改造后的装置，应在通过考核后半年内对工艺技术规程组织进行评审，并予以修订、发布；在装置工艺过程、原材料等发生变化或经过技术改造后，空分厂提出工艺技术规程修订申请，经生产管理部审核、同意后，由空分厂组织进行修订，修订完成后按流程进行审批并发布实施。修改内容应附入原工艺技术规程中，原相应章节应有作废标识，若变动较大，须重新修订。

（12）工艺技术规程的备案：空分厂工艺技术规程编制完成并审定发布后，需及时将纸质版、电子版报上级生产管理部门备案；修订后的工艺技术规程在完成审定发布后，需重新上报上级生产管理部门备案。

煤制油空分厂工艺技术规程目录如图5-4所示。工艺技术规程审批单如表5-9所示。

图5-4　煤制油空分厂工艺技术规程目录（部分）

表5-9　工艺技术规程审批单

单位	部门	签字	日期
厂/中心	编制人		
厂/中心	科室负责人		
	分管厂长		
职能部门	生产管理部		
	机械动力部		
	安全健康环保部		
审定/批准	分管副总工程师		

5.3.4　综合性技术资料编写计划

综合性技术资料的编制主要由生产准备领导小组技术准备组负责组织实施。综合性技术资料编制工作分为编制、校审、审批和印刷。由空分装置专业技术工程师编制，项目部统一组织校审后，报指挥部审批。

根据生产准备部《项目生产准备与试车手册》中对时间的限定，综合性技术资料具体编制计划如表5-10所示。

表5-10　综合技术资料编写计划

工作项目	工作内容	文件编号	编制时间	编写组织人	校审人
综合性技术资料	空分装置物料平衡手册			工艺技术员/工艺工程师	生产准备组领导
	空分装置润滑油（脂）手册			设备技术员/设备工程师	
	空分装置设备图册			设备技术员/设备工程师	
	空分装置阀门及垫片一览表			设备技术员/设备工程师	

5.3.5　危化品安全技术说明书、安全标签名目与编写计划

根据上级生产准备部门计划，危化品安全技术说明书、安全标签编制由安健环保部组织编写，项目部生产准备领导小组综合组负责具体实施。项目部配合完成安全技术说明书的编制工

作，具体计划如表5-11所示。

表5-11　安全技术说明书编制计划

序号	册名	编制分工	完成时间
1	氧气安全技术说明书		
2	氮气安全技术说明书		
3	液氧安全技术说明书	配合安健环保部 完成编制	
4	液氮安全技术说明书		
5	氩气安全技术说明书		
6	液氩安全技术说明书		

5.3.6　产品标准、分析检验标准名目与编写计划

根据生产准备部发布的《项目建设生产准备与试车手册》，产品标准、分析检验标准由技术管理部组织编写，项目部生产准备领导小组综合组负责具体实施。项目部需配合完成产品标准的编制，具体计划如表5-12所示。

表5-12　产品标准编制计划

序号	产品标准名目	文件编号	完成时间	编制负责人	校审
1	氧气（含液氧）产品标准			工艺技术员/ 工艺工程师	生产准备组领导
2	氮气（含液氮）产品标准				

5.3.7　管理制度名目与编写计划

为保证空分厂从试车到正常生产运行，生产技术、设备、安全等各项管理工作有序开展，高效完成，项目部计划在指挥部各项安全生产管理制度的框架下，根据空分厂安全生产工作需要编制厂安全生产管理制度。由项目部生产准备领导小组综合组负责组织实施，项目部配合完成厂安全生产管理制度的编写，具体计划如表5-13所示。

表5-13　管理制度编制计划

序号	册名	文件编号	完成时间	编写负责人	校审
1	空分厂安全生产责任制			工艺技术员/工艺工程师	生产准备组 领导
2	空分厂安全管理制度			工艺技术员/工艺工程师	

序号	册名	文件编号	完成时间	编写负责人	校审
3	空分厂生产技术管理制度			工艺技术员/工艺工程师	生产准备组领导
4	……			工艺技术员/工艺工程师	

5.4　物资准备

按试车方案的要求，编制试车所需原料、"三剂"、化学药品、标准样气、备品备件、润滑油（脂）等计划并落实品种、数量（包括一次装填量、试车投用量、储备量），与供货单位签订供货协议或合同。

为了保证生产准备与试车的顺利开展，保证施工及试车节点，应根据项目建设规划提前准备好有关物资。其主要可分为化工原/辅材料、备品备件、通信器材、办公用品、工器具、安全类物资、试车低值易耗品、劳动保护物资和其他物资等。根据物资性质不同，要求到场时间也有所不同。

表5-14~表5-22列举煤制油空分厂部分物资准备计划表，可作为参考。

表5-14　化工原、辅材料需求计划

化工原材料品名	供货数量	装置名称	到货时间	供方
分子筛		纯化系统		
润滑油		压缩机组		
膨胀机润滑油		膨胀机		
……				

表5-15　备品备件需求计划

单元或装置名称	设备名称	名称备件	备件来源		需求数量	已有数量	缺量解决时间
			国内	国外			
空压机组单元	空压机组12台	成套备件					
空压站单元	仪表空压机5台	成套备件					
空压站单元	仪表空气增压机1台	成套备件					
……							

表5-16　通信器材需求计划

类别	名称	型号	数量	单位	到货时间	备注
通信器材	对讲机			部		
	内线电话			部		
	外线电话			部		

表5-17　办公用品需求计划

类别	名称	型号	数量	单位	到货时间	备注
办公用品	中性笔			支		
	蓝黑墨水			瓶		
	台式电脑			台		
	……					

表5-18　工器具需求计划

类别	名称	型号	数量	单位	到货时间	备注
工器具	工具包			个		
	钢制梅花扳手			套		
	铜制盘车器			件		
	……					

表5-19　安全类物资需求计划

类别	名称	型号	数量	单位	到货时间	备注
安全类物资	便携式有毒、可燃气体检测设备			台		
	过滤式防毒面具			套		
	长管呼吸器			套		
	……					

表5-20　试车低值易耗品需求计划

类别	名称	型号	数量	单位	到货时间	备注
低值易耗品	洗洁精			瓶		
	洗衣粉			袋		
	松动剂			瓶		
	……					

表5-21　劳动保护类物资需求计划

类别	名称	型号	数量	单位	到货时间	备注
劳动保护类物资	连体衣			件		
	棉衣棉帽			套		
	防护眼镜			副		
	……					

表5-22　其他物资需求计划

类别	名称	型号	数量	单位	到货时间	备注
其他物资	丙酮			kg		
	管件			个	月	
	法兰			对	月	
	……					

5.5　安全准备

在系统单元和生产装置中交前，建立健全消防系统，编制各种安全技术规程和技术资料，制订消气防器材和劳保用品等需求计划并落实品种、数量，与供货单位签订供货协议或合同。

空分项目部安全准备工作，主要是配合上级安健环保部完成安全技术文件的编制、消气防和环保器材、劳保用品及其他应急物资的准备工作。安全准备的相关工作由生产准备领导小组安健环保组负责具体实施。

安全技术文件主要包括：安全基础知识教材；安全、环保、消防与职业卫生管理规章制度、规定；事故应急预案；消防系统调试方案；员工安全健康档案。

表5-23为煤制油空分厂消防气防环保器材、劳保用品目录及编制计划。

表5-23　消防气防环保器材、劳保用品目录及编制计划

序号	工作名称	文件编制	工作实施	完成日期
1	消防气防环保器材准备	项目部配合安健环保部组织编制	安健环保部组织采购管理部实施	中交前
2	劳保用品准备			中交前
3	其他应急物资准备			试车前1个月

5.6 资金准备

测算各项生产准备费用和负荷联合试车费用净支出，根据下达的年度投资计划及工程实施进度，建设单位应编制生产准备费用和试车费用资金使用计划。

生产准备资金包括管理费、人员培训费、提前进厂费、流动资金等。

表5-24和表5-25为某厂预试车、投料试车资金计划及经济效益测算表。

表5-24 资金计划编制

序号	试车资金项	文件编制	完成时间		
			2015年	2016年	2017年
1	预试车	计划费控科编制，各科室配合			
2	投料试车				

表5-25 资金计划及经济效益测算

序号	费用名称	测算用量	单价	总额/万元	测算说明
一	试运转支出				
1	原材料				
1.1	原料煤				
1.2	甲醇				
	......				
2	动力				
2.1	水				
2.2	电				
2.3	外购液氮				
3	辅助材料				
3.1	珠光砂				
3.2	分子筛				
3.3	干燥剂				
4	试车物资				
4.1	工器具				
4.2	试车物资				

序号	费用名称	测算用量	单价	总额/万元	测算说明
4.3	安全物资				
4.4	润滑油				
4.5	化验费用				
5	外委服务费				
6	机械使用费				
7	液氮运输（槽车）				
8	保运费				
9	专家指导费				
9.1	国内专家				
9.2	国外专家——安装				
9.3	国外专家——调试				
10	排污费				
11	误餐费				
12	销售费用				
二	试运转收入				
1	产品销售收入				
	……				

5.7　营销准备

建立产品销售网络和售后服务机构，开展市场调查，收集分析市场信息，制定营销策略。投料试车前一年做好产品预销售，落实产品流向，与用户签订销售意向协议或合同，同时要编印好产品说明书。

空分主要涉及后备充装系统的准备，液体产品的销售。

5.8　外部条件准备

根据与外部签订的供水、供汽、供电、通信和厂外铁路、公路、防排洪、废渣等协议，并按照总体试车方案要求，落实开通时间、使用数量、技术参数和劳动安全、消防、环保、工业卫生等各项措施，办理必要的审批手续。

（1）水、电、通信等协议，开通时间、数量、技术参数等计划。

（2）安全、消防、环保、职业卫生等手续呈报、审批计划。安健环保组配合指挥部安健环保部在装置试车前，完成办理安全、消防、环保、工业卫生设施验收申报、取证等工作。

（3）压力容器、管道等申报、审批、取证计划。技术管理组配合指挥部机械动力部，负责在装置投料试车前，完成办理压力容器、压力管道等的申报、审批、取证手续。

（4）保运与检维修计划。空分设备所需保运队伍主要包括：设备、技术厂家服务人员；对于部分机电仪独立的企业，还应提前准备好电气空分保运人员、仪表空分保运人员、检修空分保运人员。

5.9 试车方案的编制与审批

试车方案的编制主要由生产准备领导小组技术准备组负责组织实施。试车方案编制工作分为编制、校审、审批和印刷。由相关装置、专业技术工程师编制，项目部统一组织校审后，报指挥部审批。

根据技术准备总体计划，试车方案应在中交前完成。例如，煤制油空分厂试车方案编制的总体计划如下：

（1）空压站试车方案的编制工作计划于2015年7月开始，2015年10月30日完成。

（2）空分设备试车方案的编制工作计划于2015年8月开始，2015年11月30日完成。

5.9.1 试车方案的编制原则

（1）试车方案应切实可行，具有指导作用。

（2）试车方案应明确试车各步骤、需要达到的标准及检查程序。

（3）坚持"单体试车要早、气密吹扫要严、联动试车要全、投料试车要稳、试车成本要低、经济效益要好"的原则。

（4）坚持科学的试车程序，先公用工程，后主体工程；做好工程扫尾与试车的衔接；公用工程试车与生产装置试车的衔接；单体试车、联动试车与投料试车的衔接。

（5）要从技术、经济、安全等方面进行多方案的比较、优化，选择最节省、稳妥、可行的试车方案。

（6）要做到"八个说清楚"，即：试车程序及每个程序的要点与要达到的指标要说清楚；试车前及试车期间的进度及步骤之间的衔接要说清楚；物料平衡要说清楚；试车时的关键技术和操作问题要说清楚；安全及紧急事故处理要说清楚；试车主要矛盾要说清楚；对必须保证的公用工程等外部条件要说清楚；确保一次试车成功的措施要说清楚。

5.9.2　总体试车方案编制提纲

总体试车方案编制提纲如下举例：

一、工程概况

1.1　生产装置、公用工程的规模及建设情况

1.2　原料供应及产品流向

二、总体试车方案的编制依据与编制原则

三、试车的指导思想和应达到的标准

四、试车具备的条件

4.1　工程完成情况

4.2　人员准备情况

4.3　技术准备情况

4.4　物资准备情况

4.5　资金准备情况

4.6　外部条件准备情况

五、试车的组织与指挥系统

5.1　试车组织机构图

5.2　试车组织机构管理职责

六、试车进度

6.1　试车进度的安排原则、试车进度、投入原料与出合格产品时间

6.2　试车程序、主要控制点、装置考核与试生产时间安排

6.3　试车统筹进度关联图

七、物料平衡

7.1　投料试车的负荷

7.2　主要原料消耗计划指标与设计值（或合同保证值）的对比

7.3　物料平衡表

7.3.1　主要产品产量汇总表

7.3.2　主要原料消耗指标表

7.3.3　投料试车运行状态表

7.3.4　经济技术指标

7.3.5　主要物料投入产出图

八、动力平衡

8.1 水、电、汽、风、氮气的平衡

8.2 附表

8.2.1 用电计划表

8.2.2 热负荷表

8.2.3 蒸汽用量平衡表

8.2.4 用水平衡表

8.2.5 氮气平衡表

九、环境保护

9.1 环境监测及"三废"处理

9.2 "三废"处理的措施、方法及标准

9.3 "三废"排放及处理一览表

9.4 试车过程环境风险评价

9.4.1 环境因素识别

9.4.2 环境因素控制措施

十、安全卫生及消防

10.1 安全设施（包括安全联锁系统，紧急排放系统，报警、监测系统、泄压、防爆系统，关键设备保护措施，易燃、易爆、有毒物料的保管、使用、运输措施，救护措施等）

10.2 工业卫生设施（包括防尘、防毒、防噪声、防放射性等）

10.3 消防系统

10.4 试车过程风险评价

10.4.1 风险因素识别

10.4.2 风险因素控制措施

10.5 重大危险源识别及管理

10.5.1 重大危险源识别

10.5.2 重大危险源管理措施

10.6 重大事故应急预案、培训及演练

十一、试车的难点及对策

十二、经济效益预测

12.1 测算条件

12.2 测算结果及分析

十三、其他需要说明和解决的问题

5.9.3　试车审批程序

1. 试车方案审批程序

1）单机试车

编制（施工单位）→ 预审（监理公司）→会审（空分项目部相关科室会审）→批准（施工单位总工程师）→ 空分项目部备案。

2）联动试车

编制（空分项目部生产准备科）→预审（空分项目部试车办公室）→审核（空分项目部生产副经理或总工程师）→审定（公司试车办公室）→批准（公司总工程师）。

3）投料试车

编制（空分项目部生产准备科）→预审（空分项目部试车办公室）→审核（空分项目部生产副经理或总工程师）→审定（公司试车办公室）→批准（公司总工程师）。

2. 试车审批流程

1）单机试车

申请（施工单位）→确认（监理单位）→验收（空分项目部）→批准（空分项目部试车办公室）。

2）联动试车

申请（空分项目部生产准备科）→确认（空分项目部试车办公室）→批准（空分项目部生产副经理）→备案（指挥部试车办公室）。

3）投料试车

申请（空分项目部试车办公室）→复验（指挥部试车办公室）→确认（指挥部安全生产副总指挥）→批准（指挥部总指挥）。

第6章
空分试车

为了确保空分设备安装工程的质量和安全运行，考核设计、施工、机械制造质量，推动项目建设平稳进行，达到设计指标，创造投资效益，应做好空分设备试车工作。

6.1 试车进度

6.1.1 试车进度的安排原则

按照总体试车方案的编制依据与编制原则，在制定试车进度时，还必须遵循以下几点：

（1）根据公司相关要求，兼顾工程建设的实际进度，考虑上下游装置物料的供需衔接关系，安排和制定试车进度；

（2）坚持"安全第一"的原则，安全环保设施与工艺装置同步试车，做到试车步步都有安全环保措施，事事都有安全环保检查；

（3）试车进度的制定应考虑经济性原则，统筹安排试车顺序和进度，使全装置试车的成本符合经济性原则；

（4）遵循"先易后难，先公用工程和辅助工程后主体装置"的原则，在编制和执行项目工程进度计划时，提前完成公用工程和辅助设施的竣工和试车，为主装置试车创造条件，缩短打通全流程的时间；

（5）试车安排要充分考虑气候对操作的影响，做好冬季联动试车和化工投料试车的防冻、防凝措施；

（6）试车工作要遵循"单机试车要早，吹扫气密要严，联动试车要全，投料试车要稳，经济效益要好"的原则，各装置本着"早动手、细安排、高标准、严要求"的态度，精心组织投料前的各项检查和准备工作，并力争一次投料试车成功。

6.1.2　试车进度

在工艺装置投料前，公用工程系统全部试车完成并运行良好，为实现试车目标，将试车进度分为两个阶段：

1）第一阶段：预试车阶段

预试车的目的是全面考核单一装置中整个系统的设备、自控仪表、联锁、管道、阀门、供电等性能与质量，以及施工是否符合设计与标准规范的要求。

预试车包括全系统气密、干燥、置换、"三剂"装填。

2）第二阶段：投料试车阶段

此阶段完成投料试车与试生产工作，并进行装置全面考核，要做到高标准、高水平、高质量、安全稳妥、环境友好、一次成功。

表6-1为空分设备试车进度节点。

表6-1　空分设备试车进度节点

装置	试车工作	开始时间	结束时间
1	汽轮机单体试车		
2	汽轮机—空压机联动试车		
3	空压机—汽轮机—增压机联动试车		
4	空分冷箱裸冷		
5	空分系统启动、循环液氧泵调试		
6	低温液体泵调试及产品气外送		
7	液体膨胀机调试		

6.1.3　试车程序

试车程序按照总体试车进度的关键路线进行。试车程序流程如图6-1所示。

在汽轮机单体试车前，必须完成蒸汽系统的管网吹扫。汽轮机单体试车、汽轮机—空压机联动试车完成后，即可进行低压系统吹扫、分子筛及预冷系统填料装填等。空压机—汽轮机—增压机联动试车完成后，进行膨胀机试车及裸冷查漏。之后进行空分装置启动，低温泵、氮压机试车，最后产出合格产品。

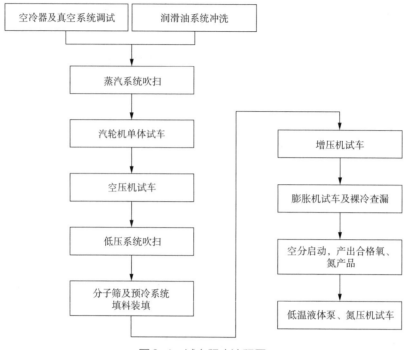

图6-1 试车程序流程图

6.1.4 试车标准

（1）在规定的试车期限内，打通生产流程，生产出合格产品；

（2）与试车相关的各生产装置应统筹兼顾，首尾衔接，同步试车；

（3）在打通生产流程，生产出第一批合格的产品时即视为试车完成。

6.2 试车

试车包括管道系统的处理，设备、电气、仪表的调试，单机试车和联动试车。其中，在单机试车后，施工单位应与建设单位进行工程中间交接；在联动试车后，施工单位应与建设单位进行工程交接。从预试车开始，各装置必须按正在运行的化工生产装置进行管理，执行化工装置生产运行的各项管理制度。各装置的试车应按单元、系统逐步进行，直至扩大到多个系统、全装置、全项目的试车。空分设备的预试车应包括单元或系统的模拟运行，管道系统的钝化，分子筛、干燥剂的装填，工艺系统气密性试验等。

6.2.1　管道系统的处理

1．管道系统的冲洗、吹扫

1）冲洗、吹扫前应具备的条件

对于即将冲洗、吹扫的管道，安装除油漆、保温外，已按设计图纸完成安装（蒸汽管道的保温已完成），安装质量符合施工验收规范规定。管道系统试压合格，所有试压盲板已确认拆除。用于冲洗、吹扫的泵、压缩机已单机试车合格，可正常投入使用。管道与阀门支架安装完毕，弹簧支吊架上的限位装置应去除，实际载荷应对照载荷数据表进行核实，如有必要则进行调整。系统内的节流装置、喷嘴、滤网、阀门、安全阀、止回阀（或止回阀阀芯）等管道零件暂时拆除，并以临时短管替代，待管道吹扫合格后重新复位。焊接形式连接的阀门、仪表等部件，应采取流经旁路或卸掉阀头及阀座加保护套等措施后再进行吹扫，冷箱内浮动阀门阀杆的固定 U 型箍及支撑角钢应拆除。冲洗、吹扫前压力指示及安全装置（如安全阀）必须投入正常工作。冲洗、吹扫出口处应采取加固措施并划定安全禁区，拉警戒线，设置危险区的警示标志。

2）冲洗、吹扫前

应编制冲洗、吹扫方案。

3）冲洗、吹扫介质

循环水、消防水、脱盐水等公用物料管道应用洁净水冲洗；仪表空气、氮气等公用物料管道应用洁净空气吹扫；蒸汽和蒸汽冷凝液管道应用蒸汽进行吹扫。

氮气管网吹扫，如果使用氮气作为气源，则风险较大。氮气是窒息性气体，使用氮气吹扫过程中，可能因为泄漏或氮气富集造成人员伤亡事故。

为了避免以上危害的发生，建议使用空气对氮气管网进行吹扫。煤制油空分厂通过设置纯化出口管线与低压氮管线跨接，利用空压机出口空气，作为吹扫气源对氮气管网进行吹扫。

4）冲洗、吹扫方法

冲洗、吹扫应按照先主管后支管先上游后下游的顺序依次进行，对支线应采用轮流间歇吹扫的方法，吹扫压力不得大于系统容器和管道的设计压力。

空气吹扫可采用连续吹扫或蓄压式吹扫，流速不宜低于 20m/s。如果管道吹扫至设备（增压机、膨胀机、泵等）、冷箱等入口处，则必须用清洁的金属盖板（挡板）将入口封住，并用塑料布包扎，以防止机械杂质、水分等进入。当吹扫的系统容积大、管线长、口径大时，可采用"空气爆破法"进行吹扫，向系统充注的气体压力不得超过管道设计压力，并应采取相应的安全措施，排放口应考虑加装消音器。

仪表气源管吹扫时，应将仪表气源管脱开。吹扫过程中，阀门必须全部打开以免机械杂质卡住阀内件。吹扫后期应在排气口设置贴有白布或涂刷白色涂料的木质靶板进行检验，冲刷5min 后靶板上应无铁锈、尘土、水分及其他杂物。

蒸汽吹扫可采用连续吹扫或间断吹扫，流速不宜低于 30m/s，在蒸汽吹扫前应缓慢暖管，及时排放冷凝液，并检查管道热位移。

水冲洗宜采用连续冲洗。在冲洗之前，应检查冲洗水的清洁度。冲洗不锈钢、镍及镍合金管时，水中氯离子含量不得超过 25×10^{-6}。冲洗管道在接入机器设备之前，应首先进行自身的封闭循环或在终端排放，待水管本身冲洗干净后才允许接入机器或设备。冲洗过程中，管内应保持最大流量，流速不低于 1.5m/s，冲洗压力不得超过管道的设计压力。冲洗排放管的截面积不应小于被冲洗管截面积的60%。排水时，不得形成负压。当排水口水色的透明度与入水口一致时，管道冲洗为合格。当管道经水冲洗合格后，若暂不运行，则应将水排净，并及时吹干。

对于直径大于600mm的管道可采取人工清理的方法；对于不能实施冲洗、吹扫的管道，应事先在安装过程中进行人工清理。经检查确认符合洁净度要求后，可不再进行冲洗、吹扫。

现代特大型空分分子筛吸附器常采用立式径向流结构，内部为丝网结构，无法承受爆破的冲击力，所以分子筛吹扫时不允许经过吸附器筒体爆破吹扫。可采用跨接爆破吹扫和人工清理相结合的方式进行吹扫。

对于集群化空分，由于装置数量多、管线复杂、吹扫难度大，应提前做好吹扫前统筹工作。在吹扫管线时，应提前考虑好隔离及未完工段的后续吹扫工作。对于氮气管线，前期吹扫可采用空气吹扫，安全性较高，当管网内氮气投用后，后续支管再进行吹扫时，若选用氮气吹扫，则危险较大，若使用空气吹扫，则需要氮气退网，系统停车。对于蒸汽管线，如3套空分装置使用1条蒸汽母管，应对各条支管全部完成吹扫，否则若母管有装置运行后，一方面吹扫压力远低于运行压力，另一方面吹扫时对蒸汽管网压力影响较大，吹扫难度将大大增加。

吹扫各系统管路时，安装单位与用户应作好详细的记录工作。吹扫结束后，应重新对连接法兰进行一次详细的检查，对吹扫过程中拆下的连接法兰和阀门，应进行局部气密性检查以确保不泄漏，与设备连接的管道应确保无应力对中。

冲洗、吹扫合格的标准应符合设计文件及相关施工验收规范的规定。

2. 设备、管道系统的化学清洗

（1）设备及管道化学清洗的质量要求，应符合设计文件及相关施工验收规范的规定。

（2）化学清洗前应编制化学清洗方案。

（3）化学清洗前应具备的条件。化学清洗范围内的设备、管道安装除油漆、保温外，已按设计图纸全部完成，安装质量符合施工验收规范要求；管道系统试压合格；化学清洗回路中的泵已单机试车合格；管道支架安装完毕符合设计要求；化学清洗所需临时措施、热源、药品、化学分析仪器、工具等均已备齐；化学清洗方案已批准；现场安全、防护措施及劳动保护用品已准备就绪；污水处理装置能够启用，符合环境保护的要求。

（4）化学清洗应符合下列规定：

溶液配方应符合设计文件或相关规范的要求，应选用经过实践证明的溶液配方；设备、管道系统的化学清洗可采取系统循环法或浸泡法；当使用装置系统的泵进行清洗循环时，应确认泵进行可耐清洗液腐蚀清洗后方可投入使用；在清洗液循环时，应使溶液能循环到需清洗的全部内表面；清洗时应进行系统排气，不得使设备、管道内产生气囊；脱脂测试、检验所用工具、量具、仪表等，应按脱脂的要求先经脱脂后方可使用；清洗液的温度控制、清洗腐蚀速率应符合相关技术规定的要求；对于受清洗液腐蚀，将影响到正常运行性能的部件，应隔离或拆除后另行清洗处理；经过化学清洗后的蒸汽管道仍应进行蒸汽吹扫。

化学清洗合格后，应立即进行管道的组装；当系统暂不使用时，应采取置换充氮等防锈措施；化学清洗的废液应经处理符合环境保护要求后方可排放。

（5）脱脂后的装置严禁使用含油介质进行吹扫和严密性试验，并应妥善维护，进行防锈处理。

（6）化学清洗合格的标准，应符合设计文件及相关施工验收规范的规定。

3. 管道系统的钝化

（1）设备、管道系统的钝化处理，应在相关系统预试车结束、经清洗合格后进行，并应按设计文件的要求和批准的方案执行，其内容主要包括：循环水管道系统预膜和管道系统的钝化。

（2）钝化前应编制钝化方案。

（3）钝化前应具备下列条件：设备及有关系统压力试验合格；管道系统冲洗、吹扫合格；设备、管道系统严密试验合格；仪表安装调试合格；相关系统预试车结束，具备投用条件；钝化所需化学药品、水、电、气（汽）等，确保供应；现场安全警示和其他安全措施应符合要求。

（4）钝化应符合下列规定：钝化的配方应符合设计文件或相关规范的要求，选用经过实践证明的配方；钝化工作应一次完成，不得在系统中留有未钝化的设备和管道；钝化后应要求按时按量投药，使系统继续处于钝化保持状态；钝化处理后的管道系统应保持连续运行，停运或排空的时间不得超过规定的时限。

（5）钝化合格的标准应符合设计文件的要求。

4. 循环水管道预膜

1）预膜目的

循环水系统的预膜是为了在管道的金属表面上迅速地形成一层致密的防腐薄膜。其优点主要表现在：

（1）形成的保护膜致密牢固，能有效地防止金属表面腐蚀、杜绝隐患生产，延长设备使用寿命。

（2）由于清洗预膜后管道表面有一层光滑的保护膜，使得正常运行时水处理药剂的补膜过程更易完成，使之最大限度地发挥水质稳定剂的作用，达到既节省药剂又提高水质稳定的效果。

2）预膜原则

所有循环水管线施工完成，不得随意打开导淋就地冲洗，必须按照先主管后支管、由近至远，先高后低的原则进行预膜。不得随意打开导淋就地冲洗。预膜过的管线在冲洗图中做标记，防止遗漏，认真巡检，发现泄漏及时汇报并处理，防止跑水，并检查水冲洗沿线有无异常声响、冒水和设备故障等。预膜结束后及时恢复，不得长时间敞开管口，损坏预膜效果，对漏入设备的水及时排除。

3）预膜方法及步骤

空分各换热器循环水总管进口及出口阀门关闭，各分支换热器上水阀与回水阀关闭，跨接阀门打开（或上回水加短接），通知循环水开始送水，进行预膜（上水后全面检查各换热设备导淋无水流出，若有水流出则联系加盲板隔离，防止水进入换热器内）。

预膜时间原则是48小时。水温控制在30~40℃为宜，若水温偏低，应适当延长时间。预膜前打开循环水管线高点排气和低点排污导淋，排气排污后关闭。预膜时发现管线漏点应及时进行处理，无法处理则立即停止冲洗。

预膜合格后，循环水停止送水，通过循环水母管上低点导淋将管内循环水排净。确认管内无水后，将所有联通管线上盲板恢复，联通阀门关闭。

4）预膜挂片验收

根据《工业设备化学清洗质量标准（HG/T 2387—2007）》执行。

（1）一般要求：

化学清洗前应拆除或隔离受清洗液损害而影响正常运行的部件和其他配件，拆除后的管件、仪表、阀门等可单独清洗。化学清洗后设备内的残液、残渣应清除干净。设备清洗结束后，表面应无二次浮锈、无惰性金属置换析出、无金属粗晶析出的过洗现象，应形成完整的钝化膜。在被清洗的设备和管线中，有不锈钢或含有不锈钢的混合材质时，清洗溶液中的氯离子（Cl⁻）含量不得大于25mg/L。在酸洗过程中，溶液中三价铁离子（Fe^{3+}）含量超过1000mg/L时，可适当加入三价铁离子还原剂或络合剂，以降低三价铁离子的腐蚀。同时在酸洗时，应挂入与清洗系统中所有材质相同的腐蚀监测试片。一次酸洗的时间不应超过12小时。在加入钝化药剂前清洗系统内溶液的总铁离子浓度不宜大于350mg/L。化学清洗过程中的废液不允许直接排入水体中，应就近纳入当地的污水处理系统。具体指标参照GB 8978—1996或当地污水排放标准的规定执行。

（2）质量要求：

在化学清洗过程中，必须控制设备结构材料的腐蚀率和腐蚀量，其指标应不大于如表6-2所示的规定。

表6-2 腐蚀率及腐蚀量指标

设备材料	腐蚀率K/［g/（m²·h）］	腐蚀量A/（g/m²）
碳钢类	6	72
不锈钢类	2	24
紫铜	2	24
铜合金	2	24
铝及铝合金	2	24

5. 油运

1）油运目的

通过润滑油对管道的冲洗，清除施工安装过程中残留在管道和附着于其内壁的杂物、焊渣和锈蚀物等，防止开工试车和正常运行时设备、机器、阀门和仪表出现损坏。

2）油运流程

编制技术方案→油循环前的施工、人员、机具、条件准备→油站油箱、高位油箱清理→拆除各轴承、控制油系统出入口连接管（接临时短管连成回路）→拆除管路中的节流孔板→拆除滤油器中的滤芯→回油总管安装临时滤网→根据冲洗流程确定管道上的阀门启闭状态→油泵电机单试→油箱注油→油站自身循环（油泵试车）→机组外油系统循环（油站、高位油箱、中间连管系统循环）→机组内循环（进轴承）→油运验收合格。

3）油运具备条件

根据流程图核对现场管道、电气、仪表的安装情况，确认安装完成，并有齐全的安装验收记录。各油泵的电动机及油雾风机经空载试运行，验收合格，具备使用条件。油泵及附属设备的电气、仪表调试完成，验收合格，满足使用条件。与油系统相关的机组控制系统测试完成。就地液位计应调整正确并投用。

油站油箱及高位油箱清理完成，并验收合格。管道经酸洗验收合格，复位完毕，油冷却器抽芯、清理检查合格，复位完毕。与油运有关的临时管道安装完毕，具备使用条件。将各油过滤器内的过滤元件拆下另行保管。待油冲洗无明显颗粒后再回装正式的过滤元件。将符合厂家要求，且经分析化验合格的润滑油运至现场。

油系统设备、管道表面及周围环境清理干净，无易燃物，油运区域无明火作业，并按正常生产要求实行动火管制。油运现场与控制室通讯工具应保持畅通。灭火器、沙箱等灭火器材摆放到位，数量满足油运安全要求。现场备有必要的劳动保护用品，外露转动部位应安装安全罩。将油系统中不进行油冲洗的蓄能器、油气分离器经人工单独清洗合格后封闭，将顶轴油泵进出口管线加临时盲板隔离。内循环时确认空压机、增压机密封气投用。

以上条件具备后，应经业主、监理、施工单位确认后，方能进行下一步油运工作。

4）油循环运行

煤制油空分厂润滑油系统、控制油系统分别设置了2台相同流量及压力的油泵，在油循环冲洗时2台油泵一开一备交替运行；事故油泵单独为1台，需单独油循环。

油循环分3个阶段进行；①油站自身循环；②机组外油系统循环（油站、高位油箱、中间连管系统循环）；③机组内油系统循环（进轴承）。

（1）油站自身循环：

拆开与各轴承、调速系统等出入口连接管道，接临时短管连成回路。在回油总管的法兰口增设临时检查滤网，并根据油回路的清洁程度分别采用100目和200目的滤网进行过滤，以便检查管道的油冲洗效果。油泵电机单试完成，油箱注油满足要求。

打开主润滑油泵进、出口阀，打开压力调节阀旁路阀，关闭压力调节阀前后截止阀。润滑油泵已灌泵，盘车无卡涩，通知电气送电，检查电机转向是否正确。启动主润滑油泵，润滑油经压力调节阀旁路回油箱，安排专人检查各管路间是否有漏油现象，设备振动、温度正常，泵无异响。主油泵全回流运行1小时，切换至辅润滑油泵，过程同主油泵单试过程相同。

打开主控制油泵进、出口阀，打开压力调节阀旁路阀，关闭压力调节阀前后截止阀。控制油泵试运前应注油，盘车无卡涩，通知电气送电，检查电机转向是否正确。启动主控制油泵，控制油经压力调节阀旁路回油箱，安排专人检查各管路间是否有漏油现象，设备振动、温度正常，泵无异响。主控制油泵全回流运行1小时，切换至辅控制油泵，过程同主控制油泵单试过程相同。

（2）机组外油系统循环：

各投用1组油冷却器、过滤器，启动主润滑油泵，缓慢关闭压力调节阀旁路手阀，缓慢升压，直至达到正常压力，在此过程中安排专人检查系统内管道、设备连接处是否有泄漏，设备振动、温度正常，泵无异响。打开高位油箱充油阀，向高位油箱充油，直至高位油箱溢流管视镜有油流出。打开事故油泵出口阀，启动事故油泵，观察泵出口压力表达到运行压力，确保事故油能进入润滑油管道内冲洗。利用油站油箱自带油加热器的启停，对系统内的油进行加热或冷却，循环过程中需在35~65℃范围内反复升降油温，达到剥离管内沉积物的目的。油的加热、冷却曲线如图6-2所示。

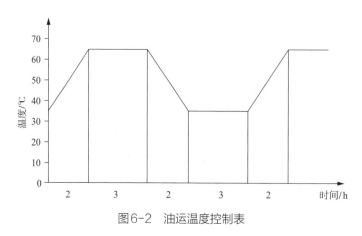

图6-2　油运温度控制表

投用一组油过滤器，启动主控制油泵，缓慢关闭压力调节阀旁路手阀，缓慢升压，直至达到运行压力，在此过程中安排专人检查系统内管道、设备连接处是否有泄漏，设备振动、温度正常，泵无异响。

当主润滑油泵和主控制油泵分别运行8小时后，切换至辅助油泵继续进行冲洗。重复进行以上步骤，运行7~8天，检测回油管线临时滤网，若无明显杂质，回装油过滤器滤芯，投用油过滤器，继续运行直至检网合格。

检测方法及验收标准：滤网经厂家、业主、监理、施工单位检查合格后，送化验室化验分析，油冲洗合格标准采用ISO 4406《油液清洁度标准》，ISO等级7级以下合格。油质分析化验合格后，拆除临时管路，恢复各轴承、调速系统等出入口连接管道，准备进行机组内循环。

（3）机组内油系统循环（进轴承）：

投用空压机、增压机密封气，压力显示正常。各投用一组油冷却器、过滤器，启动主润滑油泵，缓慢关闭压力调节阀旁路手阀，缓慢升压，直至达到正常压力，在此过程中安排专人检查系统内管道、设备连接处是否有泄漏，设备振动、温度正常，泵无异响。投用一组油过滤器，启动主控制油泵，缓慢关闭压力调节阀旁路手阀，缓慢升压，直至达到正常压力，在此过程中安排专人检查系统内管道、设备连接处是否有泄漏，设备振动、温度正常，泵无异响。当主润滑油泵和主控制油泵分别运行8小时后，切换至辅助油泵继续进行冲洗。运行2~3天，检测回油管线临时滤网，直至检网合格。

检测方法及验收标准：滤网经厂家、业主、监理、施工单位检查合格后，送化验室化验分析，油冲洗合格标准采用ISO 4406《油液清洁度标准》，ISO等级在7级以下合格。

油质分析化验合格后，按程序进行签字确认，将系统中冲洗油排出，再次清洗油泵入口滤网、油箱、油过滤器、轴承。油箱清理合格后，按相关程序再次进行检查确认签字。向油箱内注入润滑油（加注新的润滑油时须经滤油机过滤）。

控制点设置如表6-3所示。

表6-3　控制点设置

序号	检查项目	等级
1	油管线系统拆洗及回装	A/AR/B
2	油箱清理	A
3	润滑、控制油系统检查、注油（油品分析）	AR
4	油泵联运	AR
5	油系统外循环结束（按ISO 4406标准进行验收）	AR/B
6	油系统内循环结束（按ISO 4406标准进行验收）	AR/B
7	油箱清理	A
8	注入正式润滑油（油品分析）	AR

注：A代表业主参与、R代表记录、B代表监理单位参与

5）油运注意事项

在油冲洗的过程中，按油的流向用木锤沿管道敲击各焊缝、弯头、三通等，并定期排放或清理油路的死角和最低处积存的污物。油运初期应提高回油管线临时滤网、泵入口滤网的拆检频次，后期根据检网情况，可适当延长临时滤网的拆检时间。油泵按时测振、测温，做好巡检、记录。油泵启动前确认盘车无卡涩。油运停止后，注意管线回油彻底后再拆检回油滤网。将滤网取出，清洗干净后回装，再重新开启油泵。

油运过程中安排专人检查系统内管道、设备连接处是否有泄漏，若发生泄漏应立即联系停泵，管道回油彻底后，对漏点进行消漏，清理地面积油。管道系统油冲洗时，防止死角（如：调节阀前阀、局部低点，高点，管道附件内部等）部位冲洗不净，应在这些部位加设排放点或拆开冲洗，保证冲洗质量。

管道系统冲洗前，加置的盲板、拆除的管道组成件及仪表配件等应做好记录，确保冲洗合格后，管道系统复位准确无误。

所有进入现场的员工应按规定穿戴工作服、安全帽、工作鞋等个人防护用品，进入人员必须进行登记。施工现场的危险部位应设置安全警示牌，设置警戒线并配置灭火器，严防明火，周围禁止电气焊接施工。

油箱内清理必须进行有限空间分析，照明必须使用安全电源，禁止使用太阳灯。油系统冲洗时，法兰口有滴油时要及时处理以免引起火灾。对施工用过的手套、油棉纱等废弃物应与其他废弃物品放入现场的垃圾桶内，集中处理。油箱加油时，应正确操作，避免油外漏，若有漏油，将事先准备的锯沫覆盖在上面吸入一段时间，再进行清扫。每天要保持工作场地卫生清洁，做到文明施工，保障施工的安全。

6. 氧管线脱脂及吹扫

氧管线脱脂可以选择管道安装前脱脂，也可在施工后进行脱脂，下面以煤制油空分厂为例，叙述安装后脱脂流程。

1）施工前准备

通过勘察施工现场，对脱脂系统进行较详细评估，并结合工艺技术参数，确定清洗方式，粗脱脂液选取浓度为1%~2%的Na_2CO_3为主剂，辅以浓度为1%~2%的NaOH配成综合浓度约3%的脱脂液，精脱脂液选取浓度为1%~1.5%的NaOH为主剂，辅以浓度为0.5%~1%的Na_2CO_3配成综合浓度约2%的脱脂液，并且制定有效的安全措施和应急预案。

关闭并隔离与清洗系统无关的阀门、管线，必要时加装盲板，以防止脱脂液外漏或窜入其他系统中对其造成不必要的危害。

2）工艺流程

（1）水冲洗及系统试漏。

水冲洗及试压的目的是除去系统中的积灰、泥沙、脱落的金属氧化物等。水冲洗试压前，临时管线的配置及流程设计无死角、漏项，需监理确认后，方可施工。

进行水压试验时，将系统注满水，调节出口回水阀门，控制泵出口压力至0.2~0.6MPa，检查系统中法兰、短管连接处及临时管线接口处的泄漏情况，并及时处理，以保证脱脂过程的正常进行。系统试压合格后，得到相关部门的确认，再进行水冲洗。

水洗结束：冲洗到系统排液口的水与循环泵进水口浊度一致且维持不变时即可结束水冲洗。

（2）粗脱脂。

粗脱脂的目的是清除设备在制造及安装过程中附着的油污、灰尘等附着物，且可除去有机物等物理阻碍物。

粗脱脂综合配方浓度控制在3%左右。当碱洗过程中清洗液的综合碱度小于1%时，应适当补加脱脂药剂。脱脂过程中温度控制在60~70℃。

根据清洗现场实际情况，在碱洗结束0.5小时前，业主、施工方、监理共同确认。当系统脱脂液的泵出口和系统回流液的脱脂溶液浓度达到平衡且脱脂溶液浓度连续分析3次偏差在±0.1%时，即可结束粗脱脂。

碱液排放时，需用酸中和使pH值达7~8.5，同时要测定中和废液的COD含量（取样点：清洗槽排污口），确认达标后方可排放到指定地点。

（3）水冲洗。

粗脱脂后系统用清水冲洗，其目的是去除系统内脱脂残液。

脱脂液排净后，充水进行冲洗。当进出口水浊度一致且基本平衡时，pH值到8.5可结束水冲洗。

（4）精脱脂。

精脱脂的目的是在粗脱脂的基础上深层脱脂，通过精脱脂去除残留在氧气管道上的顽固油脂。

碱洗综合浓度配方控制在2%左右。当碱洗过程中清洗液的综合浓度低时，应适当补加碱洗药剂。脱脂过程中温度控制在60~70℃。

根据清洗现场实际情况，当系统脱脂液的泵出口和系统回流口的脱脂溶液浓度达到平衡，且连续分析3次偏差在±0.1%时，即可结束精脱脂。

脱脂液排放时，需用酸中和后，pH值达7~8.5，同时测COD含量（取样点：清洗槽排污口），经确认后方可排放到指定地点。

（5）水冲洗。

精脱脂结束后系统用脱盐水冲洗，其目的是去除系统内精脱脂残液。

精脱脂液排净后，充脱盐水进行冲洗。当进、出口水浊度值接近时，pH值接近7~8时方可结束水冲洗，系统脱脂结束。

（6）化学监督。

化学清洗必须加强化学原材料、清洗过程监测；

粗脱脂监测：

测试项目——碱度：1次/30min、碱度不低于1%；温度：1次/30min、60~70℃。

精脱脂监测：

测试项目——碱度：1次/30min、碱度不低于1.5%；温度：1次/30min、60~70℃。

（7）洗质量检查与验收。

检验的方法：通过强光灯或紫光灯检查，用波长320~380nm的紫外光检查脱脂件表面，无油脂荧光为合格；四氯化碳法测油含量指标：用脱脂棉蘸取四氯化碳擦拭规定面积清洗过的金属表面，其油含量应不大于125mg/m^2。

注：对于提出的以上两种检测方法，要同时进行检测，相互验证合格后方可。

（8）废液处理。

各阶段化学清洗废液酸碱中和后排入甲方指定污水处理系统（经过测定未经中和的脱脂废液的 COD 含量为 10mg/L 经盐酸中和后 COD 含量为 150mg/L）。

注：COD 为化学需氧量，是以化学方法测量水样中需要被氧化的还原性物质的量。

3）吹扫

对于大型、集群化空分而言，往往伴有氧管线管径粗、管线长、管容大等问题，给吹扫带来了较大的困难。为了加快吹扫进度，提高吹扫效果，除在空气吹扫前进行酸洗脱脂外，在吹扫过程中应加大气量，提高压力（不宜过高），可从增压机一段中抽气对管网进行吹扫。吹扫时应注意以下几点：

（1）管线吹扫时，必须保证吹扫介质的流动动能大于正常时介质的流动动能。

（2）氧管线采用增压机一段压缩空气进行稳压吹扫或爆破吹扫。临时管线配管材质要求为不锈钢或碳钢喷砂并氩弧焊打底，酸洗脱脂，满足氧管线吹扫要求。

（3）吹扫时，保证吹扫气量，操作阀门缓慢，避免增压机发生喘振。

吹扫前应检验管道支架、吊架、吹扫口的牢固程度，必要时应予以加固；吹扫管口架距地面高于 2.2m，吹扫管口斜向上 30°，并确保管口上方 30m 无其他管线、构筑物。吹扫口设置在安全位置，临时固定措施应牢固可靠（注：如果吹扫口周围空间受限，则根据吹扫口的实际情况进行吹扫，周围必须进行警戒。平吹时要求吹扫口处加挡板隔挡）。

4）气密

使用 6.0MPa 的压缩空气作为气密介质，气密主要检查部位有界区内、外管道的法兰或螺栓、管接头、阀门、焊缝、仪表连接处、阀门填料函、放空阀、排气阀、排净阀等所有的密封点。气密用临时管道材质必须为不锈钢。气密时后备水浴式汽化器在出口法兰处加盲板隔离，超高压氧气缓冲罐纳入气密范围。

对高压氧气管线系统做气密试验，分别按气密压力等级的 10%、30%、60%、100%，在各压力等级下用肥皂沫涂抹在上述主要检查部位。按国家标准，泄漏率试验合格标准为：当达到实验压力后，稳定 24 小时，试验系统每小时平均泄漏率应符合规范要求，即 $A \leqslant 0.5\%$。

泄漏率公式：

$$A = \frac{100\left(1 - \dfrac{p_2 T_2}{p_1 T_2}\right)}{t}$$

式中　　A——每小时平均泄漏率，%；

　　　　p_1——实验开始时的压力，MPa；

　　　　p_2——实验结束时的压力，MPa；

　　　　T_1——实验开始时的温度，K；

　　　　T_2——实验结束时的温度，K；

　　　　t——试验时间，h。

5）投用

氧气管网投用前应具备：全厂氧气管网脱脂、吹扫、气密合格；管网隔离完成，阀门处悬挂禁动标识；静电跨接线按照要求安装完成，电阻小于0.03Ω；氧气管网办理中交手续完成符合投用条件。

空分设备开车正常，高压氧气产品纯度合格后，方可外送。当单套界区氧气压力达到正常压力时，缓慢打开氧气送出手动阀的旁路阀向外管网均压（均压前可先向外管网注入氮气），控制升压速率小于0.01MPa/min，当外送管线压力升至1.0MPa时，打开后系统放空阀。缓慢开大送出手阀的旁路阀，当送出手动阀前后压力一致时，缓慢打开送出手动阀至全开，关闭旁路阀，保持管网压力稳定，送气结束。然后系统对氧气纯度进行检测，确认置换合格。

管网升压过程中检查管道是否有泄漏，若有泄漏立应立即停止升压，缓慢泄压至无压力后，经工艺处理进行消漏后再升压，如有必要则对管线进行置换。

投用审批表格详见附表1和附表2。

7. 蒸汽管线酸洗

在蒸汽管路制作、焊接及安装过程中，不仅有脏物进入管道，而且管道内壁会附有金属氧化物、焊渣等杂质，尽管汽轮机速关阀中装有蒸汽滤网，但汽轮机投入使用后，尺寸小于滤网孔隙的固体杂质仍可通过滤网高速进入通流部分，撞击叶片，损坏叶片、汽封。

蒸汽管道的吹扫是利用蒸汽压力产生高速气流的冲刷力将附着在管路内的杂物冲走。利用不同物质热膨胀系数的差异，降低腐蚀产物与管道表面的结合强度，使这些杂质在高温气流的冲刷下，从管道内壁剥落下来，排出管外，以保证汽轮机安全、平稳运行。暖管时的恒温可使管道得到充分舒展，以便检查管道的膨胀方向、热位移情况以及各类支吊架的受力情况，同时对暴露出来的问题应采取相应的整改措施并消除。

化学清洗是利用化学药剂与管道内表面的金属氧化物、污垢等进行反应、溶解，从而达到清洁去污的过程。新建蒸汽管线在吹扫前进行化学清洗，可以有效去除管道内的铁锈、焊渣、防锈油等杂质，可大大缩短吹扫时间，节约吹扫成本。

为了加快吹扫速度，在蒸汽吹扫前可使用柠檬酸化学冲洗技术，能够很好除去设备及管道在制造、运输、储存及安装过程产生的油污、焊渣等。

1）酸洗

酸洗工艺流程：水冲洗试压—碱洗除油—碱洗后水冲洗—酸洗除锈—酸洗后水冲洗—漂洗、钝化—压缩空气吹干。

（1）水冲洗试压。

水冲洗及试压的目的是除去系统中的积灰、泥沙、脱落的金属氧化物等，并对临时接管处泄漏情况进行检查。

冲洗时，高位注满、低点排放，以便排净清洗系统杂物，控制进出水平衡，分回路切换控制，必要时进行正、反向冲洗。冲洗速度控制为0.2~0.5m/s。冲洗终点以出水达到清澈无杂物为合格。

水压检漏试验时，将系统注满水，调节回水阀门，控制回水压力至对应等级压力，检查系统中焊缝、法兰、阀门、短管连接处泄漏情况并及时处理。

水洗结束的标志一般为冲洗到排出水清澈透明时结束，浊度≤20NTU，表明水冲洗合格。

（2）碱洗除油。

碱洗的目的是通过高温碱液在表面活性剂的配合下去除系统中的机油、石墨、防锈油、悬浮的泥沙等污垢，使得后续的酸洗过程更加彻底、有效。一般情况下，预处理剂由碱性物质、表面活性剂等组成，总碱度在0.5%~2%之间。碱洗除油工序随着清洗液温度的升高效果会增强，清洗时间会缩短。

水冲洗结束后，保持管道内清洗液的循环状态，打开清洗泵站的加热系统加热，待系统温度上升至70℃，即可将渗透剂、NaOH和Na_3PO_4混合液加入配液槽内，并使整个系统中药剂浓度均匀达到表面活性剂0.5%~1%，NaOH 0.5%~1%，Na_3PO_4 0.5%。碱洗期间，应定期取样分析，当系统内碱度连续两次测定浓度在±0.1%以内，即可视为该步骤结束。

碱洗时应每间隔60min开启一次排空和导淋，以防止管道内产生气阻及清洗下来的污物堵塞导淋阀门。

（3）碱洗后水冲洗。

洗后的水冲洗目的是清除残留在系统内的碱洗液，降低系统内的pH值，冲洗至pH值≤9，系统排水清澈透明时为止。

清洗方式采用顶排法。首先将清洗泵站配液槽的碱液排至废液储存容器，向配液槽内加入清水，启动清洗泵将清水不断输入系统，顶出系统内的碱液。同时，打开清洗系统回液与排污连接的阀门，将碱洗液排至废液储存容器。定期检测系统回液的pH值及浊度。当pH值<9时，关闭系统回水与排污连接的阀门，转入下一道酸洗除锈工序。

（4）酸洗及检测。

酸洗的目的是利用酸洗液与铁锈（FeO、Fe_2O_3、Fe_3O_4等）进行化学反应和柠檬酸铵络合，生成可溶性物质以除去锈层及氧化皮。酸洗是整个化学清洗过程的关键步骤。

根据清洗系统材质特殊性，采用柠檬酸为主的清洗剂。为了避免管线在酸洗时受到氢离子和三价铁离子的腐蚀，在酸洗系统中投加一定量的还原剂和缓蚀剂。

水冲洗结束后，排尽冲洗水，用热水注入系统，然后将配制好的酸洗液缓慢注入系统循环，当酸液浓度达5%~6%时，酸洗液的温度控制在55~60℃，当温度达不到要求时可使用临时锅炉对清洗液保温。酸洗时每2小时进行高点排气及低点排污。清洗除锈工序每30min分析一次酸度、Fe^{3+}浓度。两次分析酸度差在±0.1时，总铁离子浓度30min没有变化即可结束酸洗工序。

酸洗时，若清洗液中Fe^{3+}浓度≥1000mg/L时，应适当加入还原剂；酸洗期间，若酸浓度低于5%时应补加酸及缓蚀剂。

一般从酸液达到预定浓度起开始计算清洗时间，原则不超过8小时。

酸洗按质量验收标准验收合格后进行退液，酸液处理依据污水处理方法进行处理后排放到业主指定的地点排放。

酸洗结束用空气将残液吹出，进行水冲洗，以除去残留的酸液及洗落的部分锈渣。当出水口 pH 值接近 6 时即可结束。

（5）漂洗及检测。

酸洗后的金属表面处于较高活性状态，极易发生二次浮锈，通过漂洗的方法，可以避免二次浮锈的生成。

漂洗是采用稀柠檬酸铵溶液与残留在系统中的铁离子络合，以除去水冲洗过程中金属表面可能生成的浮锈，为钝化打好基础。

将系统充满水并加热，维持温度 40~50℃漂洗药剂进行漂洗。当铁离子浓度达 350×10^{-6} 时，漂洗液浓度保持平衡，在半小时内基本不变时，即可结束漂洗。

（6）中和、钝化及检测。

漂洗结束时，若溶液中铁离子含量小于 350×10^{-6}，用氢氧化钠调节漂洗液 pH 值至 10~11 后投入专用钝化药剂，直接进行中和、钝化。若溶液中铁离子含量大于 350×10^{-6} 时，应加入还原剂，使溶液中的铁离子含量小于 350×10^{-6} 后再加入专用钝化药剂，钝化液要充满系统，钝化过程中也应定时排气及排污。循环 6~8 小时结束。

（7）空气吹扫。

清洗结束后，装置接空气管线进行吹扫，深度清理游离水。

2）酸洗后的废液处理

化学清洗产生的废水、废液应进行中和调配至 pH 值为 6.8~8.5 后，排放到指定地点。

化学清洗过程中各个步骤产生的废液的具体参数及处理方法：

（1）水冲洗及系统试压。

该步骤的清洗废液主要为中性水，可能含有少许焊渣及其他杂质。该部分废液可直接排进雨排系统。

（2）酸洗废液处理。

酸洗的目的是清除新建设备或装置在制造过程中所产生的各种铁锈、焊渣等杂物。我公司在此次清洗中使用的主要为柠檬酸和活性剂。该废液对环境产生污染的主要因素为弱酸性。

酸洗结束后，一般采用中和法处理，将酸洗液排入废液处理槽，与碱相互中和，使 pH 值达 6.8~8.5。中和完毕后，排放至甲方指定地点。

（3）钝化废液处理。

钝化的目的是酸洗完的设备或者管道在弱碱环境下表面形成一层钝化膜。我公司在此次清洗中使用的主要为亚硝酸钠。该废液对环境产生污染的主要因素为弱碱性。

钝化结束后，一般采用中和法处理，将钝化液排入废液处理槽，与酸相互中和，使 pH 值达 6.8~8.5。中和完毕后，排放至甲方指定地点。

8. 蒸汽管线吹扫

以煤制油空分厂为例，叙述机组配套蒸汽管线吹扫方法。

1）动量系数

为保证吹扫的有效性，吹扫时蒸汽对管道的冲刷力应大于额定工况下蒸汽对管道的冲刷力。为此，用动量系数K来确定、控制吹扫参数，动量系数是吹扫工况下蒸汽动量$m_1 c_1$与额定工况下蒸汽动量$m_0 c_0$的比值，即：

$$K = \frac{m_1 c_1}{m_0 c_0} = \frac{m_1^2 v_1}{m_0^2 v_0}$$

式中 m_1——吹扫蒸汽流量；

m_0——额定工况蒸汽流量；

v_1——吹扫蒸汽比容；

v_0——额定工况蒸汽比容。

机组要求吹扫动量系数K在1.2~1.7之间，蒸汽母管（DN600mm）吹扫蒸汽流量m_1为260t/h，压力为1.2MPa，温度为300℃，根据过热蒸汽比容表查得：$v_1 = 0.25793\text{m}^3/\text{kg}$。

根据单套汽轮机蒸汽设计流量m_2是208t/h，所以蒸汽母管（DN600mm）额定蒸汽量m_0为624t/h，额定工况下蒸汽压力为11.5MPa，温度为525℃，根据过热蒸汽比容表查得：$v_0 = 0.029428\text{m}^3/\text{kg}$。

将v_0、v_1、m_0、m_1等参数带入公式得蒸汽母管（DN600mm）吹扫系数K：

$$K = \frac{m_1^2 v_1}{m_0^2 v_0} = \frac{260^2 \times 0.25793}{624^2 \times 0.029428} = 1.52$$

综上所述，蒸汽母管（DN600mm）吹扫系数$1.2 < K = 1.52 < 1.7$。

取单套空分蒸汽管线（DN350mm）吹扫蒸汽流量m_3为86.6t/h，压力为1.2MPa，温度为300℃；结合以上数据和公式可得单套空分蒸汽管线（DN350mm）吹扫系数K_1：

$$K_1 = \frac{m_3^2 v_1}{m_2^2 v_0} = \frac{86.6^2 \times 0.25793}{208^2 \times 0.029428} = 1.52$$

通过计算可知，当$m_3 = 77\text{t/h}$时，$K_1 = 1.20115$

综上所述，单套空分蒸汽管线（DN350mm）吹扫蒸汽（1.0MPa，300℃）流量大于77t/h时，吹扫系数$K_1 > 1.2$。

2）吹扫方法

吹扫应连同无应力管线一起吹扫，采用稳压变温的吹扫方式，分多次进行，直至吹扫打靶合格。

高压蒸汽母管和高压蒸汽支管同步暖管，待高压蒸汽母管温度大于350℃，高压蒸汽管道各排气烟道无大量凝结水排出时，调整吹扫蒸汽参数：压力1.2MPa，流量260~270t/h，温度在420℃左右，吹扫系数$1.2 < K < 1.7$，对蒸汽母管和高压蒸汽支管进行吹扫，每次吹扫6~8小时。

根据实际吹扫安排，待蒸汽母管和蒸汽支管吹扫6~8小时后，打开高压轴封蒸汽吹扫阀，吹扫1小时后关闭，以同样的方法对其他各套空分高压轴封蒸汽管线进行吹扫。

吹扫多次后，对高压蒸汽管线安装靶板进行预打靶，评估高压蒸汽管道洁净度及吹扫效果。根据预打靶靶板情况，开始正式打靶，验收时，将高压蒸汽管道整体温度降至小于80℃，连续打3次，经设备厂家验检合格，高压蒸汽管道吹扫结束。

3）质量验收

①打靶方法。

确认吹扫系数$1.2 < K < 1.7$，进行稳压吹扫1小时后，关闭吹扫阀，取出靶板，依据验收标准进行检验。若不合格则继续对这段管道进行吹扫，直至合格。

②吹扫打靶合格标准。

靶板采用标准铝靶板，靶片选用厚度$\delta = 5mm$的铝板，光洁度▽（13~14），宽度为吹扫管径的6%~8%，长度等于吹扫的管径，装设方向垂直于气流冲击的方向。排汽管管口应朝上倾斜（约30°）排空；排汽管应具有牢固的支撑，以承受排气的反作用力。靶板如图6-3所示。

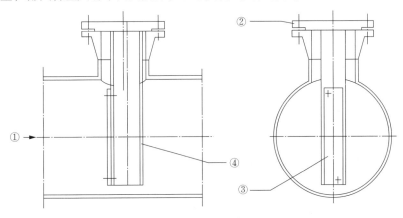

图6-3 靶板示意图

①—吹扫蒸汽的流向；②—盖板；③—测试板；④—工字梁

根据《电力建设施工与验收技术规范》（锅炉机组篇）DL/T 50410-125的规定，在被吹洗管末端的临时排汽管内（或排汽口处）装设靶板，其宽度约为排汽管内径的8%、长度纵贯管子内径；在保证吹扫系数大于1.2前提下，连续三次更换靶板检查。

德国曼透平的标准是在靶板上任何一个40mm×40mm的光滑表面内无大于1mm冲击痕迹，大于0.5mm的冲击痕迹少于4个，大于0.2mm的冲击痕迹少于10个。

9. 立式径向流纯化器爆破吹扫方法

现代大型空分分子筛吸附器常采用立式径向流结构。吸附器筒体内部设有分隔板，防止分子筛吹翻后发生混床现象。分子筛内部为丝网结构，无法承受爆破的冲击力，所以分子筛吹扫时不允许经过吸附器筒体爆破吹扫。可采用跨接爆破吹扫和人工清理相结合的方式进行吹扫，给立式径向流分子筛吹扫提供了新的思路。分子筛纯化系统流程如图6-4所示。

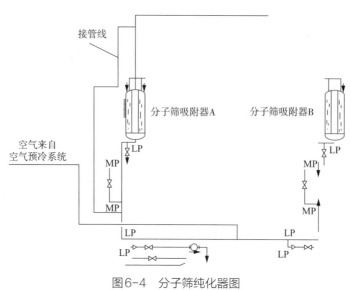

图6-4 分子筛纯化器图

确认空冷塔临时充压管线及分子筛吸附器入口至出口跨接线已配制完毕，按以下步骤进行吹扫：

增压机入口过滤器下线（1#吹扫口），管道侧加装5mm厚爆破片（划十字），设备侧加挡板。分子筛纯化系统入口阀、入口旁路阀、出口阀、开工空气阀（分子筛吸附器后空气去污氮管线阀）、低压空气至板翅式换热器阀、增压机一段回流阀和增压机补气阀均关闭，相应管路上分析、压力、压差、流量等测量仪表根部阀关闭隔离；现场打开临时充压阀，对分子筛吸附器出口管线至增压机入口管线进行爆破吹扫，合格后关闭临时充压阀，1#吹扫口加装盲法兰。通过临时压力表密切注意管道内压力，控制压力小于0.25MPa，严禁超压。

增压机1#吹扫口已加装盲法兰，低压空气进板翅式换热器前短节拆除，管道侧为2#吹扫口加5mm爆破片（划十字），设备侧加挡板，板翅式换热器入口短节法兰加盲板，分子筛纯化系统入口阀、入口旁路阀、出口阀、开工空气阀、增压机一段回流阀和增压机补气阀均关闭，打开低压空气至板翅式换热器阀，相应管路上分析、压力、压差、流量等测量仪表根部阀关闭隔离；现场打开临时充压阀，对分子筛吸附器出口至板翅式换热器入口管线进行爆破吹扫，合格后关闭临时充压阀，2#吹扫口处短节复位并加装盲板。根据此方法依次对低压空气至板翅式换热器入口管线进行吹扫。

增压机1#吹扫口已加装盲法兰，污氮气出板翅式换热器法兰断开，管道侧吹扫口加3mm爆破片（必要时划十字），设备侧加挡板，板翅式换热器出口法兰加盲板，分子筛吸附器入口阀、入口旁路阀、出口阀、低压空气至板翅式换热器阀、污氮气至冷箱密封气阀、污氮气至水冷塔阀、污氮气进水冷塔前放空阀、冷吹阀、污氮气进加热器阀和污氮气再生放空阀均关闭，开工空气阀均打开，相应管路上分析、压力、压差、流量等测量仪表根部阀关闭隔离；现场打开临时充压阀，对板翅式换热器污氮气出口至分子筛纯化系统管线进行爆破吹扫，合格后关闭临时充压阀，2#吹扫口处短节复位并加装盲板。根据此方法依次对低压空气至板翅式换充压阀，吹扫口法兰复位并加装盲板。根据此方法依次对板翅式换热器污氮气出口至分子筛纯化系统管线进行吹扫。该管线爆破吹扫时压力控制小于管道设计压力，严禁超压。爆破吹扫前选好爆破片，按照上述压力进行充压爆破，为了有效爆破，爆破片建议划十字。图6-5是爆破口示意图。

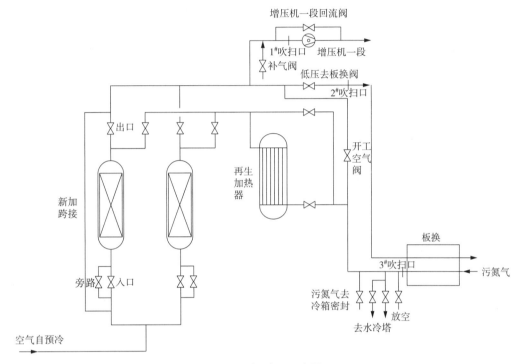

图6-5　爆破口示意图

通过增加跨接线的方法进行吹扫，保证吹扫气不进入分子筛吸附器内。这种吹扫方式，大大缩短了分子筛吸附器出口管线的处理时间，单套空分设备可节约试车时间15天，单套节约试车资金300万元。

6.2.2　动设备（机器）单机试车

单机试车的主要任务，是对现场安装的驱动装置空负荷运转或单台机器、机组以水、空气等为介质进行负荷试车。通用机泵、驱动装置及与其相关的电气仪表、计算机等的检测、控制、联锁、报警系统等，安装结束后，均要进行试运转的过程（包括大机组空负荷试运转），主要检验设备制造、安装质量和设备性能是否符合规范和设计要求。

驱动装置、机器或机组安装后，因受公用工程或介质限制而不能进行单机试车的，可留待联动试车或化工投料试车时一并进行。

单机试车前必须具备下列条件：

试车范围内的工程已按设计文件的内容和有关规范的质量标准全部完成，并提供下列资料和文件：各种产品合格证；施工记录和检查合格文件；隐蔽工程记录；管道系统资料；蒸汽管道、工艺管道吹扫或清洗合格资料；压缩机级间管耐压实验和清洗合格资料；机器润滑油、密封油、控制油系统合格资料；管道系统耐压试验合格资料；规定开盖检查的机器的检验合格资料；换热器泄露量和严密性试验合格资料；安全阀调试合格资料与单机试车相关的电气和仪表调校合格资料。

试车前应编制试车方案并得到批准，试车组织已经建立，试车操作人员经过学习，考试合格，熟悉生产方案和操作法，能正确操作；试车所需动力、仪表空气、冷却水、脱盐水等确认均有保证；测试仪表、工具、记录表格齐备，保修人员到位；

试车符合下列规定：划定试车区，无关人员不得进入；设置盲板，使试车系统与其他系统隔离；单机试车须投用包括保护性联锁和报警等自控装置；必须按照机械说明书、试车方案和操作法进行指挥和操作，严禁多头越级指挥、违章操作，防止事故发生；指定专人进行测试，认真做好记录。

单机试车合格标准，应符合设计文件及相关施工验收规范的规定。试车合格后，由参与试车的单位在验收单上共同签字确认。

大型机组三机联试：按正常开车程序，汽轮机单试结束后，空压机与增压机试车需分开进行。空压机联动试车结束后，需要对预冷、纯化系统进行吹扫，对分子筛进行装填、活化和再生。之后方可进行汽轮机、空压机、增压机三机联试。

为了加快试车进度，煤制油空分厂，在汽轮机单试后，空压机与增压机同步试车，大大节省了试车时间，使原本1个月的机组试车周期缩短到15天左右，产生了较大的经济效益，其试车要点及注意事项如下：

（1）预冷系统及纯化系统均使用爆破吹扫方法。使用空压站仪表空气压缩机压缩空气做为气源，在吹扫前应提前做好配管等相关工作，确认好预冷纯化系统的洁净度。

（2）对于纯化吸附器采用立式径向流结构的，吸附器筒体内部设有分隔板，防止分子筛吹翻后发生混床现象。分子筛内部为丝网结构，无法承受爆破的冲击力，所以分子筛吹扫时不允许经过吸附器筒体爆破吹扫。可采用跨接爆破吹扫和人工清理相结合的方式。

（3）采用大型机组三机联试时，为了防止分子筛粉末进入板式换热器，纯化系统分子筛在未进行活化再生前，应将纯化器进出口阀关掉，将吸附剂隔离。

（4）增压机入口管线应设有增压机补气阀，试车前给增压机系统充压。

（5）试车之前应做好检查，确保管线对接无应力。

（6）试车前做好机组联锁逻辑调试，并提前预设好防喘振系统。

6.2.3　工程中交

工程中间交接标志着工程施工安装的结束，由单机试车转入联动试车阶段，是施工单位向建设单位办理工程交接的一个必要程序，一般按单项工程进行，它只是装置保管、使用责任的移交，不解除施工单位对工程质量、交工验收应负的责任。

1. 工程中间交接应具备的条件

工程按设计内容施工完成；工程质量初评合格；工艺、动力管道的耐压试验完成；系统清洗、吹扫、气密完成；防腐完成，保温基本完成（需要冷紧、热紧的阀门、法兰及开车过程中经常拆卸检查的部位可以在中间交接后完成，但需在中交后 1 个月内将剩余全部完成）；静设备强度试验、无损检验、清扫完成；动设备单机试车完成；大机组用空气、氮气或其他介质负荷试车完成，机组保护性联锁和报警等自控系统调试联校合格；装置电气、仪表、DCS 系统、防毒防火防爆等系统调试联校合格；装置区施工临时设施已拆除，工完、料净、场地清；必须的标识（包括隐蔽工程）已经设置完成；对联动试车有影响的"三查四定"项目及设计变更处理完成，并通过监理 / 总承包商、项目部验收，其他未完尾项责任、措施、完成时间已明确；工程消防设施已通过建设地域政府职能部门验收检查，并出具了消防验收报告；所有特种设备已获得监检证书；工程资料及随机资料已按要求分类并整理成卷。

2. 工程中间交接的内容

按设计内容对工程实物量的核实交接；工程质量的初评资料及有关调试记录的审核验证；安装专用工具和剩余随机备件、材料的交接；工程尾项清单；随机技术资料的交接。

3. 工程中间交接程序

工程施工完成后，由承包商向监理单位提出"三查四定"申请（"三查四定"相关表格详见附表 3 和附表 4），经监理单位审核合格后，向项目部申请进行工程"三查四定"，项目部及时组织工程中间交接前的"三查四定"工作，并对查出问题逐一进行整改，项目部、生产部门、监理单位，施工单位签字验收并消项形成闭环管理。在"三查四定"工作完成后，工程具备中间交接条件，由承包商向监理单位申请工程中间交接验收，监理单位核查中间交接验收条件，具备后签署确认意见，并报请项目部组织预验收。项目部组织相关部门、监理，施工单位对工程实体和资料进行预验收，合格后向验收领导小组办公室申请工程中间交接。验收领导小组办公室对工程中间交接条件进行初审，合格后报请验收领导小组批准，及时组织工程中间交接验收工作并形成会议纪要。

4. 移交手续

（1）承包商应在工程中间交接验收合格后 10 天内，向生产部门移交随机剩余备品备件和剩余安装材料，并办理"备品备件移交清单"和"供货商清单"。

（2）承包商向项目部和生产部门转移工程实体保管责任、专用操作维修工具，设备随机技术资料，并办理"工程实体保管责任移交清单"、"设备随机资料移交清单"及"专用操作维修工具移交清单"。

（3）属特种设备的，承包商应向生产部门提交具备办理特种设备安全使用许可登记的资料及"特种设备使用许可登记资料清单"。

（4）针对存在的但不致影响联动、投料试车功能及安全的尾项工程，承包商应安排好整改措施及完成时限，落实工程中间交接后的保运管理事项，并向项目部及生产部门提交"尾项工程清单"。

工程项目实体和资料验收合格后，质量监督机构签署质量合格鉴定意见。且相应的移交手续办理完成后，承包商、监理单位、项目部及生产部门对"工程中间交接证书"进行最终确认签字。

工程中间交接相关表格详见附表5和附表6。

6.2.4　联动试车应具备的条件

试车必须高标准、严要求，按照批准的试车方案和程序进行，坚持"应遵循的程序一步也不能减少，应达到的标准一点也不能降低，应争取的时间一分钟也不能放过"的原则。为达到试车总体目标，在试车前必须检查和确认下列条件达到要求：

（1）开车指挥系统已成立并有效运转。各项管理制度、程序已制定；生产运行管理人员已到位，职责明确；生产指挥系统人员熟知本次试车的开车程序、施工区和试生产区的界限；掌握物料及公用工程的来源及走向。

（2）安全管理体系已建立健全。试车安全、消防与急救等系统已取得政府相关部门的批准；试车环境保护工作已取得政府相关部门的批准；与安全管理体系相关的制度、程序和规程已制定并经公司审核后批准实施；与本次试车相关装置的安全设施已完工并完成评审，投入正常运行；施工区与试生产区的隔离方案、试车方案、开车方案已进行评审，对评审中不满足要求的事项已采取措施或制订应急预案。

（3）人员培训已完成。全体操作人员按照要求进行培训；同时，培训率、合格率、取证率均达100%。

（4）试车方案和各类技术资料已编制完成。

（5）各项生产管理制度已落实。

（6）公用工程已正常运行，满足装置工艺试车要求。水、电、气、汽系统全部试车完毕，并正常运行，公用工程系统平衡方案已经落实实施，满足试车要求。

（7）试车所需的填料、分子筛、干燥剂已到现场，并按要求进行装填，装填高度、装填量符合设计要求。试车所需各种牌号润滑油、润滑脂等准备齐全，并按要求存放。

（8）备品备件齐全。

（9）通信联络系统运行可靠。

（10）物料存储系统已处于良好待用状态。液氧、液氮储罐已安装完成，并经过严格的人工清理、脱脂（液氧储罐），确保内部清洁；储罐经加温、吹除，分析露点合格；储罐安全阀、防爆板、压力表、液位计等安全附件已校验合格，并投用；物料存储系统隔离方案满足试车需要，并已确认。

（11）运销系统已处于良好待用状态。液氧、液氮运销系统已建成，充装平台具备充装条件。

（12）安全、消防、环保、气防系统已完善。安全生产管理制度、管理规程、安全台账齐全，安全管理体系已经正常运行，人员经安全教育后取证上岗。特种作业、禁烟、车辆管理等制度已建立并公布实施。道路通行标识齐全，装置界区已划分标识，且已与其他装置划分标识。消防巡检制度、消防车现场管理制度已制定，消防作战方案已落实，消防道路已畅通，并进行过消防演习，消防验收已经完成。防雷防静电设施齐备可靠，岗位消防、气防器材、护具已备齐，确保人人会用。气体防护、救护措施已落实，制定气防预案并演习。现场人员劳保用品穿戴符合要求，职工急救常识已普及。生产装置有毒气体监测仪已配备到位，环境监测所需的仪器已备齐且标定。环保管理制度、各装置环保控制指标、取样点及分析频率管理规定等经批准公布执行。压力容器、天车已经过政府相关部门确认并发证。盲板管理专人负责，动态管理，现场挂牌，并设有台账。现场急救站已建立，并备有救护车等，实行24小时值班，应急程序已批准。

（13）调度体系已建立，各专业调度人员已配齐并持证上岗。装置间互供物料关系明确且管线已联通。公用工程应急预案已经建立编制，所有调度人员均已熟知。试车期间的产品、副产品及蒸汽、水、电力、仪表空气等平衡工作均已纳入调度系统的正常管理之中。

（14）环保设施已和主体装置同时设计、施工，投用。环境监测所需的仪器、化学药品已备齐。环保管理制度、各装置环保控制指标、取样点及分析频率等经批准公布执行。

（15）化验分析准备工作已就绪。

（16）现场保卫已到位。

（17）生产后勤服务已落实。

（18）相关厂家调试人员已到现场。

预试车相关表格详见附表7~附表15。

6.3 裸冷

空分设备安装完毕并进行全面加温和吹除后，在冷箱尚未装填保冷材料的情况下进行开车冷却，检查冷箱内设备和管道在低温状态下的运行状况。其目的在于：检验空分设备的安装或大修质量；检查管道焊缝及法兰连接处是否有泄露；检验空分设备及管道、阀门在低温状态下的冷变形情况及补偿能力；检验设备和管路是否畅通无误；在低温下进一步紧固对接法兰，确保低温下不泄漏。

因此，裸冷是设备安装完毕后，正式试车前的一项重要的工序，应给予足够的重视。

6.3.1　裸冷前的准备

裸冷前需确认空分设备管道安装完毕，气密实验合格。汽轮机及压缩机组调试完毕，正常运行。预冷系统、纯化系统运行正常。膨胀机系统吹扫合格，调试完毕，运行正常。DCS组态调试完毕，具备全线开车条件。裸冷所需的技术资料，工器具及物资到位。全系统吹扫、干燥合格，具备开车条件。

相关开车条件确认表详见附表8。

6.3.2　塔内设备及管道的吹扫

冷箱内管道与冷箱外管道必须分别吹扫，尤其是与冷箱内管道相连的外管道，必须经过充分的吹扫后方可与冷箱内管道相连。空气管道吹扫时，进板式换热器的连接法兰处必须加盲板或挡板以防杂质进入板式换热器内部。管道吹扫完成后，法兰应重新安装并装入新的垫片，紧固螺栓。冷箱内管道吹扫时，低压系统压力（与上塔、粗氩塔、纯氩相连管路系统）应保持在40~50kPa，其他系统压力应保持在250~400kPa，当进行冷箱系统吹扫时，与冷箱连接的外部出口管道也应同时进行吹扫。

6.3.3　裸冷查漏及冷紧

裸冷工作在精馏塔安装工作环节中，是把好质量关的最后一个环节，不能有任何的差错，它是考核系统的设计、安装能否到达工艺要求的检验标准，应该做好以下几项工作：

1）裸冷后系统查漏

此环节是裸冷工作的重点，一定要细致、全面，派遣有经验的技术人员、施工人员进行查漏，避免破坏结霜现象，对在裸冷中查出的泄漏点做好记录，裸冷结束后进行修复。

2）裸冷后对系统进行检查

虽然裸冷温度并未达到设计工况温度，但部分设备、管道的变形较大，因此裸冷后要注意检查设备、管道变形情况，对超出规范及说明书要求的必须与设计单位及时沟通，根据情况做好分析工作，及时处理。

3）裸冷后对系统支架进行全面检查

由于设计或施工原因，裸冷完后部分支架可能发生变形、脱落。因此在裸冷后应进行检查，对焊接不够牢固的进行加固，对支架变形的要考虑增加变形量，并进行修改，对需要增加支架的部位及时进行增加。

4）低温紧固

低温紧固工作很容易被忽视。在查漏时未发现泄漏，便未进行冷紧。由于紧固是在常温下进行的，而运行工况温度很低，考虑到热胀冷缩，温差越大，运行时越容易发生泄漏，所以建议在裸冷后低温下，对紧固件进行100%紧固，提高运行的安全可靠性。

5）检查管路畅通

裸冷过程中同步检查系统各管道、阀门、设备，确保流路畅通。

6）是否进行二次裸冷

当整个系统裸冷检查结束后，根据泄漏点多少，修改量的大小，决定采用无损检测、试压或者二次裸冷，确保安装质量。

7）如何提高裸冷效果

裸冷要彻底，确保裸冷效果，保证一定的结霜厚度，不能随意缩短裸冷时间。尽量避开干燥、高温季节，由于空气干燥或温度高时，系统不易结霜（特别是氩系统），影响效果。建议遇到类似情况时，可对冷箱进行适当增湿，提高裸冷效果。

8）注意裸冷后拆架安全

裸冷结束后，拆除脚手架时安全措施落实到位。一方面是人的安全，另一方面是脚手架在拆除时不能碰坏设备、管道、阀门，此道工序应在系统保压下进行，一旦有发生损坏可及时发现修复。

9）注意事项

全开分子筛进口导淋，检查出空冷塔空气是否夹带水分。随着加工空气量的增加，要确保出空冷塔的空气温度在控制范围内，确保出纯化系统的空气露点及二氧化碳含量在控制指标内。随着进精馏塔空气温度的逐步降低，进塔的气量将逐步增加，要根据工况的变化及时调节机组负荷。及时巡检，发现有不正常现象立即处理。考虑到北方气候干燥，为便于设备快速挂霜，可采取相应措施（如低压蒸汽），增加空气湿度，有利于设备的快速挂霜。

操作人员要采取可靠的防护措施，防止被低温管道冻伤。冷箱内作业人员应穿戴好安全带，以防高空滑落而造成的意外伤害。冷箱内照明应使用安全照明灯具，且照明良好；在查漏过程中，冷箱外应设专人对冷箱内人员进行一对一监护。底部人孔旁应配备应急通风设备，设专人监护，保障安全。冷箱四角应设爬梯，保证人身安全的同时，避免管线损坏。在冷箱内查漏作业时，严禁踩踏直径小于DN50以下的管线。

6.3.4　珠光砂的装填

珠光砂装填前，应拆去冷箱内所有脚手架及临时支架，严禁在冷箱内搭建永久性脚手架。严禁在冷箱内用易燃材料做永久性支架，并应彻底清除冷箱内所有临时设施和易燃材料。装填前将冷箱打扫干净，包括积水清除及烘干。

在装填保冷材料时，必须使用特制面罩和手套，防止损害呼吸器官和皮肤。冷箱装砂口应设置防护栅格以防人员或其他杂物掉入冷箱内，禁止踏入珠光砂堆中，以免陷落，造成生命危险。装填珠光砂过程中,冷箱内各设备和管道均充气,并保持30kPa压力。装填时,各温度计应通电,以检查温度计电缆在装填过程中是否受损。装填珠光砂时严禁混有可燃物。珠光砂应填满整个冷箱(包括主冷箱、换热器冷箱、低温泵冷箱、膨胀机过桥冷箱等)内部,各设备底部(如下塔、粗氩塔底部等)、冷箱顶部应重点检查,确保充满。如遇雨雾天气,不得进行珠光砂的装填作业。装填完毕后,装入口处应予密封。

开车10天后检查珠光砂振实情况,及时补装,使珠光砂在冷箱内始终处于充满状态。珠光砂的化学成分如表6-4所示,珠光砂的物理性能如表6-5所示。

表6-4 珠光砂的化学成分

化学成分	质量分数/%
SiO_2	70~75
Al_2O_3	12~16
Fe_2O_3	0.15~1.5
Na_2O	2.5~5.0
K_2O	1.0~4.0
CaO	0.1~2.0
MgO	0.2~0.5

表6-5 珠光砂的物理性能

物理性能	指标
外观	灰色玻璃质颗粒状
莫氏硬度	5~6
软化点	890~1090℃
熔点	1280~1350℃
水可溶物	<0.1%

具有绝热隔套的冷阀,在冷试结束后,需充填矿渣棉,无绝热套管的蝶阀,在补偿器内填实矿渣棉,靠近冷箱内壁约300mm一段,用矿渣棉毡包上几层,并用扣件扣上。

煤制油空分厂珠光砂技术参数：

型号：　　　CR605；

松散密度：　35~55kg/m³

振实密度：　48~65kg/m³

导热系数：　≤0.022W/（m·K）（试验温区：-200~+25℃）

安息角：　　30°~35°

含水率：　　≤0.3%（质量）

有机物含量：≤0.1%

粒度分布如表6-6所示。

表6-6　粒度分布

粒径范围/mm	质量分数/%
≥1.18	0~10
0.15~1.18	70~90
≤0.15	0~20

6.4 性能考核

6.4.1　试车总结

应做好试车各阶段（生产准备、单机试车、联动试车、化工投料试车等）原始数据的记录和积累。

应在投料试车结束后半年内，在对原始记录整理、归纳、分析的基础上，写出装置的试车总结，并留存备案。试车总结应重点包括：各项生产准备工作；试车实际步骤与进度；试车实际网络与原计划网络的对比图；试车过程中遇到的难点与对策；开停车事故统计分析；安全设施的稳定性、有效性和存在问题及其对策措施；试车成本分析；试车的经验与教训；意见及建议。

6.4.2　稳定运行考核

投料试车结束后，装置进入提高生产负荷和产品质量、考验长周期运行的安全稳定性能阶段。生产准备科组织逐步加大系统负荷、提高装置产能、降低产品消耗、优化工艺操作指标，对各项安全设施进行长周期运行的考验，发现和整改存在的问题，以实现装置安全平稳运行、产品优质高产、工艺指标最佳、操作调节定量、现场环境舒适、经济效益最大的目标。

装置长周期运行应采取的主要措施：对装置工艺指标做进一步测试、核实、修正与定值，使之符合装置实际运行工况要求；根据装置运行情况，对装置危险源做进一步识别，编制装置消缺、检修、改造方案，进行设备优化，消除安全隐患；分程、串级等自动控制系统全部投用，考察其适用性、灵敏性和安全性能；保证公用工程的总体平衡，满足装置在不同生产负荷下长周期、安全、稳定运行的需要。

化工装置长周期运行考验应注意的事项：装置的生产负荷应按照低负荷、中负荷、高负荷3个阶段进行稳定运行考验，每个阶段达不到稳定运行要求，不得进入下一步阶段；在每一个负荷阶段均要做好进入下一负荷阶段的设备、工艺和公用工程分析，提前消除影响装置稳定运行的瓶颈问题，做好负荷调整准备；对每一个负荷阶段的安全运行条件均要做严格细致的检查、分析，查找存在的安全问题和隐患，采取措施彻底消除，并做好记录；装置运行期间调节幅度不宜过大，逐渐找到系统稳定的最佳工况，同时探求系统加量提负荷的瓶颈，为系统安全优化提供依据。

6.4.3　性能考核

性能考核是对装置的生产能力、安全性能、工艺指标、环保指标、产品质量、设备性能、自控水平、消耗定额等是否达到设计要求进行的全面考核，包括对配套的公用工程和辅助设施的能力进行全面鉴定。

（1）性能考核必须具备下列条件：

投料试车已经完成；在满负荷试车条件下暴露出的问题已经解决，各项工艺指标调整后处于稳定状态；装置处于满负荷、稳定运行状态；制订生产考核方案，且已被生产部门批准；生产考核组织已经建立，测试人员的任务已经落实；测试专用工具已经齐备，化学分析项目已经确定，考核所需计量仪表已调校准确，分析方法已经确认；水、电、气、汽可以确保连续稳定供应；自控仪表、报警和联锁装置已投入稳定运行。

（2）性能考核应包含以下项目：

产品质量；产品日产能力；单位产品的能耗或消耗定额；产品成本；主要工艺指标；自动控制仪表、联锁投用率；噪音；各项安全保护措施达到设计文件规定。

（3）性能考核应达到下列标准：

100%负荷运行72小时或72小时以上，105%负荷运行24小时或24小时以上；达到考核内容各款的保证指标；如首次考核未能达到标准，必须另定时间重新考核，但不宜超过3次；生产考核完毕，由空分项目部和设计单位、施工单位共同签署生产考核确认书及考核报告，报上级单位备案，作为竣工验收的重要依据之一。

6.5 附件

附表1 装置、系统、管线投用条件确认单（公司级）

单位：　　　　　　　　　　　　　　　　　　　　　年 月 日

单位	检查内容与确认条件	条件支撑文件	是否具备	确认签字	备注
×××厂（中心）（主责单位）			厂生产副厂长（中心副主）/总工程师	厂（中心）党委（总支）副书记	
×××厂（中心）（相关单位）			厂（中心）负责人	厂（中心）党委（总支）书记	
			厂（中心）负责人	厂（中心）党委（总支）书记	
公司级					
安健环部			主管工程师 部门负责人	党员签字	
机械动力部			主管工程师 部门负责人	党员签字	
生产管理部			主管工程师 部门负责人	党员签字	
其他相关部门			主管工程师 部门负责人	党员签字	
公司领导	公司生产副总经理签字： 　　　　　　年 月 日			公司党委副书记签字： 　　　　　　年 月 日	
	公司总经理签字： 　　　　　　年 月 日			公司党委书记签字： 　　　　　　年 月 日	

附件2 装置、系统、管线投用条件确认单（厂、中心级）

单位：

单位	检查内容与确认条件	条件支撑文件	是否具备	确认签字		备注
运行部				班组负责人	党员签字	
				安全技术员		
				设备技术员	党员签字	
				工艺技术员		
				运行部负责人	党员签字	
安健环部				技术员A	技术员B	
				部门负责人	党员签字	
机械动力部				技术员A	技术员B	
				部门负责人	党员签字	
生产管理部				技术员A	技术员B	
				部门负责人	党员签字	

厂（中心）负责人：　　　　　　　　　　年　月　日　　　　　厂（中心）党委（总支）书记：　　　　　　　　　　年　月　日

厂（中心）领导　　　　　　　　　　　　　　　　　年　月　日

附表3 工程"三查四定"问题记录

装置项目			承包商				检查时期： 年 月 日		
单元工程		专业分组		分组长		分组成员			
序号	验收检查内容		发现问题表述					承包商 确认签署	验证 消项
1	设计漏项								
2									
3									
4	未完 工程量								
5									
6									
7	质量与 安全隐患								
8									
9									

附表4 工程"三查四定"问题整改统计

建设项目： 编号：

单元工程			单元号		承包商		监理单位		项目部		
序号	整改任务 （"三查"问题项）		整改措施			整改完成 时限	整改 责任人	整改 结果	验证确认		
									承包商	监理	项目组
1											
2											
3											
4											
5											
6											
7											
8											
9											
编制： 审核： 年 月 日								联合验收组长： 年 月 日			

附表5 中间交接证书

年　　月　　日

工程名称:
单项工程名称:
工程简要内容:
交工情况: 符合设计的程度;   主要缺陷及处理意见:
工程质量鉴定   检查负责人（签字） 检查单位：盖章

建设单位代表:	施工单位代表:	监理单位代表;

附表6 工程交接证书

年 月 日

	工程编号		工程性质	
	工程名称		工程类别	
	开工日期		完工日期	
	设计工程量		实际完成工程量	
	预算工程量		实际完成工作量	
	预算变更原因			
施工依据	批准单位		批准文件号	
	合同文件号		批准设计号	
	预算编制单位		预算批准单位	
工程质量意见				
工程接受意见				

建设单位	设计单位	施工单位	监理单位
现场代表（签字）	现场代表（签字）	现场代表（签字）	现场代表（签字）
单位（盖章）	单位（盖章）	单位（盖章）	单位（盖章）

附表7 预试车工作分工表

序号	工作内容	设计单位 技术要领	施工单位 方案编制	施工单位 方案实施	施工单位 物资供应	建设单位 方案编制	建设单位 方案实施	建设单位 物资供应	建设单位 配合和验收	总承包单位 协调和验收	备注
1	管道系统压力试验及气密性试验	△	△	△	△				△	△	技术要领主要指试压系统及严密性系统的划分，每个系统包含的管道名称和试验压力值；建设单位负责供应低氮离子水及气源
2	管道系统和设备的清洗及化学处理	△		△		△	△	△	△	△	技术要领主要指清洗系统的划分，每个系统包含的管道设备名称、清洗留口、假件、盲板位置和清洗质量要求；建设单位在实施中承担指挥、操作和化学分析，并负责化学药品、材料、设备供应及管道装卸；施工单位在实施中承担临时设备及管道装卸
3	大机泵油路系统清洗	△	△	△				△	△	△	供应物资为材料、设备、油料、酸碱等
4	蒸汽和工艺管道吹扫	△		△		△	△	△	△	△	技术要领主要指吹扫系统的划分，每个系统包含的管道名称及吹扫留口、假件位置和吹扫质量要求；建设单位在实施中承担指挥操作和汽/气及临时设施的供应；施工单位负责临时装拆及靶片制作安装
5	管道系统和设备脱脂		△	△	△				△	△	
6	分子筛和干燥剂的充填	△				△	△	△	△	△	建设单位在实施中应按技术要领负责充填工作，并负责供应催化剂、分子筛、干燥剂、填料和有关工具；施工单位在实施中负责装卸等辅助工作

注：
（1）本表适用于各种方式的承包，如非总承包方式，表中所列总承包单位的工作由建设单位独自承担。
（2）物资供应一栏中凡标"△"号者，按惯例分工执行。

附表 8　预试车安全操作要点确认表

序号	确认事项	应具备的条件	确认人签字	确认时间
1	管道系统压力试验	（1）安全阀已加盲板、爆破板拆除并已加盲板		
		（2）膨胀节已加约束装置		
		（3）弹簧支、吊架已锁定		
		（4）当以水为介质进行试验时，已确认或核算有关结构的承受能力		
		（5）压力表已经校验合格		
2	管道系统气密性试验	（1）输送有毒介质，可燃介质以及按设计规定必须进行泄漏性试验的其他介质时，必须进行泄漏性试验		
		（2）泄漏性试验宜在管道清洗或吹扫合格后进行		
		（3）当以空气进行压力试验时，可以结合泄漏性试验一并进行，但在管道清洗或吹扫合格后，需进行最终泄漏性试验，其检查重点为管道复位处		
3	水冲洗	（1）压力试验合格，系统中的机械、仪表、阀门等已采取保护措施，临时管道安装完毕，冲洗泵正常运行，冲洗泵的入口安装滤网后，才能进行水冲洗		
		（2）冲洗工作不宜在严寒季节进行，如进行必须有防冻、防滑措施		
		（3）充水及排水时，管道系统应和大气相通		
		（4）在上游的管道和机械冲洗合格前，冲洗水不得进入下游的机械		
		（5）冲洗水应排入下水道或指定地点		
		（6）在冲洗后应确保全部排水、排气管道畅通		
4	蒸汽吹扫	（1）管道系统经压力试验合格		
		（2）按设计要求，预留管道接口和短节的位置，安装临时管道。管道安全标准应符合有关规范的要求		
		（3）阀门、仪表、机械已采取有效的保护措施		
		（4）确认管道系统上及其附近无可燃物，对邻近输送可燃物的管道已做了有效的隔离，确保当可燃物泄漏时不致引起火灾		
		（5）供汽系统已能正常运行，汽量可以保证吹扫使用的需要		
		（6）禁区周围已安设了围栏，并具有醒目的标志		
		（7）试车人员已按规定防护着装，并已佩戴防震耳罩		
5	化学清洗	（1）管道系统内部无杂物和油渍		
		（2）化学洗药液经质量部门分析符合标准要求，确认可用于待洗系统		
		（3）具有化学清洗流程图和盲板位置图		
		（4）化学清洗所需设施、热源、药品、分析仪器、工具等皆备齐		

序号	确认事项	应具备的条件	确认人签字	确认时间
5	化学清洗	（5）化学清洗人员已按防护规定着装，佩戴防护用品		
		（6）化学清洗后的管道系统如暂时不能投用，应以惰性气进行保护		
		（7）污水必须经过处理，达到环保要求才能排放		
6	油清洗	机器设备如蒸汽透平、离心压缩机等高速、重载设备的润滑、密封油及控制油管道系统、应在其设备及管道吹洗或酸洗合格后，再进行油清洗		
7	脱脂	（1）脱脂现场要建立脱脂专职区域，施工场地应保持清洁，安装临时冲洗水管和设置防火装置，保证通风良好		
		（2）脱脂溶剂不要洒落在地上，废溶剂应收集和妥善处理		
		（3）工作者应穿戴无油脂工作服、防护鞋、橡皮手套及防毒面具等		
		（4）经脱脂后的管道、管件等一般还要用蒸汽吹洗，直至检验合格为止		
		（5）在不宜用蒸汽吹洗时，溶剂脱脂后可直接进行自然通风排尽		
8	空气吹扫	（1）直径大于600mm的管道宜以人工进行清扫		
		（2）系统压力试验已合格，对系统中的机械、仪表、阀门等已采取有效的保护措施		
		（3）盲板位置业经确认，气源已有保证。吹扫忌油管道时，空气中不得含油		
		（4）对吹扫后的复位工作应进行严格的检查		
		（5）吹扫要有遮挡、警示、防止停留等防噪措施		
9	电动机器试车	（1）已按合同的要求在供方进行规定的试验		
		（2）二次灌浆已达到设计强度，基础抹面已经完成		
		（3）与机器试车有关的管道及设备业经吹扫或清洗合格		
		（4）机器入口处按规定设置滤网（器）		
		（5）压力润滑密封油管道及设备经油洗合格，并经过试运转		
		（6）电机及机器的保护性联锁、预警、指示、自控装置业经调试合格		
		（7）安全阀经调试合格		
		（8）电机转动方向业已核查、电机接地合格		
		（9）设备保护罩已安装		
10	汽轮机、泵试车条件	（1）供方已按合同的要求进行规定的试验，供方的试车人员已到现场（合同如有规定）		
		（2）通往机器的全部蒸汽和工艺管道业经吹扫合格		

序号	确认事项	应具备的条件	确认人签字	确认时间
10	汽轮机、泵试车条件	（3）压缩机级间管道经压力试验并已清洗或吹扫合格		
		（4）凝汽系统经真空试验合格		
		（5）水冷却系统已能稳定运行并已预膜合格		
		（6）油系统已能正常运行		
		（7）蒸汽管网已能正常运行，管网上安全阀、减压阀、放空阀皆已调试合格		
		（8）弹簧支吊架已调试合格		
		（9）机组的全部电气、仪表系统皆已进行静态模拟试验		
		（10）冷凝系统已能正常进行		
		（11）保护罩等安全设施皆已安装		
11	往复式压缩机试车条件	（1）试车人员已到场，包括技术操作、电气仪表人员（当合同中规定供方参加时，供方必须到场）		
		（2）供水系统已能正常运行		
		（3）循环油系统及注油系统已试车合格		
		（4）级间管道经压力试验合格，级间管、水冷器、分离器及缓冲器经清洗或吹扫合格		
		（5）安全联锁及报警经模拟试验合格，仪表指示正确无误		
		（6）安全阀经过调校		
		（7）重要安装数据如各级缸余隙，十字头与滑道间隙，同步电机转子与定子间隙等业经核查		
		（8）励磁机已试车合格，盘车器已经试车合格，防护罩已安装		
		（9）供电部门同意开始试车		
12	联动试车	（1）试车范围内的工作已按设计文件规定的内容和施工及验收规范的标准全部完成		
		（2）试车范围内的机器，出必须留待化工投料试车阶段进行试车的以外，单机试车已经全部合格		
		（3）试车范围内的电器系统和仪表装置的监测系统、自动控制系统、连锁及报警系统等应符合本表17、18的规定		
		（4）试车方案和操作法已批准		
		（5）工厂的正常管理机构已建立，各级岗位责任制已执行		
		（6）试车领导组织及各级试组组织已经建立，参加试车的人员已考试合格		

序号	确认事项	应具备的条件	确认人签字	确认时间
12	联动试车	（7）试车所需水、电、汽、工艺空气和仪表空气等可以确保稳定供应，各种物资和测试仪表、工具皆以齐备		
		（8）试车方案中规定的工艺指标，报警及联锁整定值已确认下达		
		（9）试车现场有碍安全的机器、设备、场地、走道处的杂物，都已清理干净		
13	塔、器内件充填条件	（1）塔、器系统业经压力试验合格		
		（2）塔、器等内部洁净，无杂物		
		（3）具有衬里的塔器，其衬里经检查合格		
		（4）人孔、放空管皆已打开，塔、器内通风良好		
		（5）充填用具已齐备		
14	分子筛等充填条件	（1）催化剂的品种、规格、数量符合设计要求，且保管状态良好		
		（2）反应器及有关系统压力试验合格		
		（3）具有耐热衬里的反应器经烘炉合格		
		（4）反应器内部清洁、干燥		
		（5）在深冷装置中充填分子筛、吸附剂前，其容器及相应的换热器和管道业已将微量置换干净，并经干燥合格		
		（6）充填用具及各项设施皆已齐备		
15	仪表系统调试前条件	（1）仪表空气站已能正常运行，仪表空气管道系统业已吹扫合格		
		（2）控制室的空调、不间断电源已能正常使用		
		（3）变送器、指示记录仪表、联锁及报警的发讯开关、调节阀以及盘装、架装仪表等的单体调校已经完成		
		（4）自动控制系统调节器的有关参数已预置，前馈控制参数，比率值及各种校正的比率偏置系统已按有关数据进行计算和预置		
		（5）各类模拟信号发生装置、测试仪器、标准样气、通信工具等皆已齐备		
		（6）全部现场仪表及调节阀皆处于开表状态		
16	电气系统调试前条件	（1）总变电站的全部安装工作和有关调试项目业经供电部门检查、确认并已办妥受电手续		
		（2）隔离开关、负荷开关、高压断路器、绝缘材料、变压器、互感器、硅整流器等业已调试合格		
		（3）继电保护系统及二次回路的绝缘电阻经耐压试验和调整合理		
		（4）具备高压电气绝缘油的试验报告		

序号	确认事项	应具备的条件	确认人签字	确认时间
16	电气系统调试前条件	（5）具备蓄电池充、放电记录曲线及电解液化验报告		
		（6）具备防雷、保护接地电阻的测试记录		
		（7）具备电机、电缆的试验合格记录		
		（8）具备连锁保护实验合格记录		
17	大机组等关键设备试车	（1）机组安装完毕，质量评定合格		
		（2）系统管道耐压试验和冷换设备气密试验合格		
		（3）工艺和蒸汽管道吹扫或清洗合格		
		（4）动设备润滑油、密封油、控制油系统清洗合格		
		（5）安全阀调试合格并已铅封		
		（6）同试车相关的电气、仪表、计算机等调试联校合格		
		（7）试车所需要动力、仪表风、循环水、脱盐水及其他介质已到位		
		（8）试车方案已批准，指挥、操作、保运人员到位。测试仪表、工具、防护用品、记录表格准备齐全		
		（9）试车设备与其相连系统已隔离开，具备自己的独立系统		
		（10）试车需要的工程安装资料，施工单位整理完，能提供试车人员借阅		

附表9 单元装置试车条件确认表（生产）

装置：　　　年　月　日

序号	检查内容	检查结果		确认人签字
		合格	不合格原因	
1	投料试车方案已上报审批			
2	各级试车指挥组织已经建立，职责分工明确			
3	工艺规程、安全规程、分析规程、机械维修规程、岗位操作法等技术资料已批准、颁发			
4	综合事故应急救援预案已编制完成经审批下发学习并组织演练			
5	已汇编国内外同类装置事故案例并审批下发；组织员工进行学习、考试合格			
6	操作规程已人手一册，并经学习，考试合格			
7	每一试车步骤都有书面方案，从指挥到操作人员均已掌握			
8	各工种人员经考试合格，已取得上岗证			
9	系统吹扫、清洗、设备、管道的耐压和气密性试验确认合格			

序号	检查内容	检查结果		确认人签字
		合格	不合格原因	
10	分子筛、氧化铝装填完毕，经检查符合设计要求			
11	压力、流量、露点等参数合格			
12	供排水系统已正常运行，水网压力、流量、水质符合工艺要求，供水稳定			
13	循环水系统预膜已合格、运行稳定			
14	消防水、冷凝液、排水系统均已投用，运行可靠			
15	蒸汽系统已平稳供给，蒸汽系统已按压力等级运行正常，参数稳定；无跑、冒、滴、漏情况，保温良好			
16	工厂风、仪表风运行正常			
17	以岗位责任制为中心的各项制度已经建立，各种挂图、挂表、原始记录、试车专用表格、考核记录等准备齐全			
18	各项生产管理制度已落实			
19	各专业调度人员已配齐并考核上岗			
20	试车调度工作的正常秩序已形成，调度例会制度已建立			
21	调度人员已熟悉各种物料输送方案，厂际、装置间互供物料关系明确且管线已开通			
22	试车期间的原料、产品、副产品及动力平衡等均已纳入调度系统的正常管理之中			
23	低温液体贮槽均已吹扫、试压、气密、标定、干燥完			
24	生产指挥系统的通信已经畅通			
25	岗位、直通电话已开通好用			
26	调度、火警、急救电话可靠好用			
27	无线电话、报话机呼叫清晰			
28	中化室、分析室已建立正常分析检验制度			
29	化验分析项目、频率、方法已确定，仪器调试完，试剂已备齐，分析人员已持证上岗			
30	采样点已确定，采样器具、采样责任已落实			
31	模拟采样、模拟分析已进行			
32	岗位工器具已配齐			
33	相关厂家调试人员已到现场，投料试车方案已得到专家的确认；试车指导人员和专家协同工作的专业技术人员已配备齐全			

附表 10　单元装置试车条件确认表（安环）

装置：　　　年　月　日

序号	确认内容	检查内容		确认人签字
		合格	不合格原因	
一、工程中间交接				
1	工程已办理中间交接手续			
2	现场施工用临时设施已全部拆除			
3	试车安全方案已制定，并通过审批，并对相关人员进行培训、交底			
4	"三查四定"问题整改消缺完毕，遗留尾项已完成			
5	试车现场工完料尽场地清，投料装置设置了警戒区			
二、人员培训				
1	参加试车的操作人员身体健康、无禁忌症			
2	试车员工取得安全作业证和操作证			
3	特殊工种取得了特种作业许可证			
4	已编制同类型装置的操作事故预案并已经审批，试车人员经过培训学习及交底			
三、消、气防				
1	现场消防器材、设施完好，配置到位			
2	对试车人员进行消防器材使用培训，人人熟知器材摆放的具体位置			
3	现场气防器材配置到位			
4	对试车人员进行气防器材使用培训，人人熟知器材摆放的具体位置			
5	氧含量监测设施经有资质单位检验合格并投入使用			
6	试车人员人人会应急报警，报警程序已公布			
7	火灾报警器经有资质单位检验合格并投入使用			
8	便携式可燃气体监测仪已配备，岗位人员人人会使用			
四、环境				
1	试车装置环境监测分析点已确定，控制指标已下达			
2	试车装置环保设施已投用，运转正常			
3	环境监测所需的仪器已备齐，分析规程及报表已制定			

序号	确认内容	检查内容		确认人签字
		合格	不合格原因	
4	装置消防水、冷凝液、排水系统均已投用，运行可靠			
5	已编制试车相关危险化学品安全技术说明书，试车人员进行学习且合格			
五、方案				
1	已编制应急事故预案，已经审批下发学习			
2	试车方案中消防设施按设计要求全部完成安装、试运合格			
3	试车方案中已明确落实装置的工艺详细说明、电气图、联锁逻辑图、自动控制回路图、设备简图、操作手册等技术资料及对相应人员的培训			
4	试车方案中已经进行风险识别、评价并制定可靠的风险控制措施。不可承受风险已采取消减措施降低了风险等级，处于可承受范围			
六、安保				
1	消防车辆、消防通道、应急照明、临时设施等已经根据试车进度提出明确要求			
2	现场保卫的组织、人员、交通工具等已落实			
七、其他				
1	试车装置工业电视投用正常			
2	试车装置中存在的重大隐患已制定监控措施，相关人员均熟练掌握			
3	现场安全警示牌已配置到位			
4	试车装置各种安全附件（安全阀、液位计、呼吸阀、温度计、压力表等）投用正常，根据规定已进行检验			
5	各种联锁已正常投运			
6	试车人员的劳动防护用品已配备到位			
7	现场设置明显标志			
8	安全预评价、职业卫生危害预评价及"三查四定"在劳动安全、消防、职业卫生等方面提出的问题或建议已经落实			
9	规定了各类作业许可证的办理要求并下发学习			
10	已制定试车安全原则			

序号	确认内容	检查内容		确认人签字
		合格	不合格原因	
法律、法规要求确认条件				
1	各级管理人员经自治区有培训资质单位进行危险化学品专项培训，取得危险化学品管理人员上岗证			
2	安全评价报告已批复，装置试生产申请及方案上报上级安全监督管理局备案，并取得相应批复及试生产许可（备案）			
3	环评报告书已批复，试车方案已经备案			
4	消防设施已经过验收合格，并取得批复			
5	压力容器经上级质量技术监督局登记备案			
6	总体试车方案已报地方安全生产监督管理部门备案			
7	安全设施已经取得相关资质单位的单位检验，并出具证书			

附表11 单元装置试车条件确认表（工程）

装置：　　　年　　月　　日

序号	检查内容	检查结果		确认人签字
		合格	不合格原因	
1	工程质量合格			
2	"三查四定"的问题整改消缺完毕，遗留尾项已处理完毕			
3	影响投料的设计变更项目已施工完毕			
4	工程已办理中间交接手续			
5	施工记录资料齐全、准确，设备图纸等完全交接			
6	现场施工临时用设施已全部拆除			
7	设备位号和管道介质、流向标志清楚			
8	现场清洁、无杂物、无障碍			
9	楼层间无孔洞、防护栏杆完好			
10	全部机器单机试车合格			
11	填料、干燥剂的填充工作符合规定			

附表12 单元装置试车条件确认表（机动）

装置：　　　年　　月　　日

序号	检查内容	检查结果		确认人签字
		合格	不合格原因	
1	所有设备、管道、阀门、电气、仪表等经过严格的质量检查，符合质量要求			
2	安全阀调试动作在3次以上，起跳灵敏，调试合格后有相关部门铅封			
3	设备、管道水压强度试验合格			
4	工艺各报警联锁系统调试符合要求，并经静态调试3次以上，动作无误，好用			
5	自控仪表（温度、压力、流量液位、分析）经调试灵敏，合格。安装的表计，有最高、最低极限标识			
6	各类防静电、防雷设备、设施和所有设备、管架的接地安装到位，测试合格			
7	设备标志、管线流向标识齐全			
8	所有动、静设备经过详细检查。单体试车和联动试车合格			
9	自控仪表调试全部完成，报警及联锁准确好用，自动分析仪表的样气已经配制待用			
10	所有电气设备的续电调整和绝缘试验已经完成，具备正常投用条件			
11	润滑油脂等已经备齐，质量符合要求，且已经运至指定地点			
12	设备、管线的保温、防腐工作完成			
13	压力容器、压力管道等特种设备在投用前经鉴定合格，并办理注册手续			
14	机、电、仪检维修人员已全部持证上岗			
15	检修保运队人员到位			
16	易损易耗的备品、备件，专用工具准备齐全、到位			

附表13 单元装置试车申请表

装置：　　年　月　日

申请单位	

申请内容：

质量监督站	设计单位	施工单位	监理单位
单位签章：	单位签章：	单位签章：	单位签章：
现场代表	现场代表	现场代表	现场代表

确认结果（附装置开车条件确认单、工程验收相关文件）：

申请单位主管领导签字：

附表 14　单元装置试车审批表

装置：　　　年　月　日

单元装置名称	
生产技术组确认结果（依据单元装置试车条件确认）： 　　　　　　　　　　　　　　　　　负责人签字： 　　　　　　　　　　　　　　　　　　　年　　月　　日	
机械动力组确认结果（依据单元装置试车条件确认）： 　　　　　　　　　　　　　　　　　负责人签字： 　　　　　　　　　　　　　　　　　　　年　　月　　日	
安环质量组确认结果（依据单元装置试车条件确认）： 　　　　　　　　　　　　　　　　　负责人签字： 　　　　　　　　　　　　　　　　　　　年　　月　　日	
工程管理组确认结果（依据单元装置试车条件确认）： 　　　　　　　　　　　　　　　　　负责人签字： 　　　　　　　　　　　　　　　　　　　年　　月　　日	
公司主管领导意见： 	

附表15 联动试车合格证书

年 月 日

工程名称：
装置或生产系统名称：
试车时间：从 年 月 日起至 年 月 日止
试车情况：
试车结果评定：
附件：

建设单位	设计单位	施工单位	监理单位
现场代表：签字 单位盖章	现场代表：签字 单位盖章	现场代表：签字 单位盖章	现场代表：签字 单位盖章

附表16 单元装置开车条件确认单

装置: 年 月 日

装置所属部门:		设备位号:	
单位	检查内容与确认条件	责任人	
项目部	1.装置检修结束,工艺验收合格,辅助系统运行正常,具备开工条件; 2.各种电气、仪表阀门、联锁联校调试符合要求; 3.相关手动阀门、盲板位置符合投用条件; 4.操作规程操作票齐全,下发岗位严格执行; 5.工器具、防护用具齐全; 6.现场、设备卫生整洁; 7.人员齐全、技术满足上岗条件	主操	
		班长	
		技术员	
		主任	
电仪	1.电气设备符合投用条件; 2.保护装置灵敏好用; 3.照明状况符合工艺车间要求; 4.电网运行稳定; 5.仪表接线准确,安装规范,齐全,调试校验合格; 6.工艺要求的相关压力、温度(热偶)、液位正常投用且指示准确; 7.相关报警联锁系统确认灵敏、准确、可靠; 8.保运人员齐全,随时处理开车过程中出现的问题	技术员	
		主任	
检修	1.装置检修结束,工艺验收合格,具备开工条件; 2.保运人员齐全,随时处理开车过程中出现的问题; 3.所有设备安装规范,均达到完好标准	技术员	
		主任	
动力	1.循环水、除氧水、减温水、密封水、新鲜水、二次水供应正常; 2.4.4MPa、1.0MPa、0.5MPa蒸汽供应正常并送入各用户; 3.各废锅产汽能够畅通排放; 4.消防水系统运行正常	技术员	
		主任	
质检中心	1.具备原料煤、水煤浆、合成气的分析能力; 2.及时、准确地报出分析样; 3.需要临时分析随叫随到	技术员	
		主任	
安环	1.所有人员已经过安全培训并考试合格; 2.现场安全防护设施、装置完好齐全; 3.质量、安全、环保各项条件符合投用要求; 4.对影响安全的明显缺陷可行使一票否决权	工程师	
		部长	
机动	1.施工后设备、管线技术资料齐全,中交后工程部门全部移交; 2.所有电气、仪表、检修存在的问题已得到解决且质量可靠; 3.所有设备均达到完好标准; 4.已对相关设备联锁进行确认	主管工程师	
		部长	
生产	1.工艺技术指标已下达,相关工艺联锁投用情况清楚、可查,符合投用条件需要; 2.外部条件已具备,相关物料已送入界区; 3.相关车间、部室技术及管理人员已确认并签字; 4.生产指挥系统正常、程序执行有效	主管工程师	
		调度员	
		部长	
指挥	指令审批人意见及签名:		

第7章
大型空分设备开停车操作及维护

本章主要介绍空分设备的开停车操作和正常运行过程中的管理维护方法，为各单元开停车和运行管理提供思路，针对典型故障进行分析并提供解决方案，在稳定运行的基础上挖掘设备潜力。

7.1 空分开车

空分设备在原始开车前要完成设备单体调试、裸冷、珠光砂装填、试车等工作。在正常开车时，要根据当前空分设备所处的状态（冷箱的冷态/热态、机组的冷态/温态/热态）规划开车步骤和方法，对各个系统进行安全确认，以便加快开车速度，防止开车过程中发生设备损坏或联锁事故。

7.1.1 开车条件

空分设备开车前，需逐一确认以下各项条件：

（1）对检修（或技改）后需脱脂处理要求的设备、管线、阀门应严格采取脱脂清洗，并验收合格，满足开车要求。

（2）严格按照"工完、料净、场地清"的标准进行验收，确保现场卫生整洁。

（3）对检修（或技改）后设备、管线清洗吹扫，需经验收合格。

（4）对检修（或技改）后需进行气密试验的工艺管线、仪表管线、设备设施气密试验合格。

（5）对检修（或技改）后需单体调试的设备，调试完成，具备开车条件。

（6）设备、管道、阀门标识清楚，介质流向标识无误。

（7）现场照明满足夜间作业需求。

（8）高温（低温）管线、设备保温（保冷）完好。

（9）确认就地压力表、安全阀安装完好，根部阀全开。

（10）对现场阀门进行确认，阀门开关状态按照开车阀门确认表执行。

（11）按照调节阀开车确认表，校对调节阀现场实际开度与远传反馈开度一致，满足开车需要。

（12）检查装置各盲板状态，按照开车盲板状态确认表，将盲板导"通"或导"盲"。

（13）确认电气设备设施投用正常，满足开车条件。电机检修后需点试转向，低温泵电机点试前液冷合格，确认转向正常后方可启动。

（14）联锁、控制系统静态调试完成，逻辑测试完成，具备开车条件。

（15）DCS、TCC、CCS、SIS、PLC等控制系统已调试完成，确认具备开车条件。

（16）确认装置联锁全部投用。

（17）仪表气、工厂气管网投用，压力在工艺指标范围内，满足空分设备开车要求。

（18）循环水系统投用正常，压力、温度在工艺指标范围内。

（19）脱盐水系统投用正常，满足开车需要。

（20）空分设备开车所需要的各等级蒸汽总管预热、暖管完成、支管已投用或具备暖管条件。

（21）工艺凝液、透平凝液管网已投用，满足外送条件。

（22）分析仪表调试完成，具备投用条件。

（23）消防、气防设施配备齐全，完好可用，现场无易燃易爆物品堆放，消防通道畅通。

（24）生产通信畅通（对讲机、岗位电话、扩音对讲）。

（25）岗位已配备足够的便携式可燃气体分析仪（简称四合一分析仪，检测硫化氢、一氧化碳、可燃气体、氧气的含量）、测振仪、测温仪。

（26）开车所需的记录报表、日志、工艺卡片、操作票等已下发岗位。

（27）生产人员经培训考试合格，取得上岗证，并熟练掌握工艺流程、操作规程、技术规程、安全技术规程及事故应急响应程序。

（28）对技改的流程及已变更的操作规程培训学习，并考试合格。

7.1.2 压缩机组启动

（1）检查空压机入口过滤器完好性、清洁程度，发现过滤器滤筒、滤板等破损，应及时更换，防止杂物进入空压机内。确认条件满足后，投用自洁式过滤器。

（2）投用空压机或增压机密封气。确认密封气压力、流量均大于设备运行要求的最低值，防止设备运行后密封不好导致润滑油漏入蜗壳内。若采用氮气密封，必须将密封气排放口引至室外，排放口需安装防雨帽或其他隔水措施，防止有水进入密封气排放管。

（3）机组各换热器循环水投用。各换热器投用时一般先投用循环水回水，排气完成后，投用上水。

（4）启动机组油系统。对润滑油升压应做到缓慢操作，防止管道内空气受压缩造成管道损伤，在升压过程中检查油系统有无泄漏，若发现漏点应及时消除，防止跑油事故发生；当高位油箱回油视镜有油流过时，应立即调整进油阀，防止高位油箱溢漏；管网压力调整稳定后，投用蓄能器，并启动盘车装置。

（5）建立凝液系统。确认凝液罐和疏水罐液位在正常值，投用凝液泵和疏水泵互备联锁。若设备长期停车或首次开车，透平机组启动后，因乏汽管道铁锈、杂质被凝液冲洗至疏水罐和凝液罐内，易使水泵入口滤网堵塞，造成疏水罐和凝液罐液位上涨，不易控制，所以应提前对水泵清理滤网，做好防范工作。

（6）各等级蒸汽暖管。暖管注意事项为：暖管原则是先主管、后支管，先升温、后升压，管道升温速率≤5℃/min，升压速率≤0.2MPa/min。

在暖管过程中，注意观察管道的膨胀量、支架位移变化，倾听管道声音，是否发生水击现象；如有异常应及时联系调度关小动力送出蒸汽阀门，降低暖管速率，严重时应联系调度停止送蒸汽，处理完毕后再次进行暖管。随着管道温度、压力的升高，应密切观察管道、阀门是否有泄漏，如有泄漏应联系调度停止送蒸汽，并疏散操作人员，处理完毕后再次进行暖管。

（7）建立真空系统。先投汽轮机轴封蒸汽（蒸汽品质满足工艺指标要求，防止带水损坏轴封片），若有轴封抽气器则先投轴封抽气器，建立轴封，再抽真空。抽真空之前，确认大气安全阀投用，真空破坏阀投自动。空冷系统一般设有防冻蒸汽，投用防冻蒸汽可加快真空系统建立。

（8）选择一台分子筛吸附器处于吸附状态，检查系统阀门所处的状态与程序控制器所处的步进状态一致，阀门仪表气投用正常，防止切换期间因阀门未能正常开关导致透平压缩机出口压力大幅度波动。若增压机入口设有充气管线，吸附罐未均压前，应关闭纯化吸附罐进出口阀，通过旁路阀进行均压，阀门前后压差小于5kPa，打开吸附罐进出口阀门。

（9）确认空压机或增压机防喘振阀、空压机出口止回阀开关反馈信号指示正常，启动逻辑条件满足，启动压缩机组。

注意事项：

（1）开始建立真空后，检查检修部位法兰气密性，避免出现漏点造成真空上涨，影响机组开车和运行。

（2）冬季开车若投用防冻蒸汽，关闭空冷器隔离阀，保持一列冷凝管束处于投用状态，根据空冷器凝结水温度启动风机，防止管束冻堵。

（3）为防止机组穿越临界转速区时，振动值会出现大幅度上涨，可采取延长暖机时间、减小汽轮机缸体温差、调节润滑油温度等措施，降低机组振值，避免机组振值高保护停车。

（4）在机组启动过程中，应及时调整油温。

7.1.3 预冷、纯化系统开车

（1）水冷塔补水至正常液位。

（2）空冷塔压力达到工艺条件后，方可启动冷却水泵、冷冻水泵，防止由于压力低于循环水回水压力、塔内液位过高造成循环水反窜。液位、流量调整至正常值后投自动控制。

（3）启动冷冻机组并缓慢打开水冷塔开工空气阀，注意监控空压机排气压力稳定。通过降低水冷塔出水温度，从而降低空冷塔出口空气温度。

（4）确认纯化系统阀门状态与停车前步骤一致，空冷塔出口温度达到工艺参数指标后，缓慢打开纯化系统开工空气阀，导入再生空气，调节再生气流量、压力至正常范围，启动纯化系统控制程序，投用分析仪表。

注意事项：

（1）预冷系统启动时，应先确保空气压力稳定并达到工艺指标，再启动水泵，若先启动水泵，水可能被气流夹带进入分子筛吸附器。

（2）纯化系统开车前，必须打开吸附罐入口管线低点导淋和吸附罐底部导淋，检查是否带水。

（3）循环水定期加药期间，密切关注空冷塔阻力和捕雾器压差，如果出现阻力和压差上涨现象，应及时调整做好降负荷准备，防止产生的泡沫随空气进入分子筛。

（4）导气时要缓慢操作，防止因空气流速过大，冲击分子筛造成粉化。

（5）在长期停车后，必须在开车阶段对分子筛进行再生，再生1~2个周期后，再进行冷箱导气工作。

7.1.4 装置加温

空分设备停车后，管道和设备内会漏入湿空气，通过加温可以将设备、管道内湿空气置换掉。加温气源可采用纯化系统吸附处理后露点小于−70℃的干燥空气。

（1）压力塔加温。打开低压空气进塔旁通阀，向冷箱内导气，严格控制压力塔升压速率，防止因升压过快造成设备、填料损坏。机组同步加载，防止喘振。打开主冷启动管线阀门，对主冷和启动管线进行加温。

（2）低压塔加温。打开压力塔至低压塔节流阀，严格控制低压塔升压速率，低压塔压力上涨至正常运行值时，缓慢打开启动管线阀门，增加加温气量，同步调节产品和低压塔放空阀开度，控制低压塔压力稳定在指标内。

（3）增效粗氩塔加温。打开压力塔去粗氩塔富氧液空阀门，向粗氩塔导气，严格控制导气升压速率，通过调整粗氩塔放空阀和粗氩气放空阀的开度，保持粗氩塔压力稳定在指标内。

（4）产品管线加温。打开低温泵总管回流阀门，打开产品放空阀，对放空管线和送出管线进行加温。

（5）气体膨胀机增压端管线置换吹除。关闭气体膨胀机紧急切断阀，关闭气体膨胀机增压端出口阀，打开后冷却器气侧导淋、膨胀机入口导淋，然后打开气体膨胀机增压端入口旁通阀，对气膨增压端管道进行置换。

（6）气体膨胀机膨胀端加温。关闭进出口阀门，打开切断阀、入口导淋、蜗壳导淋，缓慢打开加温气阀门和入口导叶，控制膨胀机内加温气压力在合适范围内，注意膨胀机不能转动。

（7）低温泵加温。低温泵可以和冷箱同步加温，节约加温时间。加温期间低温泵不能转动，防止损坏密封。

（8）对冷箱的仪表测点全部脱开进行加温，有联锁条件的，将联锁旁路。

（9）打开主冷凝蒸发器不凝气排放阀，对排放管线进行加温。

（10）分析压力塔、低压塔、粗氩塔、主冷凝蒸发器、主换热器、低温泵、膨胀机等设备吹除导淋露点小于−70℃，加温合格。

注意事项：

（1）精馏塔导气时控制阀门开度，及时调整空压机负荷，防止空压机喘振。

（2）加温时，冷箱上的所有导淋全部打开。

（3）若精馏系统处于冷态，加温前必须排放低温设备和管道内的低温液体，防止低温液体蒸发，系统超压。

（4）若精馏系统冷态加温，过程应尽可能缓慢、均匀、平稳，控制升温速率。重点关注粗氩冷凝器两侧温差和主冷两侧（精馏塔内冷凝器）温差，防止温差过大导致热应力增大，损坏冷箱内的设备。

（5）加温低温泵时，禁止低温泵转动，必须对低温泵轴承采取制动措施。若低温泵有直流制动，则确认泵处于直流制动状态。

（6）为确保膨胀机设备安全，加温膨胀机系统时，确认密封气、油系统运行。

（7）各系统吹扫时，一般先开吹除阀，再开加温气入口阀；停止加温时应先关加温气入口阀，再关吹除阀。

7.1.5　精馏系统冷却

（1）精馏系统加温一段时间后，在压力塔、低压塔、粗氩塔、粗氩冷凝器等测点或导淋进行取样分析，露点均小于−70℃，加温合格。

（2）根据空压机、增压机喘振裕度，逐步提高增压机排气压力接近或达到设计值，启动气体膨胀机，根据气体膨胀机喘振曲线和转速，逐渐开大气体膨胀机导叶，关小回流阀，提高气体膨胀机转速至额定值。

（3）根据气体膨胀机入口温度，调节高压液空节流阀开度。调节低压氮气、污氮气流量，以气体膨胀机出口不带液为原则，降低气体膨胀机进出口温度，加快精馏系统降温。

（4）随着精馏塔温度逐步降低，进塔空气量增加，可将水冷塔和纯化器的开工空气切换为污氮气。

（5）冷却过程中，冷箱温降速率应控制小于20℃/h，当板换冷端温度小于−171℃后，精馏冷却结束。

注意事项：

（1）启动气体膨胀机前，主副冷箱保护气应提前投用。随着冷箱内温度下降，逐渐调整冷箱保护气流量，避免冷箱内出现负压，湿空气进入冷箱内，珠光砂结块，损坏设备。

（2）热态开车时，为加快精馏系统降温，可以加大气体膨胀机的负荷，在保证板式换热器温度平衡的基础上，适当提高塔内气体的放空量。

（3）在冷箱降温过程中应控制温降速率，所有系统管道、设备均匀降温，减小温差，防止产生热应力，损坏设备管线。

（4）切换预冷系统水冷塔开工空气阀门和纯化开工空气阀门时，操作应缓慢、平稳，监控空压机出口压力，防止空压机发生喘振。

（5）液氧、液氮产品管线导淋打开，对管线进行冷却吹除。

（6）密切关注板式换热器热端温差防止跑冷系统偏流，造成冷量损失。

7.1.6　精馏系统积液、调纯

随着冷箱内温度进一步下降，当温度下降至设计温度时，精馏塔开始积液。

（1）当低压塔底部出现足够多的液体时，关闭压力塔与主冷连接管线阀门，打开主冷凝蒸发器氖氦吹出阀，启动循环液氧泵，控制循环氧泵负荷，逐渐降低主冷凝蒸发器温度，主冷温度下降时控制压力塔压力稳定。

（2）当主冷凝蒸发器液位上涨至主冷换热单元全浸时，缓慢打开液氮回流阀，增加压力塔回流液，投用精馏系统各分析仪氮分析仪手动分析合格后，再投用，逐渐降低压力塔温度。根据压力塔顶部氮纯度逐渐开大污液氮进低压塔调节阀，降低低压塔温度。

（3）主冷凝蒸发器逐步投用后，低压塔、压力塔内开始建立精馏工况，装置处理空气量进一步增大，调整回流比，适当加大低压塔压力，减少主冷液氧的蒸发量，加快压力塔积液。根据低压塔顶部氮纯度、氩馏分中氧含量和液空纯度，调节污液氮进低压塔流量，保持氩馏分中的氧含量大于88%。

（4）在精馏积液的同时进行调纯，缓慢对空分进行加负荷，适当提高低压塔压力，加快积液，建立精馏工况。

注意事项：

（1）为了加快开车进度，可以采取液氮倒灌方法加快积液。当气体膨胀机启动时，低压塔、压力塔温度冷却到所需温度，低压塔底部有一定的液位，液氮倒灌才允许启动，可以防止填料因热应力过大而损坏设备。

（2）操作液氮回流阀应缓慢，防止主冷蒸发过大，以免造成上塔超压和进塔空气量瞬间增大，导致系统联锁跳转。

（3）启动循环氧泵时，缓慢加负荷，应注意监控压力塔的压力变化情况，及时调整机组负荷。

（4）冷态开车时，在冷箱导气过程中，应密切关注塔内压力，防止大量低温液体汽化会造成压力塔和低压塔超压。

（5）积液初期，应做到定期排液（首次开车时可以洗涤精馏塔），防止主冷碳氢化合物集聚超标。

（6）冷态开车时，确保压力塔压力小于空压机排气压力，防止冷气倒窜。

（7）冷态开车时，及时启动气体膨胀机，保证空分进出热量平衡，严格控制板换热端温差。

（8）空分达80%负荷以上，应及时投增效粗氩塔。

7.1.7　产品外送

（1）高压液氧泵、高压液氮泵在精馏积液阶段同步冷却，建议液冷时间大于8小时。

（2）主冷凝蒸发器或低压塔底部液位达到高压液氧泵启动条件后，启动高压液氧泵。启泵前关闭高压氧气放空阀，泵启动后未加载时，逐渐全开泵出口阀，给氧泵出口管道充压，打开出口阀过程中，防止泵低气蚀联锁停车。加载高压液氧泵，先提高变频器频率至设计值，再逐渐关闭回流阀，提高泵出口压力，加载过程中，同步打开高压氧气放空阀，根据精馏塔工况逐步增加氧气放空量，当氧气产品纯度合格后，并入氧气管网外送。

（3）高压液氮泵启动、加载与外送同高压液氧泵一致。

（4）根据精馏塔工况逐步增加氮气放空量过程中控制压力塔压力稳定和板换温度恒定，当低压氮气产品纯度合格后，并入氮气管网外送。

注意事项：

（1）启动内压缩液氧泵后，当氧气流量逐渐增大时，同步调整增压机和透平膨胀机系统的运转负荷，注意冷量平衡，保持板式换热器热端温差在工艺指标控制范围内。

（2）若氧气阀门未采用蒙耐尔材质的，严禁氧气放空阀门长时间处于小开度，阀门小开度流速过快易引起燃爆事故。

（3）氧气产品送出时，产品送出阀前后压差不宜过大。

（4）在操作氧气阀门时，要使用铜制工具操作，带四合一分析仪。

7.1.8　氮压机启动

（1）确认氮压机辅助系统投用正常，如循环水、密封气、油系统等，并确保氮压机盘车正常。

（2）确认氮压机入口导叶及回流阀动作正常、阀位准确，入口导叶全关，回流阀全开。

（3）确认氮压机控制系统参数设定正确，联锁保护系统投用正常。联系电气送电正常后，点击启动按钮启动氮压机。

（4）确认氮压机启动正常，电机达到额定转速，各运行参数处在正常范围内。

（5）缓慢开大氮压机入口导叶，加负荷，根据氮压机出口压力缓慢关小回流阀，直至氮压机出口压力达到正常压力。操作过程中，应注意压缩机工作点远离防喘振曲线。

注意事项：

（1）氮压机电机及辅助油泵首次启动或电气检维修后，须点试转向，确认转向正确。

（2）氮压机联锁实验完成并投用正常。

（3）氮压机启动前，确认氮压机厂房内轴流风机启动，GDS报警正常；进入人员携带四合一分析仪，防止发生氮气窒息事故。

7.1.9　低温液体后备系统投用

1. 投用前的吹扫

（1）确认仪表自调阀调试正常，液位计、分析测点、压力变送器等投用正常。

（2）检查确认储槽安全阀、呼吸阀、放空阀投用正常。

（3）确认储槽区域卫生打扫干净，杂物已清除，排水地沟畅通。

（4）确认投用方案通过审批，并对岗位人员进行系统的安全培训、技术交底；吹除记录、日志、"一单五卡"、应急预案、能量隔离锁具、应急药品、消气防设施器材等已配备到位。

（5）确认通信、照明设施具备吹除条件。

（6）确认储槽吹除合格，具备投用进液条件。严格控制降温速率不大于8℃/h。

（7）确认储槽夹层、阀箱及泵箱内保护气投用正常，低温泵的密封气投用正常。

（8）储槽夹层珠光砂已装填完毕。

（9）确认所有管道吹扫后排出气体的露点，测定吹除口排放气露点不高于-40℃为合格，否则应继续吹除。吹除合格后，关闭所有阀门，保持储槽内微正压。

2. 低温液体储槽预冷

（1）预冷前投用储槽保护气，确认保护气压力正常。

（2）确认储槽安全附件完好并已投用正常，仪表自调阀调试正常。

（3）确认液位计投用正常，其余阀门处于关闭状态。

（4）确认储槽放空阀投用正常、打开自增压器前手阀，密切监控储槽压力不高。

（5）确认低温液体纯度合格，打开空分低温液体管线导淋，缓慢打开低温液体进液阀对管线进行预冷，确认各个管线挂霜，冷却合格后关闭导淋。缓慢打开储槽进液阀门对储槽进行预冷，打开顶部放空阀门，密切监控储槽压力不得高于规定值，控制降温速率不大于8℃/h（见

图 7-1 和图 7-2）。

（6）当储槽底部见液后，储槽冷却结束。

（7）缓慢开大充液阀，向储槽进液。

（8）在充液期间，应密切监控储槽压力变化。若储槽内压力上升，应及时调整放空阀使储槽泄压；放空阀调整无效，立即停止进液。

（9）监控储槽液位、压力、温度及阀位动作情况。

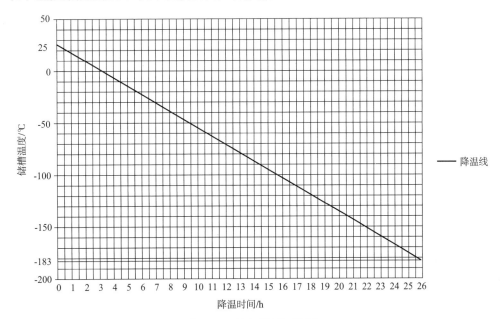

图 7-1　液氧储槽温降图

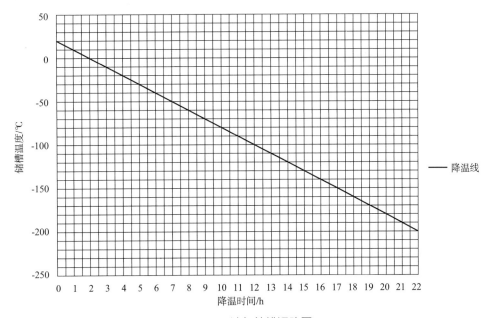

图 7-2　液氮储槽温降图

3. 充装泵的投用

（1）低温液体储槽液位大于15%，可以进行槽车充装。

（2）槽车充装泵密封气投用正常，仪表测点、联锁已调试并投用。

（3）打开泵体导淋，缓慢开回流阀，对泵进行气冷，泵不得转动。

（4）在导淋挂霜后，应适当关小泵体和出口导淋，逐渐全开回流阀。

（5）缓慢打开泵进口阀，对泵进行液冷。

（6）当泵体导淋和出口导淋见液后关闭，逐步全开泵进口阀。

（7）泵体冷却至少30min，启动充装泵，注意稳定泵出口压力。

（8）将充装接口与槽车连接好后，对泵出口管线进行冷却。缓慢打开出口阀，在管线挂霜后，逐步全开出口阀对槽车进行充装。适当关小回流阀提高充车速度。

（9）充车完成后停泵，关闭进出口阀门及回流阀，打开泵前、泵后、泵体导淋，排液结束后进口阀和回流阀保持微开，保持泵的预冷状态。

4. 储槽投用安全注意事项

（1）设备任何部位发生冻结需解冻时，禁止用明火烘烤、敲击，也不得用水淋，正确方法是用加温空气解冻。

（2）场地周围不得有明火，不得有容易起火或产生电火花的发生源存在。

（3）液体流经的管道，管道阀门启闭动作不宜过快，以免液体突然进入热管段被加热气化，造成局部压力升高，损坏设备。

（4）场地应保持通风良好，避免因泄漏产生着火或人员窒息事故。

（5）吹扫时严格控制吹扫压力，以免储槽超压，损坏设备。

（6）冷却期间严格控制进液速率，防止进液过快，液体大量蒸发导致储槽超压，防止冷却过快产生应力使储槽发生变形。

（7）确保储槽安全阀投用正常，禁止私自解除储槽压力联锁。

（8）确保手动放空阀全开，中控自动放空阀调试正常。当液体液位超过15%时关闭手动放空阀，投用自动放空阀。

（9）储槽内液位严格控制在30%~90%，避免发生超压事故和吸瘪事故。

（10）储槽内不得形成负压，应避免湿空气进入，防止结冰冻堵。

（11）定期分析液氧储槽中乙炔含量不得高于 0.1×10^{-6}。

（12）液氧储槽的周围及地面，不得存放易燃物质。不准让油脂类物品与氧气发生接触，否则将引起火灾和爆炸，禁止润滑氧气阀门。

（13）禁止低温液体与皮肤接触，否则会引起严重冻伤。

5. 液体充装注意事项

（1）充装前，认真阅读槽车充装说明，并按要求填写充装检查表。

（2）确保四方联安全充装单、车辆准入单和过磅单已开。

（3）检查汽车排气管处阻火器安装到位。

（4）确认司运人员穿纯棉工作服、戴安全帽、戴棉制手套。

（5）检查司运人员鞋底不带铁钉后，方可进入充装区。

（6）严禁司机携带火种进入厂区，进入充装区域确认手机已关闭。

（7）检查司乘人员押运证（证件是否与本人相符）、危险化学品运输证、特种设备证件齐全，并在有效期内。

（8）检查槽车后门内安全附件（包括液位计、压力表、安全阀）齐全、完好。

（9）确认充装区域静电释放器完好，确认槽车接地线正常，接地完好。

（10）检查确认充装现场及槽车操作箱不得有易燃易爆物品。

（11）检查灭火器完好可用（铅封正常、压力指示在绿区内）。

（12）槽车安检合格后，应按指定路线，低速行驶进入充装工位。

（13）槽车到位后，发动机必须熄火并用手刹制动，并在车轮底部加防滑块。司运人员将车钥匙交操作人员管理。

（14）挂接专用安全接地线。

（15）槽车软管与快速接口相连，确认槽车放空阀全开，槽车压力为零（氧槽车充装时与软管相连的垫片必须用铜制垫片）。

（16）确认正常后开始充装。

（17）充装期间，汽车发动机不得启动，不得进行车辆检修，不得使用手机等非防爆通信工具。

（18）充装人员要经常观察罐内压力，检查各部位情况，若发现异常应停止充装。

（19）当槽车测满阀有液体流出时，槽车液位已充至95%。

（20）停止充装泵运行，并排液。

（21）确认现场空气中含氧量合格后，拿掉挡车器，将钥匙交还司运人员，发动汽车按规定行驶路线离开。

7.2　空分停车

空分设备停车过程中应严格按照操作说明进行，如果出现操作不当，会影响上下游装置的稳定运行，严重时会造成设备损坏。若发生紧急情况，则及时按照紧急停车进行处理，将事故的危害降至最低，保护设备和人员不受伤害。

7.2.1 正常停车

（1）确认空分设备具备停车条件，逐渐降低空分设备负荷，打开产品气放空阀，同步关闭产品外送阀，保持产品压力、流量稳定，将产品气切至放空，与管网平稳解列。

（2）退出液氧、液氮产品外送。

（3）关停液体膨胀机，同步调整高压空气节流阀，防止增压机出口压力波动。

（4）关停高压液氧泵、高压液氮泵。先降低泵负荷，减少产品气量，同步降低气体膨胀机负荷，调整机组出口压力。再根据产品管线温度，调整污氮气和低压氮气放空量。

（5）关停气体膨胀机，卸载增压机。

（6）首先逐渐关闭污氮气、低压氮气、粗氩气放空阀，然后关闭各路空气进精馏塔阀门，打开精馏塔、低温泵排液导淋开始排液，停精馏系统及产品分析仪。

（7）建议若24小时以内再次开车，则精馏塔、无需排液。若停车超过24小时则进行精馏塔排液，冷箱内低温液体排完，静置一段时间后，开始加温。

（8）停纯化系统顺控程序及分析仪，并记录系统程序停止时分子筛吸附器状态。

（9）停预冷系统，将预冷系统水泵和冰机断电，空冷塔回水阀门关闭，水冷塔上水阀门和旁路关闭。

（10）停空压机组。

注意事项：

（1）在低温泵降负荷过程中，注意气体膨胀机入口温度，保持板式换热器整体热量平衡，避免出现产品气体管网温度过低。

（2）若停车后纯化系统分子筛吸附器需检修，分子筛吸附器处于冷吹末期时关停纯化系统，避免分子筛吸附器内温度高无法检修作业。用空气进行置换，待分析氧含量合格、内部温度降至常温后，再进行检修。

（3）排放低温液体时，先投用残液蒸发器蒸汽，再打开排液导淋，控制排液量，防止残液蒸发器冻堵。

（4）冬季停车后，将设备管道内积水排尽，检查伴热投用正常，避免冻堵。

（5）预冷系统停车后，将空冷塔回水阀门关闭，防止循环水回水倒窜。

（6）装置停车后，关闭纯化系统吸附罐所有阀门，确认吸附罐处于封闭状态。

（7）低温泵、膨胀机、精馏塔排液后，投加温气，保护设备。

（8）机组停车时，控制机组喘振裕度在合适范围内，停车后打开汽轮机缸体导淋。待缸体温度降低之后停盘车，关闭脱盐水补水阀门。

（9）机组停车后，确认顶轴油泵、盘车电机启动正常。若未启动，则组织人员进行手动盘车。

7.2.2　紧急停车

1．现象

（1）若发生循环水中断、停电中断或晃电、仪表气中断、蒸汽中断时，应及时进行紧急停车。

（2）若发生润滑油系统跑油、管线泄漏、低温液体泄漏无法处理时，应及时进行紧急停车。

（3）若发生着火事件且危及空分设备安全运行时，应及时进行紧急停车。

（4）若主冷总烃含量超标、乙炔含量超标时，应及时进行紧急停车。

2．处理步骤

（1）汽轮机紧急停车时，操作人员立即将紧急按下停车按钮，防止事故扩大。

（2）若油系统着火或跑油时，油系统全部停车。

（3）确认后备系统已紧急启动，及时根据后系统负荷调整外送量。

（4）调整运行装置仪表空气、工厂空气外送量，或立即启动仪表空气压缩机外送仪表气、工厂气，确保仪表气压力不低于工艺指标。

（5）及时调整氮压机负荷，保证氮压机正常运行。

（6）调整其他运行空分设备负荷，增加氧气、氮气外送量。

（7）确认停车后各系统阀门状态正确。

（8）确认紧急停车后，油系统运行正常，确认机组盘车装置运行正常。若盘车装置无法启动，需机组汽轮机缸体温度＜80℃，手动盘车确认正常后，再启动盘车装置。

（9）机组停车后，及时打开汽轮机缸体导淋。

（10）中控将分子筛顺控打至"手动"状态，岗位日志需记录分子筛所处状态，便于再次开车选择分子筛吸附状态。

（11）关闭水冷塔上水阀门和空冷塔回水阀门，防止循环水进入空冷塔和水冷塔。

（12）若24小时以内再次开车，则精馏塔无需排液。

7.3　装置正常管理和运行维护

优秀的管理和维护模式可以大大提高装置潜力，降低装置能耗，减少事故发生概率，从而保证装置的平稳运行。

7.3.1　工艺管理与维护

1．日常管理维护

装置的大部分维护工作由操作人员完成，装置管理工作通常由具备一定资质的技术人员完成。正常生产操作管理主要有以下几个方面：

（1）日常操作记录。主要记录当班期间开展的工作、关键操作、联锁解除与投用、检维修作业、物料介质分析监测数据、吸附罐冷吹峰值等内容，记录于《岗位生产日志》（见图7-3），便于其他交接班人员掌握装置运行状态及日后查阅资料使用。岗位操作人员按照"十交五不接"内容进行交接班，即：交任务、交指标、交质量、交原料、交设备、交问题和经验、交工具、交安全和卫生、交记录；设备润滑不好不接、工具不全不接、操作情况交待不清不接、记录不全不接、卫生不好不接。装置运行记录报表（见图7-4）保存至少3年，原始试车记录应永久保存。

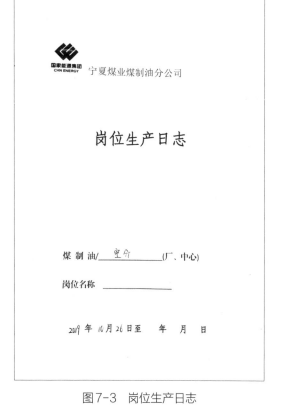

图7-3 岗位生产日志

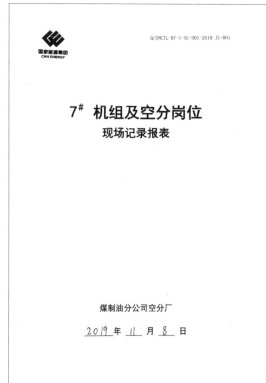

图7-4 装置运行记录表

（2）巡检。对整个装置的定期巡检是保障装置稳定运行的条件之一。在巡检中要及时发现异常现象，如机器运行不畅、异常噪声、结霜、阀门内漏等，并及时消除。为了提高巡检质量，煤制油空分厂采用电子巡检方法，即巡检人员定时间、定路线、定内容逐一对生产设备运行情况进行排查，并进行电子打卡，防止巡检走过场、走程序。目前正准备引进机器人智能巡检系统，实施后可降低操作人员劳动强度和有效监控现场状况。

2. 日清月清检查

通过当班工作"日清、月清"化（即对岗位人员每日、每月的工作进行梳理和量化，形成固定的工作标准）的实施，更好地落实标准化作业，明确各级人员责任，及早发现和消除各类生产隐患，使生产装置达到"安、稳、长、满、优"运行。

（1）每日对分子筛底部疏水导淋进行检查，防止因导淋堵塞未及时发现造成分子筛带水严重，使分子筛失效。

（2）远传液位计定期检查。每周对远传液位计进行检查校对，避免因液位计故障引起装置停车事故。

（3）高空巡检。每月对指定的塔器、设备进行登高检查清理，保障员工人身安全和设备安全。高空巡检必须双人进行，一人登高，一人监护。针对在巡检过程中发现的问题，及时制定整改措施，明确责任人，统一处理。

（4）排放口清冰。每周对低温液体储槽放空管线和主冷凝蒸发器不凝气排放管线结冰进行检查清理。

（5）公共管线检查。每周对空分氧气、氮气、蒸汽、仪表空气等管线进行检查。

（6）盲板检查。工艺人员每月按照盲板表，对装置各盲板状态进行检查，做好记录。

3. 隐屏操作

1）目的

煤制油空分厂为降低操作人员的劳动强度和误操作概率，提高员工幸福感，保证空分设备安全稳定运行，进行隐屏操作技术攻关，即空分设备正常生产运行时，无报警、无人工干预操作达 8 小时。

2）准备工作

（1）装置单周报警次数累计可达 10 万次以上，实现隐屏操作首先要解决报警多的问题。通过技术人员对装置报警信息逐条分析、跟踪和整理，对所有控制点的操作逻辑和报警参数进行对比、优化，降低报警率，最终将每天报警次数降至个位数，为隐屏操作奠定基础。

（2）装置自控率达 100% 是实现隐屏操作的先决条件。装置部分联锁及控制回路因设计和现场实际情况等原因不能投用，技术人员与成套设备商进行积极探讨、研究，重新设计核算联锁值及联锁参数，保证每个联锁都能顺利投用。最终实现对所有控制点控制回路的投用，确保联锁投用率 100%、仪表自控率 100%。

（3）手动干预会影响隐屏操作的投用。技术人员对于经常需要手动操作的控制点进行统计，通过优化控制点动作逻辑，将手动控制点改为自动控制点，进一步加快隐屏操作实施进程。

（4）实现隐屏操作期间必须保证装置的稳定运行。如果控制点报警值与联锁值相差过小，隐屏操作投用后发生报警时，给操作人员预留处理时间较短，存在安全隐患，技术人员通过 HA20P 分析识别，对各控制点、控制回路逐一分析并经过大量反复测试后，寻找最佳报警设定点。

（5）编制投入隐屏操作时突出事故的应急预案，并组织操作人员培训、演练在异常情况下的应急处理。

3）隐屏操作的投用

经过前期充足的准备工作后，煤制油空分厂对单套空分设备进行隐屏操作投用，装置正常生产运行时一级联锁投用率100%、二级联锁投用率100%，自控回路投用率100%，自动变负荷系统可在85%~100%之间自动调整，无报警和无人工干预，最长连续运行达13小时，标志着隐屏操作实施成功，并对其他空分设备进行推广应用，现已完成四套空分设备的成功投用。

4. 双持操作

在设备正常操作的过程中，操作人员实行"双持"操作。"双持"就是"持证上岗"与"持卡作业"。"持证上岗"旨在要求操作人员必须拥有相应操作能力，取得相应的资格证；而"持卡作业"旨在要求操作人员严格按照"一单五卡"内容进行标准化操作和确认。二者相结合，一人操作，一人确认，有效地规避了由于人为操作失误造成人员、设备、系统发生事故的风险。

5. 能耗管理

为进一步优化装置运行工况，降低空分设备能耗，减少水、电、汽消耗，以煤制油空分厂为例可以采取以下几项节能措施。

1）降低蒸汽的消耗量

（1）空压机在最佳工况下运行。在满足精馏正常运行工况下，减小空压机进气量，降低空压机排气压力，确保空压机、增压机放空阀、回流阀关闭；按照压缩机设计压比来控制，通过导叶调节，保证空压机、增压机在最佳允许喘振裕度范围运行。

（2）优化开停车操作。优化开停车步骤，将操作内容标准化。规范蒸汽、水、电、气的投用时间，减少浪费，降低开停车的生产成本。

（3）合理设置排汽压力。根据环境温度高低，及时调整空冷器压力设定值，降低汽轮机排气压力，使汽轮机在最佳工况下运行。如环境温度在15~25℃，汽轮机排气压力应控制在15~18kPa，可以降低高压蒸汽的消耗量。

2）降低空分设备电耗

（1）装置正常运行期间，仪表空气、工厂空气尽量由空分设备自身供给。空压站保持备机状态。

（2）装置正常运行期间，低温泵备用冷备模式，减少电量消耗。

（3）空分设备负荷达85%以上时，投用液体膨胀机并网发电。

（4）冬季运行期间，调整循环水温度，空冷塔出口空气温度在指标范围内时，停止冰机运行。

（5）根据季节变化，合理调整厂房和室外照明开停时间，节约电能。

3）降低空分设备循环水耗

（1）空分设备停车后，及时调整水阀，节约循环水消耗量。

（2）正常运行时，根据工艺参数及时调整循环水上、回水阀，减少循环水用量。

（3）加强循环水水质监控，防止出现循环水硬度超标，造成压缩机组各级冷却器结垢堵塞，从而影响换热效率。

4）挖潜增产提高运行装置效率

（1）提高多套空分设备运行效率，根据工况逐步调节，挖潜增产，释放低压氮气产能。

（2）提高空分设备的提取率：优化装置运行工况、提高产品纯度，严格指标控制：氧纯度 99.7%~99.9%；氮纯度 3~6 μg/g。依据各套装置实际运行工况，负荷不同及时调整精馏回流比在最佳工况，污氮气中氧含量控制在 0.9%~1.2%。

（3）优化膨胀机运行工况，确保气体膨胀机回流阀关闭，调节气体膨胀进口温度控制在 −106~−116℃，提高制冷量。

（4）密切关注各级冷却器后气体温度，控制在 35~45℃之内，尽可能降低冷却后的气体温度，提高压缩机效率。

（5）减少产品气体的放空，加大低温液体储槽进液，提高低温液体的销售量。

（6）增加氩气、氖气、氦气、氪气、氙气的提取系统，提高装置的附加产品。

5）节约备件、检维修作业资金

（1）对进口设备的备件及材料，进行国产化降低备件采购费用。

（2）加大防腐刷漆、普通的带压堵漏、一般阀门检修等工作控制力度，降低检修费用。

（3）对一级、二级高空作业，通过升降车即可完成的不再安排搭设脚手架，以此控制检修费用。

（4）对检修更换的备件及材料优先修旧，对检修需要的材料优先利废，采用奖惩制度来更好地推进修旧利废工作。

（5）保证检修质量，确保检修作业零返工。

6）其他节能降耗措施

（1）消除现场低温液体泄漏，杜绝泄漏造成的跑冷损失。

（2）定期检查主副冷箱、膨胀机隔箱、低温泵隔箱珠光砂沉降情况，如下沉过多应及时进行补填，减少设备管线跑冷损失。

（3）生产过程中随时关注上下游运行情况，提前预控，避免因装置负荷出现大幅度波动引发的产品放空。

（4）检查设备、管线保温/保冷情况，如存在破损则及时修复，减少能量损耗。

7.3.2　安全日常管理与维护

1. 视频监控系统的检查

视频监控系统方便中央控制室观察现场重要部位的运行状况，对发现事故和避免事故扩大及事故原因分析有着重要的作用。检查内容如下：

（1）视频探头无损坏或被遮挡；

（2）厂区边界、围墙区域在监控范围内；

（3）装置重点部位在监控范围内；

（4）中央监控电脑能够查到1个月内的视频监控记录；

（5）视频监控联网正常；

（6）视频监控画面清晰，无模糊不清的现象。

2. 重大危险源日常检查

空分的重大危险源为液氧储槽，为保证重大危险源安全，必须采取强制的巡检措施和频次，对于存在问题做好记录并及时处理。其检查内容见表7-1。

表7-1　重大危险源检查表

序号	检查项目	检查标准	存在问题	备注
1	安全管理	灭火器完好，定期检查		
2		室外地下消防栓完好，零部件齐全，无锈蚀、无漏水现象		
3		灭火系统正常，防护罩丝网、玻璃完好，无破损		
4		室外消火栓完好、无锈蚀，控制阀、闷盖开关灵活		
5		罐区四周手动火灾报警器完好，每月检查2次		
6	工艺管理	操作人员严格按照工艺操作规程进行操作		
7		操作中不准出现"三超"现象（超温、超压、超负荷）		
8		定时查看各类参数变化，按时做好各项操作记录		
9		联锁投用正常，解除、投用联锁必须严格执行审批程序		
10		设备、设施及管线标识清晰		
11		各类容器外观完好，无变形现象		
12		定期分析碳氢化合物、纯度		
13	设备设施管理	管线连接处、法兰无泄漏		
14		设备基础无下陷		
15		设备管线连接螺栓齐全，无缺失		
16		操作人员严格按照工艺操作规程进行操作		
17	其他			
检查依据		重大危险源管理规定		

检查人员：

3．消防设施防冻日常检查

为进一步加强消防设施的管理，适应冬季消防安全的需要，做好冬季空分消防设施完好备用，可以采取以下管理检查措施。

（1）需要采取防冻措施的设备包括消防给水系统、室外消火栓、室内消火栓、消防水池、消防水泵及其相连的进出水管线、法兰、阀门等。

（2）室外消防水管网应采取环状供水管网，供水压力应保持在1.0MPa左右。如特殊情况无法形成环形布置时，应在供水管道加装循环水管线确保管道内水流循环。

（3）室外消防给水系统管道深埋地面下，考虑到冰冻对消防水管道的影响，管道最小深度应大于1m。

（4）对室外消防水系统和设备应采取必要的防冻保温措施，对于水流静止的管道、法兰、阀门等设施可采取保温、电伴热或者蒸汽伴热等防冻措施。适当在室外管线加设自动泄水装置，当出水阀关闭后打开泄水导淋，将管道内的水排掉，以防止消火栓冻裂。

（5）在冬季到来之前，仔细排查消防水井，若发现水井内有水且没过消防水管线的，将水井内的水及时排出，防止冬季结冰冻裂管线。

（6）加强冬季消防设施的管理检查，建立检查记录，消火栓至少每月检查2次，消防水管线、阀门、法兰每月检查3次。建立相应的奖惩制度，及时发现问题并处理，防止消防设备损坏，确保完好备用。

4．消气防器材日常检查与维护

1）气防柜的检查管理

（1）气防柜是存放应急器材的专用器材箱，必须存放在距使用地点较近、便于应急使用的地点。

（2）柜内应急器材必须摆放整齐，卫生清洁，不得存放与应急救援无关的物品。

（3）柜内物品应有物品清单，列入交接班内容，严格交接。

（4）气防事故柜是存放应急物品的专用器材柜，不得上锁，须上铅封管理。

2）干粉灭火器的保养

（1）干粉灭火器贮存环境温度尽量保持在-10~45℃，使用环境温度应在-20~55℃之间；二氧化碳灭火器贮存环境温度应在-10~45℃，使用环境温度应在-10~55℃之间。

（2）要放置在干燥通风处，不得受曝晒、雨淋，灭火器放置地点应远离强辐射热点。

（3）各连接件不得松动。

（4）在用干粉灭火器每满12个月或经检查属于不合格的灭火器应送维修商维修，二氧化碳每满12个月用称重法检查1次重量，泄漏量不得大于充装量的5%，否则必须重新灌装，维修商对送修灭火器应加贴维修标签。

3）火灾报警器的检查与维护

火灾报警器实行运行部、班组三级管理和维护。

（1）火灾报警装置的专业管理部门为安全管理部门，负责宏观管理，督促指导运行部管好、用好火灾报警装置，应建立包括火灾报警装置分布、停用、报废等相关的设备管理档案。

（2）对火灾报警装置进行维护保养，并每季度对厂区所有火灾报警装置进行1次火灾报警试验，建立维护记录。

（3）火灾报警装置实行属地管理，即火灾报警装置的所辖单位进行管理，所辖单位负责火灾报警装置的使用、测试并进行记录。

（4）每月对辖区的火灾报警装置检查、实验1次，将发现的问题及时处理。

（5）火灾报警装置按运行设备对待，应定期检查，若人为损坏，则按《中华人民共和国消防法》相关条款追究其责任。若因检查不及时、不认真而造成火灾报警装置不完好，按照相关规定考核。

（6）相关生产岗位人员必须熟练掌握应急情况下的报警方法，掌握本岗位所配置的自动报警系统性能；自动报警系统出现故障时知道如何排除或找谁排除。

（7）火灾报警装置应指定专人管理，在非事故状态下，其他操作人员不得随意启动火灾报警装置。随意启动火灾报警装置，按相关规定进行考核。

4）过滤式防毒面具的检查与维护

（1）过滤式防毒面具应存放在没有腐蚀性气体、通风、干燥、避免日光直射，取用方便、距使用场所较近的地点。

（2）面罩不跑气漏气、不缺件损件，保持洁净、灵敏好用；滤毒罐应密封严实。

（3）使用过的滤毒罐要记清还能使用多少时间，否则应视为报废，不得再次使用；装具与使用记录要纳入班组交接班内容，严格交接。

5）扩音对讲机、手报的检查与维护

（1）日常进行卫生清理，防止灰尘堆积，造成设备腐蚀。

（2）做好保养和检查记录，扩音对讲机按规定时间进行对讲测试，如果发现问题及时汇报并处理。对手报外观进行检查，确保完好备用。

7.3.3 设备管理与维护

煤制油空分厂拥有塔类设备60台、贮罐类65台、换热类设备439台、化工机械类36台、通用类设备436台、压缩机35台、起重类15台、其他类230台，共计1316台。面对庞大的设备集群，坚持技术进步、科技创新，应用现代设备管理理念，建立网络化的设备管理信息体系，提高了设备信息化管理水平，保障设备安全经济运行。

1. 标准化检修

为全面提升设备检修管理水平，保证检修质量，充分发挥标准化管理在各项工作中的作用，具体内容如下：

1）检修标准化管理办法

煤制油空分厂为提高设备检修管理水平，将全面实施检修现场标准化、检修过程标准化。

检修作业票证的办理：设备员向检修人员下达检修任务书见图7-5，工艺设备人员进行风险辨识并对现场进行交底，所需办理的票证包括工艺交出的"一单五卡"、安全作业交底卡、检修"一单三卡"。如有动火、高处、受限空间等特殊作业需办理相关票证，待所有票证齐全，安全措施落实，监护人员到位后方可作业。

图7-5　检修任务书

检修属地拉设"五杆一门"、胶皮上分工具、零件、材料三区，标"三条线"，即工具摆放一条线、零件摆放一条线、材料摆放一条线。"涤线"标准示意图如图7-6所示。

图7-6　"涤线"标准示意图

2）检修现场

检修现场必须符合以下要求：

采用"五杆一门"（即五根警戒杆，人员出入口留门）的方式对作业区域进行围设；作业现场严格按票证袋装化执行，并悬挂在现场；悬挂在现场的票证袋中，只装该项目相关的票证、作业规程、安全预案等；根据作业项目的风险，悬挂"禁止"或"危险隔离"标签，如图7-7所示。

检修现场做到"三不见天"，即润滑油脂不见天、清洗过的机件不见天、打开的设备不见天。润滑油脂和清洗过的机件要做到下铺上盖，打开的设备和管口要及时用塑料布等包扎。"三不见天"标准如图7-8所示。

检修现场做到"三不落地"，即工具和量具不落地、拆卸零件不落地、油污和脏物不落地。工具、量具和拆卸零件要做到下铺上盖，油污和脏物要及时清理至垃圾箱，如图7-9所示。

检修现场做到"三净"，即停工场地净、检修场地净、开工场地净。

图7-7 "禁止"和"危险隔离"标签

图7-8 "三不见天"标准示意图

图7-9 "三不落地"标准示意图

检修现场做到"三不交工"，即不符合质量标准不交工、没有检修记录不交工、卫生不合格不交工，C类检修项目由检修负责人、保运技术人员、设备员共同检查验收，B类检修项目由检修负责人、保运技术人员、设备员、设备主任共同检查验收，A类检修项目由检修负责人、保运技术人员、设备员、设备主任、主管设备厂长共同检查验收，隐蔽工作要做到"一步一验收"。

2. 设备日常维护

日常维护保养是设备管理的重要部分。设备是否安全稳定高效的运行，取决于日常对设备的维护质量。

1）设备维护方法

（1）"三好"：

用好：认真遵守安全操作规程，不超负荷使用。

管好：设备专人使用，非操作人不能使用设备。

修好：操作工配合维修人员及时排除设备故障。

（2）"四懂三会"：

四懂：懂性能、懂原理、懂结构、懂用途。

三会：会操作，操作者要学习设备操作规程，培训合格后，方能独立操作；会保养，学习和执行维护润滑规定，保持设备清洁完好；会排除故障，熟悉设备特点，懂得拆装注意事项，会做一般的调整，协助维修工人排除故障。

（3）"四项要求"：

整齐：工具、工件、附件放置整齐，安全防护装置齐全，线路、管道完整。

清洁：设备内外清洁，无油垢，无碰伤，各部位不漏油、水，垃圾清扫干净。

润滑：按时加油，油质符合要求，保持油路畅通。

安全：定人、定机，遵守操作规程，合理使用，保证安全。

（4）"设备保养"：

设备的日常保养由操作者负责（每天进行1次）。

设备日常保养内容如下：

检查（包括班前、班中、下班时的检查）：①班前认真检查设备，合理润滑；②班中遵守操作规程，正确使用设备；③检查制动开关是否正常；④检查安全防护装置是否完整；⑤检查容易发生故障的部位、机构和机件；⑥班后做好设备的清扫、润滑工作。

紧固：检查易松动的螺丝并上紧。

润滑：依规定添加润滑油、润滑脂。

清洁：清扫、擦拭设备。

2）设备管理

（1）ERP设备管理模块。

煤制油设备管理采用ERP设备管理模块系统，主要包括以下几个方面：

①将设备润滑油、检修计划等设备管理方面的数据录入ERP系统，在系统内可以随时查看设备的润滑、维修等设备情况，设定设备需要维护的周期，系统会自动提醒即将需要维护的设备，形成设备管理大数据库，实现对设备更全面的管理。

②所有物资全部录入ERP设备管理模块，在ERP系统可以随时查询每一项物资采购情况、到货情况、领用情况、剩余数量等，根据物资情况来安排相关的检修工作，如果急需物资，可以在ERP系统内进行查询，方便进行调拨领用，使物资得到合理的利用，最大化地减少了物资的积压。

③设备检修。设备检修的目的是为了保持设备的良好状态，延长使用寿命，保证可靠性能，连续不断地进行生产。

（2）设备二维码管理。

二维码作为新时代产物，为我们的工作和学习提供极大方便，为更好地用好设备、管好设备，煤制油空分厂团队凝聚智慧，突破创新，所有压缩设备制作专属设备二维码。

通过手机微信"扫一扫"就能了解该台设备的结构图、设备说明书、设备技术参数、包机负责人、原始试车记录、检修记录、维护保养记录等内容。

设备二维码，不仅方便管理和技术人员随时能掌握设备所有信息，了解设备检修维护保养进度，还为新入职的员工提供很好的学习培训机会。空分厂运行一部设备管理平台如图7-10所示。

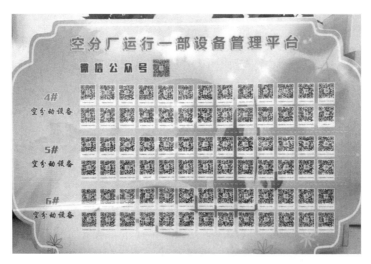

图7-10 空分厂运行一部设备管理平台

（3）备件管理：在空分设备采购的同时进行了调试备件、两年备件及关键备件的采购，保证设备出现问题能够及时更换；备件在消耗后及时进行备件补充，在进行备件补充时需要根据单套空分设备备件的损坏情况来确定多套所需求的备件的数量，保证采购的数量可以满足设备损坏更换的需求，为设备安全稳定运行提供保障。定期到备件存储的仓库检查、核对备件，对所有的备件做到心中有数。

3）设备维护日清、月清工作

（1）空冷岛的检查与维护。

①每月对空冷岛管束进行清洗，清洗时应与操作人员做好对接，注意监控汽轮机排气压力的变化。

②每周对风机进行检查维护时，必须切断电源并上锁。维护人员劳保用品穿戴齐全，在检查过程中维护人员与工艺人员保持联络，工艺人员提供监护工作，必要时办理高空作业票。

③每日对电机进行测振测温并做好记录。若发现异常及时汇报并处理，防止风机发生异常停车，影响装置的稳定运行。

④每日定期对电机轴承箱油位进行检查，油位过低，及时进行加油，防止轴承箱缺油造成设备损坏。

（2）每周定期对装置防爆板进行检查、维护，确认投用正常，无泄漏现象。

（3）呼吸阀的检查与维护。

每周对冷箱呼吸阀进行检查，打开顶盖，检查呼吸阀内部的阀盘、阀座、导杆、导孔、弹簧等有无生锈和积垢，并进行清洁。检查阀盘活动是否灵活，有无卡死现象，密封面（阀盘与阀座的接触面）是否良好，必要时进行修理，由于密封面的材料为有色软金属，在对其研磨时，要选用较细的研磨剂。检查阀体封口网是否完好，有无冰冻、堵塞等现象，擦去网上的锈污和灰尘，保证气体进出畅通。

在冬季使用时，当气温在0℃以下时，每周进行1次检查，防止阀盘与阀座因寒冷结冰粘住而失灵，应该擦去凝结在阀盘与阀座上的水珠，如果已结冰，应将冰除去。

（4）盘车及切机切泵。为确保备用设备完好，能起到真正的备用作用，应制定备用动设备的盘车周期和切换周期。

盘车：盘车由操作人员负责，每周对备用的设备盘车1次。盘车期间将设备的紧停按钮按下，或者对设备进行断电。每台设备盘车不少于一圈半，并做好盘车标记。盘车结束后及时将紧停复位或者送电，将设备备用。做好盘车记录，包括设备位号、设备名称、盘车时间、操作人员、盘车情况等。对于无法盘车的设备可以采用电动的方法检查设备的完好。发现无法盘动的设备及时汇报，对设备进行维护检修，及时恢复备用状态。

切机切泵：根据设备的结构、操作特点、检修周期等情况制定切换周期。如因故障进行检修，则从检修之日起计算。备用设备投入运行后，工艺运行参数应达到要求。切换后的设备必须保证进出口阀门打开，确保设备的正常备用状态，若存在物料互窜的风险，则关闭阀门。对因故障切换下的设备应及时检修，每月对设备进行1次切换检查。切换后的设备必须进行观察确认，测振测温在正常范围内，运行声音无异常操作人员方可离开。切机完成后记录切机情况，包括切换设备位号、名称、切机时间、切换后的数据及切机人员。

（5）氧管线法兰泄漏检查。每周对氧管线法兰进行泄漏检查，防止出现泄漏未及时发现，造成泄漏扩大引发事故。由操作人员双人进行检查确认，一人检查一人监护，劳保防护用品配备齐全，携带四合一分析仪，若发现环境中氧含量超标及时汇报并撤离，联系专业人员进行检查消漏。

（6）压力容器和压力管道的检查。

①每天操作人员对压力容器外部巡检。外部检查的主要内容有：压力容器外表面有无裂纹、变形、泄漏、局部过热等不正常现象；安全附件是否齐全、灵敏、可靠；紧固螺栓是否完好、全部旋紧；基础有无下沉、倾斜以及防腐层有无损坏等异常现象。发现危及安全现象（如受压元件产生裂纹、变形、泄渗等）应予停车并及时报告设备技术员。

②压力容器内外部检验。压力容器内外部检验周期为每3年1次。运行中发现有严重缺陷的容器和焊接质量差、材质对介质抗腐蚀能力不明的容器应缩短检验周期。

③压力管道检查。压力管道的在线检验：指在运行条件下对在用管道进行的检验，在线检验每年1次。压力管道全面检验指按一定的检验周期对在用管道停车期间进行的较为全面的检验。

（7）安全阀的维护。

安全阀的维护主要包括：每月检查运行中的安全阀是否泄漏，卡阻及弹簧锈蚀等不正常现象，并注意观察锁紧螺母是否松动，若发现问题及时采取适当措施；应定期将安全阀拆下进行全面清洗，检查并重新研磨，定压后方可重新使用；安装在室外的安全阀要采取适当的防护措施，以防止雨、雾、尘埃等脏物侵入安全阀及排放管道，当环境温度低于0℃时，还应采取必要的防冻措施，保证安全阀动作的可靠性。安全阀应每年校验1次，经检验检测机构校验合格后加铅封。

7.3.4 其他维护

1. 防冻防凝

在冬季，设备及管线的防冻防凝是一项重要而且关键的工作，为确保冬季气温较低工况下设备运行良好，必须采取各种措施防止管线设备发生冻凝事故，成立专项的管理检查小组，对防冻工作进行监督，对发现的问题及时处理。针对空分设备防冻主要有以下几项要求。

（1）长期停用的设备、管线与生产系统连接处要加好盲板，并从低点把积水排放、吹扫干净。露天闲置的设备和敞口设备，防止积水积雪结冰冻坏设备。

（2）要根据工艺设计指标要求，对蒸汽、水、气、采暖、低温易结晶或易凝固介质管线、阀门、流量计、液位计、电气仪表及附件设备设施，危险化学品、有毒有害介质储罐及安全附件，各类润滑油脂及化工原料，消防器材及设施，严格做好防冻保温工作。

（3）临时停运的设备、水汽管线、控制阀门要有防冻保温措施，要求存水排放干净或采取维持少量常流水、小过汽的办法，达到既防冻又节约的要求。停水停汽后一定要吹扫干净。

（4）设备低点及管线低点检查排水情况，伴热、取暖保持畅通，压力表、液位计要经常检查，蒸汽与水软管接头、甩头，保持常冒汽、常流水。

（5）开关卡涩的阀门不得强行开关；凝液泵盘不动车时，不得启用；冻凝的阀门要用温水或少量蒸汽缓慢加热，防止骤然受热损坏；低温处的阀门井、消火栓、管沟要逐个检查，排尽积水，采取防冻保温措施；凡进行登高作业，必须清除工作场所所有的积水、积雪、积冰后方可进行。

（6）对遗漏或防冻效果不好的阀门、管线及时处理，对防冻保温重点部位进行安全检查和措施落实；防冻防凝工作列入交接班内容进行交接，遵循谁当班谁负责的原则，做到时时有人查，事事有人管。

（7）做好防冻防凝工作的同时，要注意节能降耗，杜绝乱排乱放。

2. 雨季"三防"

在雨季，为保证各装置不受损失，应按照早准备、早安排、早动手的原则，抓紧落实各项工作，确保思想、组织、措施、工作、责任五落实，做到预防到位、工作到位、保障到位，做好洪水、水土流失和雷电灾害突发事件防范与处置，使灾害处于可控状态，保证抗洪抢险、水土保持、雷击救灾工作高效有序进行，灾害事故发生时，最大程度地减少人员伤亡和财产损失。救援程序如图7-11所示。

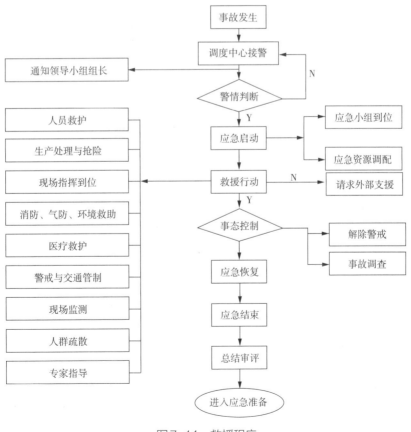

图7-11　救援程序

雨季"三防"应急抢险原则：

（1）实行领导负责制，统一指挥，各有关部门各司其职、团结协作、快速反应、高效处置。

（2）实行安全第一，常备不懈，以防为主、防抗结合的原则。

（3）先抢救遇险人员，后抢救财产。

（4）最大限度减少人员伤亡。

（5）保持通信畅通，随时掌握人员伤情。

（6）调集救助力量，迅速控制事态发展。

（7）正确分析现场情况，果断采取应急行动。

（8）正确分析风险损益，在尽可能减少人员伤亡的前提下，组织物资抢险（详细物资见附表）。

（9）处理坍塌事故险情时，首先考虑人员安全，其次应尽可能减少财产损失，按有利于恢复生产的原则组织应急行动。雨季"三防"物质一览如表7-2所示。

表7-2 雨季"三防"物资一览表

序号	物资名称	规格型号	配备数量	检查情况	备注
1	铁锹				
2	洋镐				
3	铁丝				
4	雨衣、雨裤				
5	雨靴				
6	防水手电筒				
7	编织袋				
8	潜水泵				
9	防雨篷布				
10	塑料布				
11	手持喊话器				

7.3.5 常见故障处理

空分设备长周期运行过程中会出现设备故障和工艺问题，能够快速分析故障原因并及时解决问题对装置的稳定运行有着重要意义，能够有效地减少停车次数。常见故障处理详细介绍如下：

1. 压缩机系统

压缩机系统常见故障处理见表7-3。

表7-3　压缩机系统常见故障处理表

故障、报警及后果描述	产生原因	处理方法
空压机入口过滤器阻力高	过滤器滤筒堵塞； 反吹空气供应不足； 反吹控制器不工作	清理过滤器滤芯； 提高反吹空气压力； 检查反吹控制器工作状态
空压机末级出口温度高	级间冷却器的冷却水量不足； 冷却水温高； 级间冷却器脏、堵塞	增大冷却水的流量； 降低冷却水的温度； 检查级间冷却器进出口温差，如有必要清洗冷却器
空压机末级出口压力高	空压机控制器故障； 出口止回阀或放空阀堵塞	检查空压机控制器； 检查出口止回阀和放空阀
空压机放空阀在正常运行时开度过大	空压机在低负荷下操作； 喘振曲线设定不到位； 仪表故障； 阀门机械故障	检查空压机负荷； 重新设定喘振曲线； 检查阀门并对机械故障进行维修

2. 汽轮机系统

汽轮机系统常见故障处理见表7-4。

表7-4　汽轮机系统常见故障处理表

故障、报警及后果描述	产生原因	处理方法
汽轮机入口蒸汽压力高	管网的高压蒸汽压力高； 仪表故障	检查高压蒸汽系统； 联系仪表检查
汽轮机入口蒸汽压力低	管网的高压蒸汽压力低； 暖管不充分； 阀门、导淋故障或泄漏	检查高压蒸汽系统； 进一步暖管； 检查相应阀门、导淋
汽轮机振动高	润滑油温度高或者低； 润滑油中进水，润滑油乳化； 转子热变形； 对中不符合要求； 轴瓦损坏； 滑销系统卡涩	调节润滑油温度； 检查润滑油中是否带水； 拆盖检查转子； 拆盖检查对中； 拆盖检查轴瓦； 检查滑销系统
汽轮机排气压力高	环境温度高； 抽气器工作效率低； 空冷风机负荷低； 蒸汽量过大； 不凝气量过大	监测环境温度； 提高抽气器工作效率； 提高空冷风机负荷； 适当降低汽轮机负荷； 打开不凝气排放导淋

3. 空气预冷系统

空气预冷系统常见故障处理见表7-5。

表7-5 空气预冷系统常见故障处理表

故障、报警及后果描述	产生原因	处理方法
空冷塔液位高	预冷系统运行阶段： 液位控制器故障； 阀门或相应电磁阀故障； 回水管线堵塞； 仪表故障； 手动阀未全开或关闭 装置停车阶段：空冷塔进水阀泄漏	预冷系统运行阶段： 检查控制器； 检查阀门； 检查管道，若需要进行疏通； 检查仪表； 检查阀门，确认阀门打开； 装置停车阶段：关闭所有的进水手动阀，打开排液阀至液位回到正常值；
空冷塔液位低	排放阀打开/泄漏； 冷却水供应不足	检查控制阀及控制器； 检查手动阀，若有开度或者泄露进行处理； 检查供水管路，有必要进行清理
冷却水流量低	控制回路故障； 水泵进口过滤器堵塞； 水泵故障或气蚀； 水泵进、出口阀未全开； 空冷塔的分配器堵塞	检查控制回路； 启动备用泵，检查过滤器并清洗； 检查电机电源和泵的机械性能； 检查泵的进、出口阀； 清洗分配器
冷冻水流量低	控制回路故障； 水泵进口过滤器堵塞； 水泵故障或气蚀； 水泵进、出口阀未全开； 冷冻机冷冻水进、出口阀未全开； 空冷塔的分配器堵塞	检查控制回路； 启动备用泵，检查过滤器并清洗； 检查电机电源； 检查泵的机械性能； 检查泵的进、出口阀； 检查冷冻机的进、出口阀； 检查水冷塔液位； 清洗分配器
空冷塔出口空气压力低	空气消耗量过大（预冷启动时）； 气体出冷箱管线上阀门开度过大； 冷启动时，在短时间内主冷凝器负荷过大，导致吸入空气量过大空压机供气量不足； 空冷塔、纯化器开工空气阀门误操作； 空冷塔泄漏	冷启动过程中减少空气的消耗； 关小相应的阀门； 检查控制器控制功能； 检查空压机负荷情况； 关小或关闭空冷和纯化开工空气阀门； 检查空冷塔上的人孔和管线是否有泄漏
空冷塔上部除雾器阻力高	通过的空气流量过大（如启动时）； 带水过多； 除雾器堵塞； 水泛泡沫； 仪表故障	减小空气流量； 清洗除雾器； 检查循环水的加药情况； 检查仪表
冷冻水进温度高	冷冻水流量过高； 水冷塔工作不正常； 冷冻机工作效率不足	降低冷冻水流量； 检查去的氮气流量是否足够； 检查不同工况下污氮气去水冷塔的压力设定值是否正确；

故障、报警及后果描述	产生原因	处理方法
冷冻水进温度高		检查冷却水系统； 检查冷冻机工作状态
冷冻水出冷冻机 温度高报警	水冷塔工作不正常； 冷冻机工作效率不足	检查去水冷塔的氮气流量是否足够； 检查不同工况下污氮气流量设定值是否正确； 检查冷却水系统； 检查冷冻机工作状态
冷冻水出冷冻机温度低	水冷塔工作不正常 冷冻机故障	检查控制器水冷塔工作是否正常； 检查不同工况下去水冷塔污氮气压力设定值是否正确； 检查冷冻机工作状态
水冷塔液位低	空冷塔补水阀故障或误操作； 仪表故障； 冷却水系统工作不正常； 水冷塔排液阀打开/泄漏； 水冷塔补水管线过滤器堵塞	检查控制阀及控制器； 检查冷却水系统； 检查手动阀； 检查清洗过滤器
空冷塔出口 温度高	冷冻机单元故障/停车； 仪表故障	空分设备降负荷操作； 检查排除设备故障后重新启动

4. 分子筛系统

分子筛系统常见故障处理见表7-6。

表7-6　分子筛系统常见故障处理表

故障、报警及后果描述	产生原因	处理方法
冷吹后分子筛 出口温度偏高	冷吹污氮量不足； 处于再生状态的吸附器的再生气出口阀未全开； 加热阀泄漏； 分子筛再生时间不正确； 加热温度过高； 再生气压力的设定值过低	增加污氮量； 检查相应的阀门，电磁阀可能存在故障，加热和冷吹阀门仪表气供应压力； 检查冷吹过程中的蒸汽加热器的工作状态，必要时对污氮气进行露点分析，检查是否存在漏点； 检查校正加热和冷吹时间； 检查温度和液位的设定值； 增加再生气压力的设定值
空气进口温度高	空压机出口温度过高； 预冷系统冷却不充分（如水泵停转、冷冻机故障、冷却水量不足等）	检查空压机冷却器； 检查预冷系统、调整水流量、通过污氮气进水冷塔阀门、污氮气放空阀门来调整污氮气流量； 检查空冷塔和水冷塔内的填料是否堵塞
再生温度峰值 未达到	加热蒸汽温度低； 加热蒸汽压力低； 再生气流量错误； 再生时间设定错误；	检查蒸汽供应系统是否存在带水严重或漏点； 检查流量计及测量管线是否故障或者存在漏点； 检查校正加热和冷却时间； 检查分子筛吸附剂，如有必要，更换或补填吸

故障、报警及后果描述	产生原因	处理方法
再生温度峰值未达到	蒸汽加热器出口温度计和液位计未正常工作； 再生气温度偏低，分子筛吸附剂失效或粉化； 吸附剂填充高度或数量不够； 处于再生状态的吸附器的再生气出口阀未全开； 污氮气放空阀设定值错误或污氮放空阀故障； 来自冷箱去纯化系统的污氮气量不足	附剂； 检查再生出口阀门和污氮气放空阀门的控制器、阀门和仪表气是否正常； 检查并记录下一再生循环中吸附器峰值温度是否能够达到
再生气温度低（加热阶段）	蒸汽加热器液位计和温度计是否故障； 凝液送出阀门故障或误操作； 加热蒸汽温度低； 加热蒸汽压力低； 再生气流量不正确	检查控制和控制阀； 检查蒸汽系统； 检查调整再生气
再生气温度高（冷吹阶段）	通过阀冷吹阀门的再生气流量的不足； 污氮气再生阀门故障或误操作； 加热/冷吹时间设定错误	检查阀门开启情况； 检查调整加热和冷却时间
再生气温度过高	再生气加热阀门泄漏； 蒸汽加热器出口温度计或液位计未正常工作	检查阀污氮加热再生气阀门； 检查液位计或温度计；
卸压过快	卸压时间设定过长； 卸压阀泄漏或卸压控制器调节错误； 均压阀泄漏或控制器调节错误	检查调整卸压时间； 检查卸压阀和控制器； 检查均压阀和控制器
均压过快	均压时间设定过长； 控制器调节错误； 空气进口阀泄漏	检查调整均压时间； 检查控制器是否故障； 检查相关阀门
分子筛吸附器后空气中 CO_2、N_2O、碳氢化合物含量高	空气入口温度长期较高； 分子筛再生不充分； 分子筛吸附剂不合要求或老化； 分子筛层表面不整齐； 入口空气中 CO_2 含量过高	检查空气入口温度，降低空冷塔出口空气温度； 对分子筛进行高温活化再生； 检查分子筛吸附剂，平整分子筛床层表面； 分析大气中二氧化碳含量，若超标，空分设备进行降负荷处理
分子筛吸附器后空气中含湿含量高	空气入口温度长期较高； 分子筛再生不充分； 分子筛吸附剂不合要求或老化； 分子筛床层表面不整齐； 蒸汽加热器泄漏	检查空气入口温度，降低空冷塔出口空气温度； 加强分子筛进行高温活化； 检查分子筛吸附剂，平整分子筛床层表面； 检查蒸汽加热器
空气出分子筛压力低	空气量过大（如冷启动时）； 气体出冷箱管线上阀门开度过大； 冷启动时，在短时间内主冷凝器； 负荷过大，导致吸入空气量过大； 空压机供气量不足，水冷塔开工空气阀或纯化开工空气阀误操作	关小相应的阀门； 检查空压机负荷情况； 关小或关闭水冷塔开工空气阀或纯化开工空气阀

5. 空气增压机

空气增压机常见故障处理见表7-7。

表7-7　空气增压机常见故障处理表

故障、报警及后果描述	产生原因	处理方法
空气增压机入口压力高	空气在分子筛系统处压力已过高； 回流阀故障	检查分子筛的操作条件； 检查调整回流阀
空气增压机各段出口温度高	冷却器的冷却水流量不足； 冷却水温高； 冷却器脏、堵塞	检查冷却水系统； 检查冷却器进出口温差，如有必要清洗冷却器
空气增压机各段出口压力过低	增压机处于关闭或卸载	检查增压机
空气增压机第二段出口空气中含湿量高	冷却器泄漏	检查冷却器

6. 气体膨胀机

气体膨胀机常见故障处理见表7-8。

表7-8　气体膨胀机常见故障处理表

故障、报警及后果描述	产生原因	处理方法
膨胀机增压端出口温度高	来自增压机第一段的空气温度过高； 增压端负荷过大； 增压端排出空气未经充分冷却而通过旁通阀回流至进口处冷却器堵塞	检查增压机的冷却器； 降低增压透平膨胀机的负荷； 增加增压机换热器冷却水流量； 对增压机冷却器进行检查和清洗
空气出膨胀机增压后冷却器温度高	膨胀机冷却器冷却水不足； 冷却水温度过高； 冷却器堵塞	增加冷却水流量； 对冷却器进行检查并清洗
膨胀机增压端后冷却器出口空气中含湿量高	增压机级间冷却器泄漏； 后冷却器泄漏	检查级间冷却器、后冷却器
膨胀机膨胀端入口温度低	主换热器换热不均匀； 膨胀机负荷过大	检查主换热器的温度和流量，调整流量； 调整增压透平膨胀机运行工况
膨胀机膨胀端入口压力高	膨胀机膨胀端入口阀泄漏	检查阀膨胀端入口阀

7. 液体膨胀机

液体膨胀机常见故障处理见表7-9。

表7-9 液体膨胀机常见故障处理表

故障、报警及后果描述	产生原因	处理方法
液体膨胀机入口温度高	主换热器换热不均匀； 增压透平膨胀机与液体膨胀机的负荷分配不均	检查主换热器的温度和流量，调整流量； 调整透平膨胀机与液体膨胀机的负荷分配
液体膨胀机出口压力高	出口压力控制器或阀门出口阀工作不正常； 由过冷偏差控制器设定的过冷度有偏差、相关的计算程序工作不正常； 加温进气阀未关或泄漏	检查调整控制器及阀门； 调整设定值、检查计算程序； 检查阀加温气阀门

8. 冷箱系统

冷箱系统常见故障处理见表7-10。

表7-10 冷箱系统常见故障处理表

故障、报警及后果描述	产生原因	处理方法
进主换热器前空气温度低	空气增压机吸气量大量增加，将冷箱内的低温气体抽出	检查调整空气增压机、膨胀机的运行状态
压力塔底部液位高/低	压力塔液位控制器控制故障； 液空去氩塔的阀门故障； 富氧液空进低压塔阀门控制器故障； 压力塔液位计故障	检查相关阀门及控制器
压力塔底部液位过高	冷箱停车时，滞留液积聚	通过导淋进行排液
压力塔压力低报	冷启动时易出现； 主换热器阻力过大	启动时关小通往低压塔的阀门密切观察压力的变化情况； 找出压力降低的原因，若是主换热器阻力过大，须停车加温
压力塔中部温度高连锁液氮反灌不允许启动	压力塔和低压塔的回流液调整不到位； 控制器未正常调节； 压力塔未充分冷却	调整相应的回流液； 进一步冷却压力塔
主冷液位高/低	液位控制器/阀门工作不正常； 产冷量和需要的冷量不匹配； 换热器温差>计算值，冷损增大； 液氧流程泵故障	检查阀门； 检查上塔液位控制器的设定值及运行状态； 检查液氧流程泵运行状态 建议： 如果液位低持续3~4小时且没有相应的措施来提高液位，建议冷箱停车防止主冷干蒸发，以免发生危险

故障、报警及后果描述	产生原因	处理方法
主冷内部碳氢化合物含量高	液氧产品抽出量过小； 碳氢化合物在分子筛吸附器中吸附不到位； 分析仪显示错误	增大内压缩氧气产量； 检查分子筛后碳氢化合物的含量，若已高通过改善再生来改善吸附； 检查分析仪
上塔液位低连锁不允许液氮反灌	液位控制器/阀门工作不正常； 产冷量和需要的冷量不匹配； 换热器温差大于计算值，冷损增大； 氧气/液氧产品量过大导致液位过低； 上塔冷却不充分	检查阀门； 检查低压塔液位控制器的设定值及运行状态； 降低氧气产量； 进一步冷却上塔
上塔液位高	液位控制器/阀门工作不正常； 产冷量和需要的冷量不匹配； 液氮反灌量过大	检查阀门； 检查上塔液位控制器的设定值和运行状态 建议： 如果在液氮反灌过程中出现液位高报，则强烈建议关液氮反灌阀门，停止反灌，通过导淋将低压塔的低温液体排掉
粗氩塔阻力低	系统内氮组分过多； 粗氩塔精馏工况不充分	开大粗氩放空阀，排出氮组分； 改善低压塔与粗氩塔内的精馏工况
粗氩塔阻力高	粗氩冷凝器负荷过大	降低富氩空气进粗氩冷凝器的量，降低粗氩塔的负荷
粗氩塔底部液位高	控制器粗氩塔底部液位控制器及底部回流阀门工作不正常； 系统内氮含量过高引起粗氩塔工况不稳定； 检查确认粗氩塔温度和上塔温度在合适范围内	检查阀门及控制器； 通过调整上塔工况，降低氩馏分含氮量； 降低富氩空气量降低 粗氩塔负荷，稳定精馏工况
粗氩塔底部液位过高连锁	粗氩塔底部回低压塔阀门故障； 冷箱停车时滞液量过多	检查相应阀门； 通过排液阀导淋排放液体
粗氩冷凝器 CO_2、N_2O、碳氢化合物含量高报警	粗氩冷凝器安全排放量不足； CO_2 在分子筛吸附器中吸附不到位； 分析仪错误	增大粗氩冷凝器的安全排放量； 检查分子筛后的 CO_2、N_2O、碳氢化合物含量，若已高通过改善再生来改善吸附能力； 检查分析仪
氩馏分含氧量高	此处含氮量太高导致工况波动； 粗氩空气氩馏分含量测点设定点不正确	重新调整氩馏分测点的设定值； 调整到上塔的回流液，调整粗氩冷凝器的热负荷
冷箱基础温度低	冷箱内设备泄漏； 指示错误	采用分析或其他方法查出漏点； 检查仪表

故障、报警及后果描述	产生原因	处理方法
冷箱隔箱内压力高	冷箱密封气过多/过少； 冷箱内设备泄漏	调整密封气流量； 采用分析或其他方法进行确认并将装置停车

9. 氮压机

氮压机常见故障处理见表7-11。

表7-11　氮压机常见故障处理表

故障、报警及后果描述	产生原因	处理方法
氮压机入口压力低	入口阀开度不够； 低压氮气送出阀开度不够； 来自冷箱的氮气压力不够	检查阀氮压机入口手阀及相应管线； 检查阀低压氮气送出阀； 检查并调整下塔的操作压力
氮压机入口压力高	低压氮气系统压力高； 正常运行时氮压机回流阀打开； 压缩机喘振	检查阀低压氮气送出阀开度； 检查并调整回流阀； 调整工况消除喘振，必要时修正喘振线
氮压机入口温度高/低	主换热器温差过大； 正常运行时回流阀打开，且氮压机冷却器故障	检查换热器，必要时调整气体分配； 检查氮压机冷却器及回流阀
氮压机旁通阀正常运行时开度过大	氮压机在低负荷下操作； 喘振曲线设定不到位	检查氮压机负荷； 重新设定喘振曲线
氮压机出口中压氮气含湿量高	氮压机冷却器泄漏	检查氮压机冷却器
氮压机出口中压氮气氧含量高	来自冷箱的中压氮氧含量高； 氮压机启动前置换未满足要求	调整空分设备精馏塔操作工况； 进一步置换氮压机

10. 低温泵

低温泵常见故障处理见表7-12。

表7-12　低温泵常见故障处理表

故障、报警及后果描述	产生原因	处理方法
泵进口压力低	进口过滤器脏或堵塞； 进口阀未全开； 进口管线内有气体	检查进口阀开度； 检查进口过滤器； 打开排气阀排气；

故障、报警及后果描述	产生原因	处理方法
泵进口压力低		切换至备用泵、加温故障泵、清洗过滤器、再次冷却、启动泵，检查是否可用
泵出口压力低	进口过滤器脏或堵塞； 进口阀没全开； 泵内有气体； 回流阀未关闭； 泵的负荷不够	检查入口阀开度； 检查入口过滤器； 开排气阀排气； 检查回流阀； 增加泵的负荷
泵出口压力高	泵出口阀未全开或关闭； 回流阀未开； 泵的负荷过高	检查泵出口阀的开度； 检查回流阀是否关闭； 降低泵的负荷
泵进出口压差低报警 气蚀保护	进口过滤器堵塞； 进口阀没全开； 泵内有气体； 泵的负荷不够	检查进口阀开度； 检查进口过滤器； 开排气阀排气； 停泵，进一步冷却后重启泵，检查泵是否可用； 增加泵的负荷
泵进出口压差高报警 气蚀保护	泵在低流量下压差过高	检查进口阀开度； 检查进口过滤器； 开排气阀排气； 开回流阀增大流量； 停泵、进一步冷却后重启泵，检查泵是否可用
泵的密封处轴承温度低	密封气供应故障； 密封组件损坏	检查密封气的供应； 汇报厂，联系相关人员处理
泵的迷宫密封处轴承温度高	密封气供应故障； 密封组件损坏	检查密封气的供应； 汇报厂，联系相关人员处理
电机轴承温度高报警	电机负荷过高； 仪表故障； 电机振动	降低泵的负荷； 检查指示是否正确； 检查振动情况
泵的密封气供应不足报警	密封气系统供气压力不足； 密封系统泄漏过大	增加密封气供气压力； 检查泵的密封系统
泵的回气管线上液位低连锁 不允许泵启动	进口阀未全开或进口过滤器部分堵塞，阻力过大，导致无足够的液体进泵； 泵未充分冷却回气阀关闭	检查泵的入口压力； 若未有改进，启动备用泵停问题泵进一步冷却泵； 检查回气阀

11. 产品系统

产品系统常见故障处理见表7-13。

表7-13 产品系统常见故障处理表

故障、报警及后果描述	产生原因	处理方法
产品气出冷箱温度低	出增压机高压空气流量不足； 产品送出流量过大； 安全阀泄漏或故障； 仪表测点故障	调整增压机的负荷； 减少产品气体流量； 检查安全阀； 仪表检查测点
高压氧气产品出冷箱的纯度低	短时间内高压氧产品抽取过多； 进冷箱空气量过少； 精馏塔精馏工况不正常； 分析仪显示错误	减少高压氧气产品或液氧产品； 增加进冷箱空气量； 重新调整低压塔和压力塔的精馏工况； 检查分析仪
产品气产品出冷箱压力高/低	高压氧气送出阀、放空阀、流量计控制器故障； 高压氧泵出口压力不稳； 高压氧气需求不稳定	检查控制器及相应的阀门，如有必要则调整流量； 满足后系统要求，调整高压氧泵出口压力
污氮出冷箱温度高/低	主换热器热端和冷端温差大	查看主换热器的温度情况，如有必要，调整流通介质的流量

12. 公用工程

公用工程常见故障处理见表7-14。

表7-14 公用工程常见故障处理表

故障、报警及后果描述	产生原因	处理方法
密封/吹扫气压力低	过滤器堵塞	检查、清理过滤器
仪表气供气压力低报警	分子筛系统工作不正常或装置停车，外部仪表空气供应不足	检查仪表空气供应情况
冷却水供水压力低报警	管网的冷却水供水压力低	检查冷却水系统

13. 低温液体储槽

低温液体储槽常见故障处理见表7-15。

表 7-15　低温液体储槽常见故障处理表

故障、报警及后果描述	产生原因	处理方法
储槽液位高	液体储槽满	在报警点或更早的时候，装置就应调整至液氧最小工况； 启动充车，加大充车量
储槽液位低	储槽内液体少； 低温液体泵抽出流量大，负荷过高	加大冲液； 降低低温液体泵的负荷
侧满管线温度低	液体储槽满	在报警点或更早的时候，装置应调整至最小工况； 启动充车
贮槽压力高/低	储槽放空阀、自增压调节阀控制器故障； 增压器故障	检查相关控制器及控制阀； 检查自增压器是否正常
储槽气体出水浴式气化器温度高/低	气体流量异常； 仪表故障； 蒸汽供应异常； 蒸汽调节阀故障； 低温泵负荷不稳定； 水浴式气化器低温液体入口阀异常循环水泵故障	调整氧气流量； 检查仪表； 检查蒸汽供应情况（压力、温度等）； 检查蒸汽阀的运行情况； 检查水浴式气化器低温液体入口阀； 检查循环水泵运行情况

7.3.6　"一单五卡"的应用

　　在化工园区内，易燃易爆、有毒、有害等危险化学品，空分设备界区内存在液氧、液氮、氧气、氮气、高压蒸汽等危险介质，在日常生产和检维修作业过程中易造成人员伤害和设备设施损坏。为了从源头上遏制事故的发生，煤制油空分厂在开停车操作中后用"一单两卡"（即工作任务清单、风险辨识卡、风险控制卡）。实现每步操作有风险辨识和控制的标准化操作步骤，有效地遏制了操作人员误操作事故发生。直接作业环节事故发生率的高低，检修质量的好坏是保证装置"安、稳、长、满、优"运行的前提条件。为确保检修作业人员的人身安全和检修质量，创造性地应用"一单五卡"（即工作任务清单、风险辨识卡、风险控制卡、能量隔离卡、质量验收卡、应急处置卡）作业制度；针对每项作业任务可能存在的风险，逐一进行风险辨识，对辨识出的风险制定有效的风险控制措施，尤其对辨识为中高度风险的作业应设置有效的能量隔离措施。例如：加装盲板、上锁挂签等手段。在作业过程中对可能会突发的异常状况编制应急预案，将事故消除在萌芽状态。对检修作业编制质量验收标准，做到过程控制，逐级确认，确保检修质量受控。煤制油空分厂"一单五卡"具体做法见表 7-16~表 7-21。

表7-16　循环液氧（　）泵预冷作业任务清单

序号	一级活动	二级活动	三级活动	作业步骤（工作流程）	
1	空分开车	循环液氧泵启动	循环液氧泵预冷	预冷前检查确认	
				预冷泵	

表7-17　循环液氧（　）泵预冷作业风险辨识卡

日期：　　　　　　　　　　　　　　　　　　　　　　　　　　　　　负责人：

序号	工作任务及工序	危险有害因素	风险后果	风险等级	风险预防措施与工作标准
1	预冷前确认	未投运	设备损坏	低度	确认循环液氧泵密封气投用正常
		泵制动开关未开	设备损坏	低度	确认泵"使能·锁定"为锁定状态。确认泵已送电、确认泵电加热器已送电、电加热器为自动控制启停
2	预冷泵	冷泵速率过快	损坏设备	低度	确认泵排液导淋打开，缓慢打开回流阀，开始气冷循环液氧泵；根据排液导淋挂霜情况，逐步开大回流阀至全开，继续气冷循环液氧泵，冷却30min；确认低压塔液位，缓慢微开循环液氧泵入口阀，开始液冷循环液氧泵
		冷却不充分	损坏设备	低度	缓慢打开泵排液导淋，关闭泵排液导淋，待出口排液导淋挂霜后，关闭阀门
		冷却不充分	损坏设备	低度	缓慢开大循环液氧泵入口阀至全开（用时至少1小时），继续液冷循环液氧泵
		冷却温度不够	损坏设备	低度	入口阀全开后至少液冷4小时，确认密封气排气温度≤-40℃时，液冷合格

注：对于高度风险作业，风险辨识卡负责人为厂主管领导；对于中度风险作业，风险辨识卡负责人为运行部部领导；对于低度风险作业，风险辨识卡负责人为班长

确认时间：　　　年　　月　　日　　时　　分　　　　　　　　　　负责人：　　　　　　　　　风险等级：低度

表 7-18　循环液氧（　）泵预冷作业风险控制卡　中控

序号	工序与步骤	工作标准及风险预控措施	中控/现场	操作结果		确认结果		关键风险提示
				是√否×	签字	是√否×	签字	
1		确认循环液氧泵密封气投用正常	I					
2	预冷前确认	确认泵"使能/锁定"为锁定状态	I					
3		确认泵、泵电加热器已送电，电加热器为自动控制启停	I					
4		确认泵排液导淋打开	P					
5		缓慢打开回流阀，开始气冷循环液氧泵	I					
6		根据排液导淋挂霜情况，逐步开大回流阀至全开，继续气冷循环液氧泵，冷却30min	I					
7		确认低压塔液位，缓慢微开循环液氧泵入口阀至3%，开始液冷循环液氧泵	I					
8	预冷泵	缓慢打开泵排液导淋	P					
9		关闭泵排液导淋	P					
10		待出口排液导淋挂霜后，关闭阀门	P					
11		缓慢开大循环液氧泵入口阀至全开（用时至少1小时），继续液冷循环液氧泵	I					
12		入口阀全开后至少液冷4小时	I					
13		确认密封气排气温度≤-40℃时，液冷合格	I					

补充措施：

操作人确认签字：　　　　　　　班长确认签字：　　　　　　　技术员确认签字：　　　　　备注：

注：①低度风险卡由操作人员、班长、运行部技术员确认、签字，把关。②作业负责人为班长，对风险控制卡的内容和动态管理负责。③操作结果为否时需备注说明并给相关人员汇报，确认可否继续执行下一步操作，若不能继续该操作，应该立即停止作业，采取相关整改措施后才能重新作业。④补充措施中注明相关领导确认签字关键工序与步骤，确认风险作业中关键步骤需要运行部技术员另行确认签字后才能继续下一步工序；若无要求，非关键步骤由另外操作人员、班组长对操作结果进行再次确认签。⑤若涉及中控和现场双方面操作内容，中控、现场各持一张风险控制卡，要求中控与现场紧密配合，并根据工序步骤确认，以本卡为例，操作结果为持的风险控制卡；本卡为中控持操作，中控卡上只对确认结果和确认结果全部确认签字，中控卡上操作结果确认签字均上画斜线作业工序为现场作业，那现场控制卡上操作结果和确认结果全部确认签字，那现场控制卡上操作、确认属于现场操作。

表7-19 应急处置卡

编号：

应急处置时间：　年　月　日　时

序号	事故风险	处置程序及步骤	风险控制措施及标准（现场C、中控Z） [说明：中控与现场操作确认步骤需在卡内逐项备注 如：操作（Z）操作（C）]	操作结果 是√ 否× 	确认结果 是√ 否× 	关键应急处置及存在问题
1						执行过程中存在的问题：
2						
3						
4						
5						处置措施：
6						
7						

操作人签名：

确认人签名：

表7-20　工艺交出能量隔离卡

编号：

负责人：

项目	上锁挂签流程及内容	操作结果	确认结果	关键提示及问题处置
隔离点清单	依据检修内容，确定以下隔离点，工艺技术员、设备技术员及检修技术员对隔离点进行确认。 工艺上锁点： 电气断电上锁点：	（是√ 否×）	（是√ 否×）	上安全锁必须同时挂安全标签，标签内容： （1）上锁者姓名； （2）单位； （3）联系方式
				操作过程中存在问题及处置措施：

时间：　　年　月　日　时

工艺上锁人：　　　　　　　　电气上锁人：　　　　　　　　属地确认人：　　　　　　　　检修确认人：

表7-21　××××质量控制及验收卡

验收时间：　　年　月　日　时　　　　　验收负责人：　　　　　编号：

序号	作业程序和质量控制指标	确认结果及数据 （是√ 否×）	验收结果及数据 （是√ 否×）	质量验收关键指标提示及存在问题
1				
2				
3				
4				
5				
6				
7				

确认人：　　　　　　　　　　　　　　　　　　　　　　　　　　验收人：

7.3.7　安全作业“八大票”的应用

为保证空分设备现场直接作业环节安全受控，防止和减少生产安全事故的发生，现场作业采用“八大票证”进行管控，具体内容如下：

（1）动火作业：能直接或间接产生明火的工艺设置以外的非常规作业，如使用电焊、气焊割、喷灯、电钻、砂轮等进行可能产生火焰、火花和炽热表面的非常规作业。

动火作业必须在作业前30min进行动火分析，分析后30min内开始作业，如果未能作业，则作业前必须再次分析，确保作业环境安全。动火作业票如图7-12所示。

宁夏煤业公司煤制油分公司动火作业许可票

动火作业许可票编号：3028A42DHZY20190320001　　作业风险等级：固定和二级为低度、一级为中度、特殊为高度

申请栏								
动火单位	宁化保运	动火地点	4#空冷塔					
动火内容	空分厂4#空分装置空冷塔接电	风险等级	固定□	二级□		一级√	特殊□	
动火部位	4#空冷塔	动火介质	空气	温度	常温	压力	常压	
动火时间	自　2019年03月20日06时57分　至　2019年03月20日14时57分							

气体浓度分析结果			
分析日期	2019.03.20	分析时间	06:57:27
可燃气	<1.0%LEL	溶剂汽油	
氧气	20.9%	一氧化碳	
硫化氢		二氧化硫	
氯气		甲醇	
苯		甲醛	
采样人	叶枭	分析人	叶枭

补充措施：1.专人监护，配备2台灭火器，落实好安全措施。

风险识别及削减风险措施	序号	风险识别	风险削减措施	确认
生产工艺风险	1	动火设备、空间内串入可燃介质	将动火处与其相连的管线、设备隔断加盲板	×
	2	动火设备、空间内有可燃介质	清理干净，分析检验合格	√
	3	动火点周围存在可然物	动火点半径15米内含油污水井、地沟应封死或盖严	×
	4	动火点周围泄漏、排放可然物	动火点半径15米内不得有可燃物泄漏，漏点封死，周围不得排放可燃物	×
	5	动火点附近或空间存在高温危害或氧含量不足	加强通风	×
	6	动火点周围消防措施不完好，无应急及联络措施	保证消防设施应齐全好用，制定应急联络方法	√
	当班班长确认条件签字：　超伍　2019年03月20日			
	运行部/车间工艺技术员确认交出安全条件签字：　魏志勇　2019年03月20日			
施工作业风险	1	动火火花飞溅到下方危险区	动火点采取焊渣接挡	×
	2	作业上方有物体坠落	清除上方物体或采取中间隔离	×
	3	接电不规范触电，气瓶泄漏	电气连接规范，电焊、气焊设备用具完好	√
	4	焊件不牢固，无稳固作业平台	动火作业平台稳固，护栏完好	×
	5	灭火器等应急物品不到位	应急物品就位，现场备灭火器2台	√
	6	应急通道不畅通	清除作业现场无杂物，保证应急通道畅通	√
	7	作业人员劳动防护用品配带不规范	作业人员穿戴规范，使用防护用具完好	√
	动火作业人确认签字：　刘发富　2019年03月20日			
	动火作业负责人确认签字：　刘子强()　2019年03月20日			
	属地运行部/车间作业技术负责人确认签字：　石旭阳　2019年03月20日			

作业方监护人确认签字：马风波　2019年03月20日

工艺监护人确认签字：鲍嘉訸　2019年03月20日

运行部/车间安全员确认签字：卜江波　2019年03月20日

运行部/车间领导确认签字：姜国华　2019年03月20日

厂(中心)/公司安健环部审核签字：刘伟　2019年03月20日

特殊动火作业厂(中心)/公司领导审批签字：/　/年　/　月　/　日

完工确认：监护人确认现场无残火：卜江波　2019年03月27日

电气相关人员确认现场断电：/　/年　/　月　/　日

注：作业票一式三联。一联运行部留存；二联监护人持有；三联动火人持有。动火等级、风险识别及削减风险措施栏内：确认画√，否定画×。分析结果栏由质检计量中心填入分析数据。

图7-12　动火作业票

（2）受限空间作业：一切通风不良、容易造成有毒有害气体积聚和缺氧的设备、设施和场所都叫受限空间（作业的空间有限），在受限空间的作业称为受限空间作业。受限空间作业期间，每隔2小时分析一次。受限空间作业票如图7-13所示。

（3）吊装作业：利用各种机具将重物吊起，并使重物发生位置和空间变化的作业过程。

（4）盲板抽堵作业：在设备抢修或检修过程中，设备、管道内存有物料及一定温度、压力情况时的盲板抽堵，或设备、管道内物料经吹扫、置换、清洗后的盲板抽堵。

（5）动土作业：挖土、打桩、钻探、坑探、地锚入土深度0.5m以上；使用推土机、压路机等施工机械进行填土或平整场地等可能对地下隐蔽设施产生影响的作业。

（6）断路作业：在企业生产区域内的交通道路上进行施工及吊装吊运物体等影响正常交通

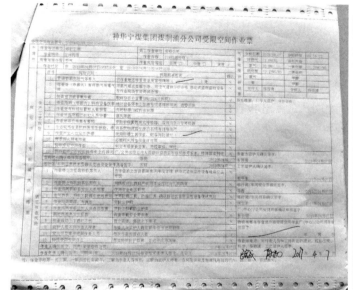

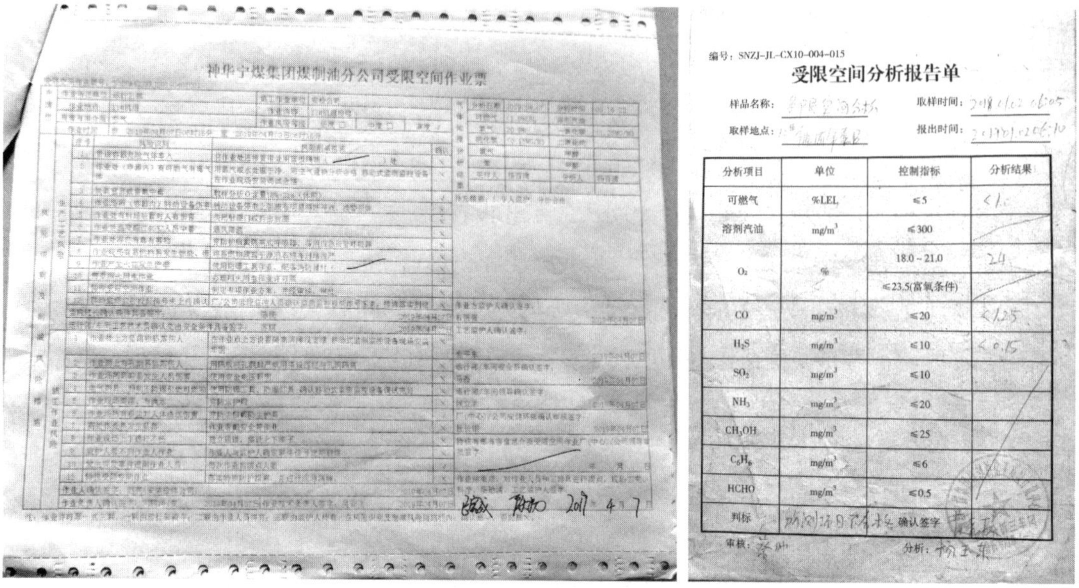

神华宁煤集团煤制油分公司受限空间作业票

编号：SNZJ-JL-CX10-004-015

受限空间分析报告单

样品名称：　　取样时间：

取样地点：　　报出时间：

分析项目	单位	控制指标	分析结果
可燃气	%LEL	≤5	<1.0
溶剂汽油	mg/m³	≤300	
O_2	%	18.0～21.0 ≤23.5(富氧条件)	
CO	mg/m³	≤20	
H_2S	mg/m³	≤10	<0.15
SO_2	mg/m³	≤10	
NH_3	mg/m³	≤20	
CH_3OH	mg/m³	≤25	
C_6H_6	mg/m³	≤6	
HCHO	mg/m³	≤0.5	
判标		确认签字	

审核：　　分析：

图7-13　受限空间作业票

神华宁煤集团煤制油分公司高处作业票

高处作业票号：2379A42GKZY20181125012

作业风险等级：一级为低度、二级和三级为中度、特级为高度

申请栏	作业单位：空分厂	作业地点：11#油站		作业高度：8米
	作业内容：11#润滑油上油管线消漏需搭架子	施工单位：河南建安		作业及风险级别
	作业时间：自 2018年11月25日08时00分 至 2018年11月25日18时00分			一级□ 二级□ 三级□ 特级√

序号	风险识别	削减风险措施	确认
1	作业人员有禁忌症易发生人身伤亡事故	作业人员身体条件符合要求	√
2	未规范穿戴防护用品对人身造成伤害	作业人员着装符合要求	√
3	工器具坠落实伤人	作业人员携带有工具袋	√
4	高处作业易发生坠落	作业者配带安全带作业，带好安全帽	√
5	作业区域闲杂人员进入造成伤害	作业点下方设警戒区并有警戒标志	√
6	施工用脚手架、防护栏不规范造成人员坠落	现场搭设的脚手架、防护围栏符合安全规程	×
7	作业面上有孔洞易坠落伤人	用隔板将孔洞封严或用搭设围栏与孔洞隔离	×
8	垂直交叉作业坠落物坠落伤人	编制专项施工方案，采取有效垂直分层作业隔离措施	×
9	作业现场上下通行不畅	建立通道，搭设上下梯子	×
10	作业场所照明不符合要求	使用安全电压照明	×
11	在石棉瓦、跳板等不承重物上放置重物，导致断裂，发生高处坠落	在石棉瓦等不承重物上作业应搭设牢固承重板并站在固定承重板上	×
12	夜间高处作业照明不足易发生事故	夜间高处作业由充足照明，安装临时行灯、防爆灯	×
13	梯子未固定易发生人身伤害事故	登高梯子进行固定，符合安全规程规定	×
14	监护人看不到作业人作业	作业人与监护人确定联络信号定期联络	×
15	发生突发事件遗漏作业人员	每次作业前清点人数	√
16	特殊登高作业，通信联络不畅	落实特殊防护措施，配备上下联系步话机	×

风险识别及削减风险措施　施工作业风险

补充安全措施：1.1.正确使用安全带#2.作业时严禁碰撞工艺管线

作业人确认签字：胡清洋　2018年11月25日

作业负责人确认签字：代景旺　2018年11月25日

属地运行部/车间作业技术负责人确认签字：高宝刚　2018年11月25日

作业许可证审批

作业监护人确认签字：高宝刚　2018年11月25日

工艺监护人确认签字：　2018年11月25日

当班班长确认签字：崔庆庆　2018年11月25日

运行部/车间安全员确认签字：王玉博　2018年11月25日

运行部/车间领导确认签字：姜涛　2018年11月25日

厂(中心)/公司机械动力部审核签字：石旭阳　2018年11月25日

特殊高处作业厂(中心)/公司领导审批签字：孟卫宁　2018年11月25日

注：作业许可票一式三联。一联车间留存；二联作业方监护人持有；三联工艺监护人持有。作业级别、风险识别及削减风险措施栏内：确认画√，否定画×。

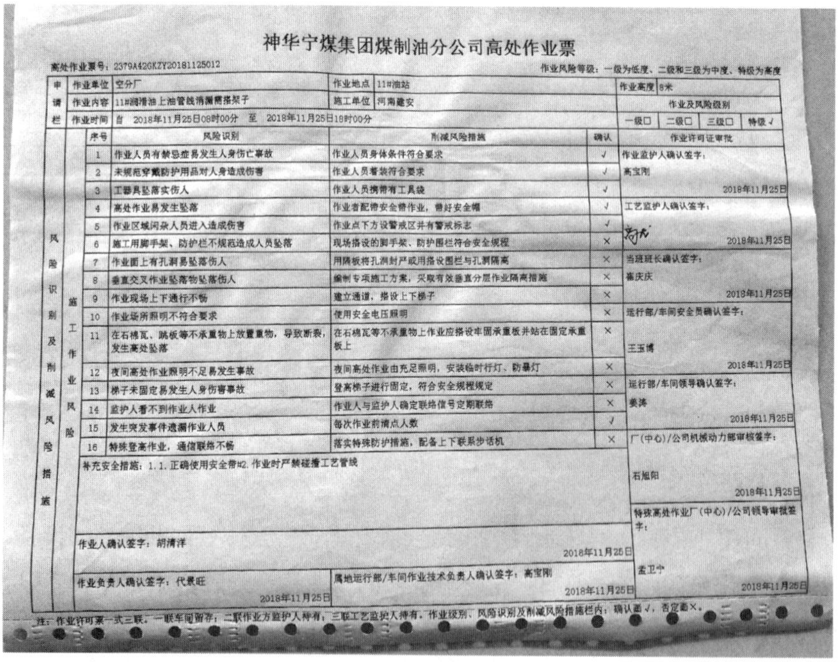

图7-14　高空作业票

的作业。

（7）高处作业：凡在坠落高度基准面2m以上（含2m）有可能坠落的高处进行的作业均称高处作业。特殊高处作业必须由厂领导进行审签。高空作业票如图7-14所示。

（8）临时用电作业票：生产、检修、施工等需要临时接引、装设的临时用电统称临时用电作业，临时用电作业前必须办理《临时用电作业票》。

通常"八大票"是通过纸质版办理，各个对口领导签字，确认，审核，对各个作业环节进行安全管控，但是存在一定的弊端。通过改进和升级，国家能源集团推行SAP系统，电子作业票如图7-15所示。

图7-15　电子作业票

7.3.8　电子智能化办票系统（SAP）

SAP系统是国家能源集团大力推行的。其中的一个模块是电子智能化办票系统，从任务清单审批通过检修任务书关联"八大票"和"一单五卡"，将"八大票"和"一单五卡"管理和办理电子化、智能化（见图7-16），不仅可以管控票证的办理签字真实性，也可以管控票证的数量和质量，通过电脑客户端和手机软件（ICE）的互相配合支持，更方便快捷的确认和办理票证，提高现场检验维修作业的效率。

宁夏煤业公司煤制油分公司高处作业票

高处作业票号：3028A42GKZY20191206004　　作业风险等级：一级为低度、二级和三级为中度、特级为高度

申请栏					
所属部门	运行三部	作业地点	12#机组厂房	作业高度	8米
作业内容	12#油雾风机排油口改造	施工单位	宁化保运	作业及风险级别	
作业时间	自　2019年12月06日07时36分　至　2019年12月06日19时36分			一级☐　二级√　三级☐　特级☐	

风险识别及削减风险措施（施工作业风险）

序号	风险识别	削减风险措施	确认
1	作业人员有禁忌症易发生人身伤亡事故	作业人员身体条件符合要求	√
2	未规范穿戴防护用品对人身造成伤害	作业人员着装符合要求	√
3	工器具坠落击伤人	作业人员携带有工具袋	√
4	高处作业易发生坠落	作业者配带安全带作业，带好安全帽	√
5	作业区域闲杂人员进入造成伤害	作业点下方设警戒区并有警戒标志	√
6	施工用脚手架、防护栏不规范造成人员坠落	现场搭设的脚手架、防护围栏符合安全规程	√
7	作业面上有孔洞易坠落伤人	用隔板将孔洞封严或用搭设围栏与孔洞隔离	×
8	垂直交叉作业坠落物坠落伤人	编制专项施工方案，采取有效垂直分层作业隔离措施	×
9	作业现场上下通行不畅	建立通道，搭设上下梯子	√
10	作业场所照明不符合要求	使用安全电压照明	×
11	在石棉瓦、跳板等不承重物上放置重物，导致断裂，发生高处坠落	在石棉瓦等不承重物上作业应搭设牢固承重板并站在固定承重板上	×
12	夜间高处作业照明不足易发生事故	夜间高处作业由充足照明，安装临时行灯、防爆灯	×
13	梯子未固定易发生人身伤害事故	登高梯子进行固定，符合安全规程规定	√
14	监护人看不到作业人作业	作业人与监护人确定联络信号定期联络	×
15	发生突发事件遗漏作业人员	每次作业前清点人数	√
16	特殊登高作业，通信联络不畅	落实特殊防护措施，配备上下联系步话机	×

补充安全措施：1．专人监护，系挂五点式双挂钩安全带

作业人确认签字：杨军琥（宁化保运）　2019年12月06日

作业负责人确认签字：付振文（宁化保运）　2019年12月06日

属地运行部/车间作业技术负责人确认签字：高宝刚　2019年12月06日

作业许可证审批：

作业监护人确认签字：王福涛　2019年12月06日

工艺监护人确认签字：陈杨　2019年12月06日

当班班长确认签字：黄江宁　2019年12月06日

运行部/车间领导确认签字：姜国华　2019年12月06日

厂（中心）/公司机械动力部审核签字：杨冬梅　2019年12月06日

特殊高处作业厂（中心）/公司领导审批签字：/　/年　/月　/日

注：作业许可票一式三联。一联车间留存；二联作业方监护人持有；三联工艺监护人持有。作业级别、风险识别及削减风险措施栏内，确认画√，否定画×。

宁夏煤业公司煤制油分公司动火作业许可票

动火作业许可票编号：3028A42DHZY20191202004　　作业风险等级：固定和二级为低度、一级为中度、特殊为高度

申请栏							
动火单位	宁化保运	动火地点	1#总管廊				
动火内容	空分厂1#空分装置前总管廊下2.8导淋	风险等级	固定☐	二级☐	一级√	特殊☐	
动火部位	1#总管廊导淋	动火介质	蒸汽	温度	180	压力	2.8
动火时间	自　2019年12月02日13时30分　至　2019年12月02日21时30分						

气体浓度分析结果

分析日期	2019.12.02	分析时间	13:30:21
可燃气	<1.0%LEL	溶剂汽油	
氧气	20.9%	一氧化碳	
硫化氢		二氧化硫	
氨气		甲醇	
苯		甲醛	
采样人	杨波	分析人	杨波

风险识别及削减风险措施——生产工艺风险

序号	风险识别	风险削减措施	确认
1	动火设备、空间内串入可燃介质	将动火处与其相连的管线、设备隔断加盲板	×
2	动火设备、空间内有可燃介质	清理干净，分析检验合格	√
3	动火点周围存在可燃物	动火点半径15米内含油污水井、地沟应封死或盖严	×
4	动火点周围泄漏、排放可燃物	动火点半径15米内不得有可燃物泄漏，漏点封死，周围不得排放可燃物	×
5	动火点附近或空间存在高温危害或氧含量不足	加强通风	×
6	动火点周围消防措施不完好，无应急及联络措施	保证消防设施应齐全好用，制定应急联络方法	√

当班班长确认条件签字：徐正文　2019年12月02日

运行部/车间工艺技术员确认交出安全条件签字：高宝刚　2019年12月02日

风险识别及削减风险措施——施工作业风险

序号	风险识别	风险削减措施	确认
1	动火火花飞溅到下方危险区	动火点采取焊渣接挡	×
2	作业上方有物体坠落	清除上方物体或采取中间隔离	×
3	接电不规范触电，气瓶泄漏	电气连接规范，电焊、气焊设备用具完好	√
4	焊件不牢固，无稳固作业平台	动火作业平台稳固，护栏完好	×
5	灭火器等应急物品不到位	应急物品就位，现场备灭火器2台	√
6	应急通道不畅通	清除作业现场无杂物，保证应急通道畅通	√
7	作业人员劳动防护用品配带不规范	作业人员穿戴规范，使用防护用具完好	√

动火作业人确认签字：朱家松　2019年12月02日

动火作业负责人确认签字：孟旭　2019年12月02日

补充措施：1．专人监护，放置2台灭火器

作业方监护人确认签字：贾万珍　2019年12月02日

工艺监护人确认签字：　2019年12月02日

运行部/车间领导确认签字：杜振威　2019年12月02日

厂（中心）/公司安健环部审核签字：陈容　2019年12月02日

特殊动火作业厂（中心）/公司领导审批签字：/　/年　/月　/日

监护人确认现场无残火：　年　月　日

注：作业票一式三联。一联运行部留存；二联监护人持有；三联动火人持有。动火等级、风险识别及削减风险措施栏内：确认画√，否定画×。分析结果栏由质检计量中心填入分析数据。

宁夏煤业公司煤制油分公司受限空间作业票

受限空间作业票号：3028A42SXKJ20191206001

申请栏					
作业所在单位	运行二部	施工作业单位	宁化保运		
作业地点	空压站北侧	作业内容	浆态床反应器技改		
有毒有害介质	空气	作业风险等级	低度√	中度☐	高度☐
作业时间	自　2019年12月06日06时27分　至　2019年12月07日06时27分				

气体浓度分析结果

分析日期	2019.12.06	分析时间	06:27:40
可燃气	<1.0%LEL	溶剂汽油	
氧气	20.9%	一氧化碳	<1.25MG/M3
硫化氢	<0.15MG/M3	二氧化硫	
氨气		甲醇	
苯		甲醛	
采样人		分析人	吴国栋

风险识别及削减风险措施——生产工艺风险

序号	风险识别	风险削减措施	确认
1	管道容器危险气体串入	将作业处连接管道处用盲板隔断（　　　　）处	×
2	作业处（容器内）有可燃气有毒气体	用蒸汽或水处理干净，用空气置换分析合格；移动式监测监控设备在作业现场安装调试合格	×
3	缺氧窒息或富氧中毒		√
4	作业场所（容器内）转动设备伤害	转动设备停电上锁或有明显得断开点，挂警示牌	×
5	作业处有射线装置对人有伤害	关闭射源门或拆出射源	×
6	作业处温度超过40℃人员中暑	通风降温	×
7	作业处存在有毒有害物	穿防护服戴隔离式呼吸器，备用应急长管呼吸器	√
8	作业现场有易燃物易发生燃烧、爆	将易燃物清理干净用石棉布封堵盖严	×
9	作业产生火花发生燃爆	使用防爆工具作业，配备消防器材（　　　　）	×
10	需要用火用电作业	办理用火用电作业许可票	√
11	特殊受限空间作业	制定专项作业方案，并经审核、审批	×
12	移动监测监控视频信号未上传确认	厂/公司远程监控人员确认监测监控视频信号正常，措施落实到位	×

当班班长确认条件具备签字：徐正文　2019年12月06日

运行部/车间工艺技术员确认交出安全条件具备签字　高宝刚　2019年12月06日

风险识别及削减风险措施——施工作业风险

序号	风险识别	风险削减措施	确认
1	作业处上方坠落物坠落伤人	在作业点上方设置隔离屏障或支撑；移动式监测监控设备现场安装牢固	×
2	作业面上有孔洞易坠落伤人	用隔板将孔洞封严或用搭设围栏与孔洞隔离	×
3	作业场所黑暗易发生人员伤害	使用安全电压照明	√
4	电气用具、照明不防爆引燃可燃物	使用防爆工具、防爆灯具；确认移动式监测监控设备调试完好	×
5	作业现场潮湿、有滴水	穿防水护服	×
6	作业场所有粉尘对人体造成伤害	穿防尘服戴防尘护具	×
7	高处作业易发生坠落	作业者戴安全带作业	√
8	作业现场上下通行不畅	建立通道，搭设上下梯子	√
9	监护人看不到作业人作业	作业人与监护人确定联络信号定期联络	√
10	发生突发事件遗漏作业人员	每次作业前清点人数	√
11	受限空间内，监护人员无法全面监	配备移动可视监控监测设备	×

作业人确认签字：　2019年12月06日

作业负责人确认签字：　2019年12月06日

补充措施：1．专人监护，分析合格，随身佩戴四合一分析仪，做好进出登记

作业方监护人确认签字：　年　月　日

工艺监护人确认签字：　年　月　日

运行部/车间领导确认签字：姜国华　2019年12月06日

厂（中心）/公司安健环部确认审核签字：刘伟　2019年12月06日

特殊有毒有害窒息介质受限空间作业厂（中心）/公司领导审批签字：/　/年　/月　/日

作业结束后，对作业人员和工器具进行清点，现场工完、料净、场地清。

工艺监护人签字：　年　月　日

注：作业许可票一式三联。一联由运行部留存；二联由作业人员持有；三联由监护人持有。在风险识别及削减风险措施栏内：确认画√，否定画×。

图7-16　电子化作业票证

第8章
电气仪控系统

8.1 电气系统

8.1.1 供电系统概述

宁夏煤业400万吨/年煤炭间接液化示范项目供电系统计算负荷770MW，发电机装机容量384MW，设计配置330kV总变电站1座，最大供电能力为960MVA。装置外部电源取自宁东电网蒋家南330kV变电站，采用单塔双分裂两回架空线路为全装置提供电源。全厂分为东区、西区2个供电负荷中心，空分厂12套空分设备及附属设备所需电力均由东区供应。东区动力站负荷中心配置110kV变电站1座，通过110kV线路变压器组接至330kV总变电站，站内配置3组35kV配电装置，采用单母线分段接线方式，35kV配电装置接入6×60MW发电机。为保障供电系统安全，另外从宁东基地烯烃一分公司110kV总变接入一路35kV作为第三电源，同时配置2500kVA应急柴油发电机组作为应急负荷中心的应急电源，满足装置应急系统负荷需求。

8.1.2 电气系统设备选型及配置

煤制油空分设备由林德、杭氧两个系列共12套空分设备、2套氮压机、2套后备系统、一套空压站组成，为满足空分设备的供电需要，其供电电源引自动力站110kV变电站负荷中心35kV不同母线段，供电系统采用分系列、分单元供电方式。

1. 一次设备选型及配置

煤制油空分设备供电系统按照Ⅰ系列、Ⅱ系列及后备系统配电装置物理分开、相互独立，每个系列按照35kV、10kV、0.69kV、0.4kV共4个电压等级分单元供配电，全装置配置2个35kV变电站、10个10kV变电所及1个35kV应急电源中心，变电站配置2台16000kVA、2台2×25000kVA、35/10.5kV主变，3台10000kVA、3台12500kVA 35/10.5kV氮压机变。其35kV电源分别引自110kV变电站35kV不同母线段，其中6路35kV线路分别为Ⅰ系列、Ⅱ系列各3台氮压机的35kV变压器−电动机组供电，另4路35kV线路分别为Ⅰ系列、Ⅱ系列用电负荷提供双回路电源。

空分设备35kV变电站Ⅰ系列、Ⅱ系列配电室内均设有10kV成套配电装置，且其10kV系统均采用单母线分段的运行方式，当一路电源失电后，母联自投，另一路电源带全部负荷，10kV母联柜均设置快切装置，10kV、0.4kV系统采用分机组分单元的供电方式，相互独立、互不影响，方便机组的检修。每3套机组单独设0.69kV供电系统为高压液氧泵电机供电，每个供电单元均采用单母线分段的运行方式，当一路电源失电后，母联自投，另一路电源带全部负荷。

2. 二次设备及自动化监控选型及配置

煤制油空分设备采用综合自动化系统，完成对变电站内主要设备的自动监视、测量、控制、保护，以及与上级系统通信等综合性自动化功能。其35kV变压器配备线变组差动保护，10kV变压器采用四方型号为CSC-241C的后备保护装置，低压电动机采用变频控制和直接启动，各电压等级保护装置完善，运行可靠性明显增强。

同时采用电气网络监视控制系统，用于监视、控制各电压等级电气设备，提高变电站安全及智能化运行水平，其主要包含电气监控系统、防误及遥视系统，网络结构采用星型布局，主网为光纤双网，总站及各子站交换机互为冗余，并按照分层分布式布局，由站控层、网络控制层和设备间隔层组成，网络结构具备良好的可靠性。

电气监控系统由1套监控系统总站、90套监控系统子站组成，其能够实现0.4kV进线、母联，10kV及以上电气间隔远方倒闸操作功能，通过监控系统后台监盘人员能够时刻监控现场电气设备的运行情况，监视全厂微机保护装置、测控装置、直流屏、UPS、马达保护器等智能设备的工作情况，及时发现异常信息防止事故扩大蔓延。并与防误及遥视系统、频监控系统配合使用，达到远程操作和监控设备异常信息的功能，既保证了运行人员的人身安全，又实现了子站无人值守，为变电站的安全、稳定运行及智能化操作提供保障。

3. 应急系统电源选型及配置

空分设备应急电源具体有两类：

（1）UPS不间断电源，其共设置4个UPS室，共计12套UPS，每个UPS室对应3套机组配置在相应机柜间，按照仪表控制要求，每套空分设备设置一套60kVA双机冗余配置的UPS，每套UPS包含2台主机柜，每套UPS由2路独立主电源、1路旁路电源供电，负责空分工艺单元供电，有效得确保DCS系统电源的不间断运行。

（2）第三电源系统，全空分设备的应急负荷高达6200kVA，为确保应急负荷供电安全，设置1座35kV应急电源中心，应急电源中心设置1套2500kVA柴油发电机应急供电系统，另外从宁东基地烯烃一分公司110kV总变接入1路35kV作为第三电源。每套空分设备设置单独的事故母线供电，事故母线采用2路电源供电方式，其中一路电源取自应急变压器，其电源引自35kV应急电源中心，另一路电源取自对应设备正常电源，正常情况下事故母线段由对应设备的正常段电源供电，事故状态下通过ATS双电源切换设备切至应急母线段供电，保证了重要设备的应急供电。

8.1.3 集中控制运行管理模式

煤制油电力系统是目前化工行业电压等级最高（330kV）、负荷最大（770MW）、等级最多（7种）的供配电系统，168座变电站分布于全厂5.6km²范围内，各种不同类型电气设备约3.5万台，为了安全、可靠、高效地驾驭如此庞大复杂的供电系统，电气管理中心近些年来积极探索、推行"大集控"运行模式和"1+1"强矩阵融合管理创新模式，在实践中取得了一定成效。

煤制油集群化设置、自动化控制、现代化管理的特点为"大集控"运行操作奠定了基础，整个煤制油电气系统目前实行"大集控"运行模式，即所有电气系统的运行操作由集控中心负责，纵向管理担负对内的生产调度职能和横向管理的平台，是全厂电气业务的调度、协调、统筹的中心，通过对电气整体运行框架的建设与电气运行核心业务流程的优化调整，实现了对供电系统的整体管控，保证电气业务高效实施。

纵向调度职能：调管、协调与属地运行部之间的电气业务，"大集控"采用"四班三倒"运行模式，负责与公司各工艺分厂、中心的"横大班"运行模式无缝对接，实现工艺运行班班有电气服务；负责全厂电气操作管理，统一指挥。

横向管理平台：协调、配合与各工艺分厂之间的电气业务，协调处理与地调、中调相关的业务及与平级单位间的电气业务，传达并安排公司相关生产指令，实现生产维护全方位、服务工艺全天候。

8.1.4 空分电气系统优化

为了确保空分设备更安全、可靠、稳定运行，根据集群化空分设备的运行工况，对电气系统进行进一步优化。

1. 空分设备供电电源分单元优化

空分Ⅰ系列、Ⅱ系列4台主变35kV电源全部引自110kV变电站35kV母线Ⅴ段、Ⅵ段，如Ⅴ段和Ⅵ段母线供电单元内设备发生故障、晃电，存在部分机组跳车的风险。为了避免煤制油装置大面积停车，在保持空分Ⅰ系列2台主变由110kV变电站35kV母线Ⅴ段、Ⅵ段供电不变，将空分Ⅱ系列2台主变由110kV变电站35kV母线Ⅴ段、Ⅵ段改接至Ⅰ段母线备用间隔3156、Ⅱ段母线3256备用间隔，实现35kV分单元供电。通过优化大幅提升空分设备电气系统的供电可靠性，减小35kV母线发生故障后受影响的范围，更好地保障空分设备的安全稳定及长周期运行。

2. 创新实施快切倒闸操作

煤制油电气系统复杂，电压等级多，传统的手动倒闸操作灵活性低，操作时间长，操作风险高。通过挖掘10kV快切装置的潜在功能，创新实施快切倒闸操作，实现进线与母联"三取二"自动切换，减少操作步骤，缩短操作时间，将原操作时间由小时级缩短至分钟级，同时合环时间由分钟级缩短至毫秒级，破解了设备短路容量对运行方式和倒闸操作约束的难题，可实现远方自动倒闸操作，节约大量人力，降低操作风险，提高安全可靠性。

3. 创新实施 UPS 双双冗余

煤制油项目 UPS 系统均采用并机方式进行供电，这种并机系统中若其中一台 UPS 发生故障，则另一台 UPS 作为并机系统中的后备电源，将不间断地对负载进行供电。但由于并机系统在运行过程中会实时监测对侧 UPS 的运行数据及开关位置情况，因此在互为后备的模式下也存在互相牵制影响的现象。为解决 UPS 并机系统中相互制约以造成 UPS 供电中断的缺陷，经研究分析，组织将原有的"双机并机"系统改为"双双冗余"供电系统，以解决 UPS 并机系统中相互制约的问题，从而大幅降低生产装置因 UPS 供电中断造成系统停车的概率。

空分设备 12 组 UPS 电源"双双冗余"改造后，使得仪表电源分别取自两组不同的 UPS 电源，使两组不同 UPS 电源给同一 DCS 负载交叉供电，提高了 DCS 系统供电的可靠性，大幅降低了空分设备非计划性停车的概率，为煤制油项目"安、稳、长、满、优"运行奠定了坚实基础。

8.2 仪表控制系统

8.2.1 自控专业设计、选型原则

1. 成套设备仪控配置及应用要求

空分集群包含的成套设备数量庞大，它们的稳定运行在空分设备中扮演着重要角色，在设计前期往往只注重主设备机械技术参数，忽略或不重视仪控设备的选型，仪表及控制系统完全由设备厂家成套提供，这样会导致仪表的类型不统一、低配，若仪表选型不合理，会给后期设备稳定运行带来隐患。为了达到仪表供货的一致性及减少仪表后期维护问题，同时还需对成套设备集中监控，在成套设备仪表选型需注意以下事项：

1）与主装置控制系统兼容性

成套设备的仪表测点控制系统应采用集成在 DCS 控制系统，不推荐采用成套设备自带就地 PLC 控制系统，更不建议成套商为技术封锁从而设置密码保护。若特殊情况下，无法避免使用成套设备控制系统，供应商提供成套 PLC 侧需要的所有硬件和软件，建议 PLC 采用成熟的、可靠的"容错冗余"系统，CPU、电源、通信卡均应冗余配置，用于控制的卡件也应冗余配置，所带的控制系统务必支持 Modbus 通信协议，与主装置控制系统兼容，将监控测点通信至 DCS 显示监控，实现成套设备的集中监控与管理。

集中化管理极大方便了仪表的维护及工艺操作，如空分设备氮压机所有仪表全部进入 DCS 控制系统，当仪表出现问题可以及时解除联锁处理，避免设备停车，设备厂家提供的输入资料

一目了然，系统组态清晰。而空压站压缩机仪表测点全部进入就地PLC控制，一旦仪表出现问题无法解除联锁处理，只能停机进行处理。由于无法核对及查看成套PLC内部逻辑，所以仪表测点及控制进入DCS系统的氮压机工艺人员可以通过CCR中的操作员站来完成相关操作，而空压机只能监视。

2）现场仪表

在成套设备中建议采用变送器且均带现场指示，不推荐采用压力开关、温度开关、流量开关、液位开关等。同时在可能的情况下，应尽量使用标准化的仪表，这样可以减少采购、安装和维护的仪表种类，每台仪表都要有相对应并独立的工艺接口。任何现场测量仪表，一旦故障将会造成设备停车的，都需要采用冗余或三重化设置，同时冗余或三重化信号应该分布在控制系统不同的I/O卡件上。

3）阀门及气路附件

在成套设备中用于关键、重要工艺过程的电磁阀建议都要冗余配置（二取二逻辑），仅用于顺控不用于紧急停车的电磁阀无需冗余配置，电磁阀要求低功耗。对于用于振动剧烈的工况或环境，阀门定位器建议采用分体式定位器。

防喘振阀门应动作可靠、可调比大，推荐采用GLOBE型。绝大多数情况下蝶阀应用于大口径、大流量、低压差的工况。随着工艺生产流程复杂程度逐步提高，在高温、高压、大口径、有切断功能的场合从经济可用性角度出发，建议采用三偏心硬密封蝶阀。

进口设备附属仪表设备选型设计时，由于设计理念不同，更倾向于从保护机械角度出发，无论测点是否为虚假指示或故障状态，第一时间必须联锁主设备停车，确认问题后再进行启动设备；而国内设计主要从生产经验及装置整体稳定运行角度出发，目前国内设备主流设计倾向于重点联锁仪表冗余化配置，避免由于仪表误报或故障导致核心设备非计划停车，经过对比，相对比增压仪表设备的冗余化成本投入远小于设备非计划停车造成的经济损失。

对比进口成套设备仪表，目前仍需要大量使用进口仪表设备，不能完全摆脱进口成套现状，如机组状态监视系统、超速保护系统、低温深冷阀门、涉氧介质阀门等仪表设备，此类仪表成套设备仍需加速国产化进程。

2. 控制系统设计特点及分析

空分设备是煤化工项目中的重要公用设施，与全厂装置生产紧密关联，随着煤化工朝着大型化发展，对空分设备的容量和稳定性要求也越来越高，为确保大型空分设备长期稳定高效运行，仪控系统的可靠性和先进性至关重要。本装置是为宁夏煤业4兆吨/年煤炭间接液化项目配套的空分单元，共由12套$10.15 \times 10^4 Nm^3/h$空分设备和氧氮后备系统组成，无论是单套空分设备的容量还是整体规模在行业内都极具代表性。随着空分设备规模的不断提升，为了适应这种特大型空分设备群，整个仪控系统的配置也在发生重大变化，不再是单一地作为空分设备的一个部分，而是通过立体化的配置方式，从安全、自动、智能3个方面去完成仪控系统和工艺的整体集成。

对于特大型空分设备集群，日常的操作及维护工作量巨大，控制分散，各系统接口较多，设计前期需要通盘考虑，避免设计遗漏导致数据无法共享，以及操作界面多而无法全局监控空分集群。

（1）空分设备集群控制系统结构。

12套空分设备和后备系统共设置4个现场机柜间，其中1#~3#空分设备与后备系统共用1#机柜间，4#~6#空分设备共用2#机柜间，7#~9#空分设备与后备系统共用3#机柜间，10#~12#空分设备共用4#机柜间，并在远程设置统一的中心控制室，一系列1#~6#空分设备设置一个域，设置一个主工程师站。二系列7#~12#空分设备设置一个域，配置一个主工程师站。控制系统主要由TCC（透平控制系统）、CCS/SIS（机组控制及安全仪表系统）和DCS（集散控制系统）三大部分组成。因距离限制，将TCC安装于各套空分设备现场的TCC小屋，CCS/SIS和DCS机柜安装于空分设备现场公用机柜间，各系统之间采用MODBUS RTU通信实现数据共享，TCC小屋与机柜间、机柜间与中控室均通过光缆实现数据传输。

每套空分设备各配置一套独立的TCC，作为保护汽轮机、空压机和增压机三大机组专用的控制单元，其中包括OPS（超速保护系统）、MMS（机械监视系统）和ESD（紧急停车系统）。OPS采用完全独立于机组控制系统的Braun（2003）超速保护专用系统；MMS采用Bently Nevada 3500机架对机组轴振动、轴位移和键相位进行在线监测，联锁停车信号由两块继电器卡分别硬接线输出至ESD，通过"二取一"逻辑联锁停车，模拟量信号通过通讯方式实现上位显示，此外配置TDI接口卡用于连接MDS（机械诊断系统）；ESD采用Siemens S7/400F系统，实现汽轮机转速控制、机组性能控制和机组防喘振保护等关键控制功能。

三大机组的核心控制由TCC完成，油系统等辅助设备与空分设备的安全联锁则采用CCS/SIS一体化设计。每套空分设备各配置一套独立的CCS/SIS，采用了Triconex三重化冗余容错系统，该系统采用高可靠性和高可用率的TMR容错控制器，主处理器和I/O卡件完全三重化，单点故障不会造成系统失效。后备系统的安全联锁采用单独的SIS，并在中控室设置远程I/O机柜，用于接收紧急停车辅操台的急停信号，再通过硬接线发送至各空分SIS，实现紧急情况下的中控室一键停机。远程I/O的连接方式是完全三重化的光纤连接，通过内部I/O BUS直接通讯，其数据传输速率和可靠性与系统各机架间的I/O完全相同，具有极高的数据传输性能和可靠性。

空分设备的常规生产控制、安全保护、监视和操作均由DCS完成，DCS监控的主要设备有空冷器、预冷系统、分子筛系统、气体膨胀机、液体膨胀机、分馏塔、低温泵和低压氮压机等。DCS采用Emerson Delta V系统，各套空分设备配置完全独立的控制系统，所有AO信号、电磁阀控制信号、重要设备停车信号及参与控制的AI信号配置冗余I/O卡件，与MCC（马达控制中心）来往的信号均采用继电器或隔离栅隔离，并在DCS机柜将所有来自现场智能仪表的HART信号分离后送入AMS。

（2）进口与国产机组控制系统设计对比。

进口机组配置独立成套的PLC控制系统，核心控制完全在PLC控制系统内完成，同时还需每套机组单独增设就地控制站，不利于集中管理，增加了额外成本投入，PLC 控制系统设置工程师权限，软件授权只提供一套，而国产化机组采用的目前国内主流的 ITCC（透平压缩机一体化控制系统），所有仪表测点及控制逻辑进入业主选用的控制系统，减少了控制系统界面，极大地方便了维护。

建议在项目设计阶段充分地从生产维护角度出发，尽可能要求采用开放的、主流的一体化控制系统，从而减少控制系统界面。同时对机组超速保护系统、机组监视系统的组态进行相关的要求，如不建议将机组监视系统卡件或通道故障作为联锁机组跳车条件。

3. 关键阀门选型难点及注意事项

1）关键阀门选型难点

随着煤化工空分设备规模大型化的发展，空分设备配套阀门不断提出更高的要求。阀门的口径、结构形式合理选用是确保空分设备安全、高效生产的保证。尤其空分设备的关键阀门——分子筛纯化系统三杆阀、冷箱内低温调节阀、高压氧用调节阀，在整体中更为关键，也是阀门选型的难点，调节阀的选型与配置是否合理将直接影响到装置的安全性、稳定性和使用寿命。

2）关键阀门选型注意事项

（1）在阀门形式的选择上：分子筛切换阀采用三杆阀，三杆阀在开启时，阀门机构限定了阀门两侧的最大压差，从而避免分子筛床层受到高压差气流的意外冲击，确保系统安全；用于低温液体介质的调节阀，通过阀内件堆焊硬质合金或选用笼式多级降压结构的阀芯防止闪蒸和汽蚀；产品氧气输送阀首次选用阀体和阀内件全蒙乃尔合金的三偏心硬密封蝶阀，三偏心结构使阀门达到双向Ⅵ级硬密封。

（2）阀门附件的选型除了考虑可靠性以外，还需充分结合现场使用环境：所有阀门均配置防沙尘保护套，使阀门在年均 5 次以上沙尘暴的恶劣环境下能保证使用寿命；阀门限位开关选用独立于定位器的 NAMUR 接近式开关，输出 4~20mA 信号加载 HART 协议。

（3）用于高压氧气介质和振动较大的阀门定位器采用分体式安装。所有高压氧阀包括产品送出阀、产品放空阀以及旁通阀、阀体和阀内件都选用氧用免流速的 MONEL 材质。相应的电磁阀、定位器等气动附件全部设计成分体式，安装在防爆墙外面，确保维护检修人员的人身安全。

（4）阀门选型时，充分考虑工艺操作及紧急状态下应急要求，建议调节阀均应配备手轮装置（有联锁切断功能的阀门除外）。

（5）阀门设计选型时，不仅考虑正常工况，还需考虑停车状态下阀门全压差工况，阀门应该设计成承受全部上游压力，不考虑下游压力。防止阀门在非正常工况无法动作或由于介质压差大损坏阀内件。

（6）大口径调节阀（如 GLOBLE、蝶阀），由于阀杆直径大，为防止阀杆与轴套抱死及填料不规则磨损成泄露，建议此类阀门宜垂直安装在水平管线上。

（7）不建议使用阀后限流孔板的方式来达到限噪或抗气蚀的目的。

（8）对于特殊阀门应在技术协议中详细要求检验方法，并委托专业公司对阀门的材料检验、制造等重要节点进行全程监造，确保阀门质量可靠。

8.2.2 装置运行典型问题分析处理及总结

1. 高温高压超大流量蒸汽放空阀卡涩问题

煤制油项目两个系列的空分设备集群共设计4根高压蒸汽母管，每根母管配置1台高压蒸汽放空阀，每3套空分对应1根母管、1台高压蒸汽放空阀，由于3台空分共用1台放空阀，为保证高压蒸汽管网安全、稳定运行，要求单台高压蒸汽放空阀的放空量达420t/h。空分集群两个系列主蒸汽管网的4台高压蒸汽放空阀原设计采购的某进口品牌阀门，主要参数：设计压力13.6英正大（正常运行入口压力12.089MPa、出口压力0.4MPa），温度525℃，最大放空量420t/h，型式为对焊式角型、侧进底出、迷宫式阀芯，阀门规格"入口12×出口24"，阀体材质ASTM A182 F91，阀芯、阀座ASTM A182 F22+Stellte，迷宫INCONEL 718，阀杆INCONEL 718，填料石墨，泄漏等级ANSIV。

自2015年6月28日开车调试至今，进口品牌的4台原迷宫式的420t/h放空阀陆续出现阀笼损坏、阀杆断裂问题，严重影响了煤制油空分设备和全厂主蒸汽管网长周期、安全、可靠运行。尽管制造商方面积极配合并提供临时替代改造方案，将原420t/h迷宫笼结构阀门改为420t/h多级套筒结构阀门并安装到现场。但在2017年6月26日到货的这4台420t/h多级套筒中的2台投运后，其主阀芯根部出现了贯穿性裂纹以及外套筒底部压板脱落的问题，彻底报废。

为满足现场开车需求，2016年5~8月期间公司相关业务部门多次组织会议讨论最终研究决定，对现有高压蒸汽放空管线和放空阀设计条件重新设计，减小单台阀门放空阀的放空量，由原来1台420t/h放空量的阀门改为2台并联210t/h放空量的阀门。

对于新增的放空阀，特邀国内外主流阀门制造商及业内自控行业资深专家深入研讨并借鉴近年来全国煤化工行业经验，就同类型高压蒸汽放空阀国产化试制进行可行性论证。经过筛选，从国内阀门制造厂家中选取4家有制造经验的厂家，由这4家厂家各试制1台210t/h的高压蒸汽迷宫放空阀。

经对这4家放空阀安装调试及实际运行观察，同时为实现2017年2条生产线均要满负荷投入运行的目标节点，保证今后装置平稳运行，减轻今后装置生产运行时该阀的检维修工作量，并充分考虑这4条高压蒸汽放空母管对于空分设备乃至整个全厂高压蒸汽管网的重要性和关键性，鉴于此种情况，特申请立项，将进口厂商提供的4台420t/h的多级套筒阀全部换下，采购4台已国产化试制成功的迷宫阀，与原4台国产试制阀门互相搭配安装。

通过静态测试、热态测试和联锁动作，8台高压蒸汽放空阀自2017年11月陆续投用以来，阀门运行正常，且经过空分设备多次停车时高压蒸汽管网泄压与放空，均无卡涩现象，基本满足设计及生产使用要求，同时也打破了进口阀门的垄断，推动国产阀门迈向了一个新台阶。

2．仪表设备耐温耐振问题

1）机组附属仪表防暑措施

宁夏回族自治区深居祖国西北内陆，其显著的气候特征是昼夜气温差大、日照时间长、太阳辐射强。到了夏季，环境气温很容易达35℃以上，在空分设备现场，不仅仅是工作人员要忍受赤日炎炎的考验，装置现场的仪表设备同样要经受高温的炙烤。

在如此庞大的12套空分设备集群当中，压缩机组作为空分设备的核心坐落在全封闭的厂房内，通风效果差，压缩机设备本体散热强，机组附属仪表长期经受高温辐射，仪表故障频发，多次引起机组跳车。

（1）汽轮机调速、反馈系统。

空分设备汽轮机调速阀反馈模块采用的是磁致伸缩位置传感器，其工作极限温度为−40~+80℃。汽轮机调速装置电液转换器的工作极限温度为−20~+85℃。

在夏季，由于传感器距离汽轮机缸体较近，长时间接受高温热辐射，运行过程中调速阀反馈模块以及电液转换器的表面工作温度最高达82℃，严重威胁大机组重要测点的安全监测。

汽轮机调速阀反馈模块已发生故障如下：

2017年8月，2#空分设备汽轮机调速阀反馈故障引起跳车；

2018年7月，4#空分设备汽轮机调速阀反馈故障引起跳车；

2019年5月，1#空分设备汽轮机调速阀反馈故障引起跳车；

针对此情况，经过长时间资料收集及现场讨论，最终确定增加涡流冷却器（见图8-1）对汽轮机调速系统执行元件进行冷吹降温的方案。

图8-1　汽轮机调速阀反馈及电液转换器冷吹降温

涡流冷却器又称涡漩管、冷风管、冷气管、局部冷却器、点制冷器等，是一种结构非常简单的能量分离装置，由喷嘴、涡流室、分离孔板和冷热两端管所组成。工作时，压缩气体在喷嘴内膨胀，以很高的速度沿切线方向进入涡流管。气流在涡流管内高速旋转时，经过涡流变换后分离成温度不相等的两部分气流，处于中心部位的气流温度低，而处于外层部位的气流温度高，根据应用实例的需要，可以调节冷热流比例，从而得到最佳制冷效应或制热效应。

现场安装过滤减压阀控制气压，使用导压管将涡流冷却器引至调速阀附近，将涡流冷却器制冷端引至汽轮机调速阀反馈模块及电液转换器附近，安装三通对汽轮机调速阀反馈及电液转换器进行冷吹降温（见图8-1）。

最终通过技改将汽轮机调速阀反馈及汽轮机电液转换器的运行温度控制在40℃以内。

（2）压缩机组其他常规仪表。

对于压缩机组而言，其特点就是联锁逻辑复杂、联锁点非常多。因此常规仪表的防暑降温也同样重要。汲取调速阀反馈及速关电磁阀高温问题带来的教训，对机组剩余常规仪表做了全面的防暑降温工作。

对空压机、汽轮机、增压机仪表架的变送器制作安装隔热板进行全面热辐射隔离如图8-2

图8-2　使用隔热板对热辐射进行隔离

所示，单套制作隔热板约18m²，12套空分设备共计制作安装隔热板约216m²。安装后仪表隔热效果良好，机组周边常规仪表设备运行温度均能保持在30℃以内。

2）机组防喘振阀门减振措施

自2016年9月开车调试至今，空分设备20余台机组防喘振阀（见图8-3）受管道振动影响，气路附件产生高频振动，频繁造成阀门气路附件连接管路断裂。截至2018年9月底，因此问题已造成8次非计划停车事故，严重影响机组的稳定运行。

图8-3　机组防喘振阀门减振设备

制订解决方案：

（1）将空分设备20余台机组防喘振阀气路附件与阀门一体式安装形式，改造为整体安装在无振动源的桌式平台上，气路附件与阀门本体及管道分离。

（2）将原来执行机构双膜头与气路附件之间的金属气源管改造为气源软管连接。

（3）将原来的一体式定位器改造为阀位反馈与阀门定位器分离安装的分体式定位器。

改造完成之后空分设备20余台机组防喘振阀运行状态良好，再未发生类似事故。

3. 长距离传输衰减及干扰问题

信号在传输介质中传播时，将会有一部分能量转化成热能或者被传输介质吸收，从而造成信号强度不断减弱，这种现象称为衰减。在强电电路和强电设备所形成的恶劣电磁环境下，信号在传输的过程中容易产生干扰。

煤制油某装置成套设备就地控制柜采用PLC控制系统，调试初期发现原设计未采用分屏加总屏电缆且控制电缆距离较长，控制主电缆中的交直流信号存在同1根电缆中，交流控制回路存在信号干扰，直流控制回路存在信号衰减，导致设备无法正常控制，个别设备存在误启停现象，给装置运行造成重大安全生产隐患。

业主仪表对该问题进行了大量的排查分析论证后决定立项技改。解决措施如下：

（1）更换分屏加总屏电缆，现场桥架中动力电缆和控制电缆分开隔离敷设，严禁混放，且模拟信号和数字信号不能合用同一根多芯电缆，更不能和电源线共用电缆，避免产生电磁干扰现象。

（2）将现场控制回路供电由电气MCC提供的交流220V电源改为由PLC柜内直流24V电源提供，220VAC继电器更换为24VDC继电器；

（3）为保证PLC控制系统供电安全可靠，继电器回路新增独立冗余24V直流电源供电，根据电缆长度及继电器最小驱动电压适当调大直流电源电压；

（4）检查回路各环节的接地，提高接地系统的可靠性。

经过实施以上技改措施，实现了现场设备的精确控制，增强了现场PLC控制系统的稳定性和抗干扰能力，应用效果显著，对其他装置仪控设备具有指导和借鉴意义。

8.2.3 控制系统控制优化

自空分设备试车以来，承包商设计的部分控制系统逻辑无法满足现场实际生产的需求，生产异常时必须要求工艺操作人员及时、快速、准确地进行干预，严重影响着工况的及时有效调整，大大增加了工艺操作人员的工作量。为此，仪表人员会同厂商、空分厂生产部等对控制逻辑进行优化，并进行大量的测试及验证，运行效果良好。重点汇总了以下几项控制逻辑问题。

1. 低温泵无扰动切换控制优化

低温泵是空分设备的重要设备，对氧气、氮气生产能力和装置平稳生产具有举足轻重的作用。单套空分设备设计有2台液氧循环泵、2台高压液氮泵、3台高压液氧泵，都为冗余配置。由于泵本身、仪表电气等因素，使得1台泵故障、另1台泵不能完全复制另1台泵的运行参数，从而导致空分设备的负荷发生较大的波动，直接影响后续工况的操作稳定及氮气、氧气产量。如果工艺人员来不及调整负荷，入口空气流量不变，出口外送量突然少了一半，最终导致空分大机组喘振跳车事故。因此低温泵的无扰动切换是空分设备的重要控制对象，对于设备稳定运行、降低操作人员劳动强度都具有重要意义。

对于大型空分设备低温泵的控制问题，许多用户做了大量的研究并提出一些有效的解决方案。

1）无扰动切换控制策略

（1）双泵（变频电机驱动）控制策略（见图8-4）。

变频电机驱动的双泵在配置中主要是在泵后都带回流阀，泵转速由变频器控制，正常运行时，主泵在全负荷运行在加载状态（90%转速以上），且回流阀有一定开度（可能全关），载备泵以恒定的较低转速（具体低转速值根据泵厂家提供的轴功率曲线来确定）运行在卸载状态，且回流阀全开。当模式选择开关"AUTO/MAN"开关置为"1"时，主泵由于突然的气蚀或电气故障导致卸载时，处于冷却状态的备泵立刻加载，并将原先主泵的控制参数（电机驱动频率 $X\%$，回流阀的开度 $Y\%$）瞬间复制到备泵的控制器并且输出控制现场设备。切换过程，可以保持主管上

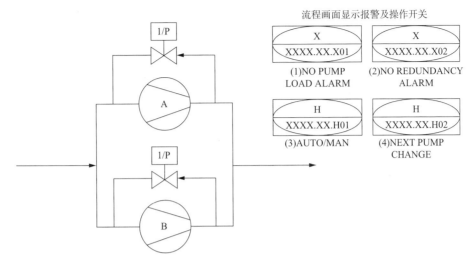

图 8-4　双泵（变频电机驱动）控制策略

的流量和压力基本无波动，目前项目中已经顺利调试的双泵切换的最高压力为 8.5MPa。

流程画面上有以下报警点和操作开关在于：

增加回流阀控制信号（有的泵回流阀是手动 HIC 操作，有的泵是 PIC/FIC/LIC 控制）。

之前用"泵的电机的运行反馈信号 ON/OFF"来执行的联锁信号，在此用"泵的加载/卸载信号 LOAD/UNLOAD"代替。当然"泵的加载/卸载信号"已经包含了"泵的起/停信号"（电机停止是泵卸载的一种原因）。

①NO PUMP ON ALARM（双泵均停止报警）在此定义为"NO PUMP LOAD ALARM（双泵均卸载）"，即当 2 台泵都卸载时，产生报警信息，和联锁其他工艺动作。

②NO REDUNDANCY ALARM（双泵冗余缺失报警），命名和之前一致，含义不同（如上所述，逻辑中包含的"起停信号"替换成"加载/卸载信号"）。

③AUTO/MAN（双泵运行手/自动模式选择开关）同上。

④NEXT PUMP CHANGE（双泵切换开关）同上，特别说明这里的切换指的是 2 台已经运行的泵之间"加载"和"卸载"状态的切换，不是直接的"启动"和"停止"的切换。

（2）三泵（变频电机驱动）控制策略（见图 8-5）。

在特殊项目设计中（如对内压缩高压氧气的用量需求特别大时，1 台泵的负荷无法满足设计要求或冗余双泵配置的性价比过低的情况下），液氧内压缩/后备泵（液氧来自储槽，内压缩流程泵和产品后备泵共用 1 泵的流程设计）采用 3 个相同规格泵的方案，工艺要求正常 2 台泵加载全速运行，1 台泵冷态下卸载低速运行，作为冷态备用。这个时候就必须考虑 3 台泵之间的有效切换和两两互为备用。设计思路如下（比较之前变频双泵的设计分析）：

首先要分析是否存在一个工艺泵加载运行，另外 2 台泵卸载运行的工况。当空分设备所在大型化工或冶金装置处于计划检修时间，内压缩高压氧气的用量可能降低到设计值的 50% 以下

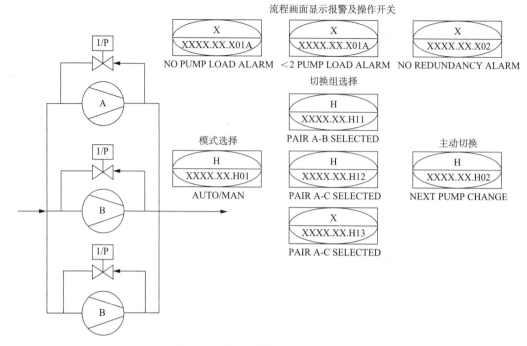

图8-5　三泵（变频电机驱动）控制策略

（最小值为单泵的最低流量要求），这时候空分设备可能已经停车，只需要在短期内通过运行内压缩/后备泵（此时该泵当产品后备泵使用）经过水浴式气化器送出正常工况的50%（或以下）的高压氧气流量。所以设置了第一种"NO PUMP LOAD ALARM"报警，提示操作员在上述工况下唯一的工艺泵的加载运行信号丢失。

由于正常情况（即空分设备正常运行，液氧通过内压缩流程配置的高压板翅换热器汽化），工艺要求至少有2台泵在加载运行，此时如果其中1台泵卸载，而备用泵无法有效加载，这时系统将发出第二种"＜2 PUMP LOAD ALARM"，提示操作员当前的单泵运行无法维持空分设备的正常运行，必须采取紧急处理措施。

在该设计中，第三种报警"NO REDUNDANCY ALARM"表示3台泵失去冗余模式。正常情况下："AUTO/MAN"开关置为"1"时，且3台泵中的2台泵是加载的，1台备用泵在卸载低速运行（非复热状态），这个时候属于正常的冗余自动模式。否则任何一个条件引起这种模式的破坏，就会产生该报警。

"AUTO/MAN"选择开关的含义基本上和双泵设计相同。即用于"自动模式"的激活，同时还作为其他3个"切换组选择开关"的"使能"信号。

泵的有计划主动切换在这个设计方案中是两两切换的，通过切换（自复位）开关实现。所以增加了3个切换组开关"PAIR A–B SLELECTED""PAIR A–C SELECTED""PAIR B–C SELECTED"来指定在所选的2台泵之间实现自动（意外卸载）或人工（有计划）切换的2台泵。2 个泵之间的切换必须满足：1 台泵是卸载运行、1 台泵是加载运行的，所以在 2 台都加载运行的泵之间是无法切换的（逻辑里锁定"该组选择开关"在"0"状态）。

在 3 个切换开关，在任何时候都只有 1 个开关是为"1"，其余为"0"。比如说当前"PAIR A-B SELECTED"选择开关为"1"，其余 2 个开关状态为"0"，操作员在上述条件允许的前提下主动将"PAIR A-C SELECTED"开关置为"1"。这时原先为"1"的"PAIR A-B SELECTED"立刻置"0"，"PAIR B-C SELECTED"开关维持原状态。

"NEXT PUMP CHANGE"自复位切换按钮的含义同双泵逻辑。在选定的 2 个泵之间进行主动切换动作（交换 2 个泵的工艺参数，包括频率和回流阀开度）。

（3）双泵及三泵切换控制逻辑的设计特点：

当 2 台或 3 台泵的运行模式选择为"AUTO 自动"，运行的泵意外跳车或卸载，备用泵可以正常启动或加载，使得流程没有中断并无明显波动影响工况。但是程序中逻辑判断的输入信号是各个泵电气反馈的运行信号，电气就绪信号，和程序中加载信号（都是开关量）在切换过程会短时间内（通常小于 2 秒，取决于 DCS 系统的处理速度和电控反馈信号的响应速度）同时为"0"或"1"（正常不会出现相同状态），所以在程序中处理这些开关量发生报警信息或联锁动作时，可能要做短时间的延时处理（过滤无效报警或联锁信号）。

当 3 台泵的运行模式切换到"AUTO（自动）"时，若正在加载运行 2 个工艺泵的任一个意外卸载或停车，低速卸载运行备用的泵立刻加载投入工艺生产。但是切换是在 3 个切换组开关"PAIR A-B SLELECTED""PAIR A-C SELECTED""PAIR B-C SELECTED"的限定下完成量切换的，操作员无法预测意外卸载的状况发生在哪一台泵上。所以这里必须设计一个切换组自动识别的机制。比如 A、B 泵都在加载运行，C 泵处于卸载低速运行，此时上一次操作或自动联锁切换的结果是"PAIR A-C SELECTED"=1，其余两个开关为"0"，若此时 B 泵发生卸载。工艺上要求 C 泵立刻加载投入，所以切换要发生在"B-C"切换组中。这个时候必须要有判断机制迅速自动将选择开关"PAIR B-C"自动置为"1"，其余为"0"。这就需要有结合工艺设计严密的判断机制。

2）现场应用情况

为了验证无扰动控制策略的可行性，在 $10.15 \times 10^4 \mathrm{Nm}^3/\mathrm{h}$ 空分装置上进行了应用，效果良好。

大型空分装置低温泵的无扰动控制策略，当 1 台运行泵故障情况下，另 1 台备用泵完全复制故障泵的运行参数，这种策略保证了氧气、氮气外送管网的压力、流量等工艺参数在没有操作人员干预的情况下在允许的范围内波动，成功地在 $10.15 \times 10^4 \mathrm{Nm}^3/\mathrm{h}$ 空分装置上应用，并准备在同行业化工板块空分装置推广应用。

2. 空分装置自动变负荷操作原理

1）先进控制概述

空分自动变负荷系统由两部分组成：工艺优化计算（RTO）和模型预测控制（MPC）。RTO 模块根据装置的变负荷要求，通过空分低温深冷工艺优化计算，计算出与负荷变化相关的过程变量的最优操作值，并送入多变量预测控制MPC中。MPC模块则在不违背设备约束与保证产品质量的前提下，逐步将装置推向RTO计算所得到的最优稳态工作点，如图8-6所示。

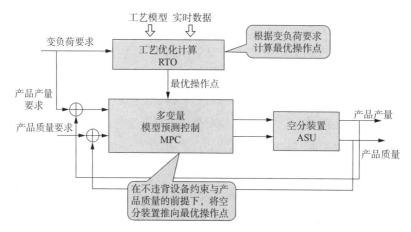

图8-6　先进变负荷原理

自动变负荷生产控制技术代替了操作员的手动操作，因此应全面配置必要的监测仪表，以便更好、更快地实现自动负荷变化。主要经过控制方案建立、软件安装、先控站与DCS通信建立、组态操作界面、DCS层逻辑组态、测试和最终测试等过程。

为实现变负荷控制，在设计上需采用以下措施来保证负荷的调整。空压机的性能在低负荷运行时能避免进入喘振区，并且入口导叶应具有良好的控制快速性和平稳性。膨胀机的设计要符合负荷变化的要求，保证膨胀机在膨胀空气量要求变化时，能在一定的转速范围内安全、可靠的运行。填料塔比筛板塔的液体滞留量少，操作气液比和弹性较大，变负荷迅速，因此其操作负荷可以在较大的范围内变动。精馏塔在全负荷范围内能保证工况的稳定性。阀门的尺寸和性能适合流量动态变化的要求。控制阀应有较大的可控比，并且在整个负荷变化范围内能控制及时和准确。仪表的选型和调节控制系统的设计应使测量滞后减到最小程度，以保证连续监测的精准性。对现场仪表的精准度及快速要求比较高。

由于精馏制氩流程对主塔操作压力的稳定性要求特别高，在负荷变化时，如何保证精馏工况的稳定性是变工况技术的关键。

2）空分设备集群目前运行状态

（1）由于后工段生产过程用氧量并不是恒定不变的（如气化装置降负荷或停炉引起用氧量减少等），导致空分设备负荷需求的大幅度变动。而空分设备生产过程不可能将生产能力立即调整，实际生产中只好将多余的氧气放空，以致造成了大量能耗与经济损失。

（2）空分设备生产操作相对复杂，控制变量和被控变量达几十种，对操作工的要求较高。

（3）煤制油项目配置12套空分设备，熟练的操作工紧缺，部分新入职人员未完全理解空分设备运行机理和操作手段。

（4）空分设备工艺参数及仪表报警数目较大，自控率难以达到100%，工艺中控岗位人员监控压力大、劳动强度高。

3）自动变负荷控制实施难点

自动变负荷生产控制技术：就是要求在产品（氧、氮、氩）纯度合格的条件下，按一定速率改变生产能力直至一个新的工作点。

耦合严重：空分设备工艺大量使用了热集成与物料再循环技术，使空分设备具有典型的能量与物料高度耦合的特征，单元之间关联增强，加大了空分设备的操作难度。

强非线性：气体需求并不是固定不变的，而是呈现周期性、阶段性、间歇式的特点，导致空分设备负荷需要大幅度变动。空分设备大范围变负荷会引起过程的非线性控制要求。

速度跟踪：在变负荷过程中，一类是平稳控制要求，如氧、氮、氩的纯度，在变负荷过程中必须满足工艺要求，否则会造成产品不合格；另一类是时间最短要求，如氧、氮、氩产量，要求以最短的时间调节到相应的负荷要求，以适应波动的用氧需求。

最优工况计算：在升、降负荷过程中，用户确定仅是产品目标的大小，并没有确定目标工况其他过程变量的目标值，涉及最优工况计算的问题。在满足全流程物料平衡、能量平衡、产品约束和产量要求的前提下，考虑空分设备的全流程操作优化，提高产品提取率，降低操作压力。

系统能够根据下游氧气的需求量，实现不同工况间的平滑过渡，快速实现变负荷，同时满足氧、氮和氩产品的质量指标。同时，通过空分设备的全流程操作优化，最小化下塔压力，减少空压机消耗；提高氩馏分中氩含量。该技术在变负荷过程中，自动地把装置维持在过程和设备的安全约束范围内，能够保证空压机、增压机等关键设备在高负荷时不会超负荷，在低负荷时不进入喘振区域，在变负荷过程中，避免出现氮塞现象和膨胀机带液现象。

4）DCS安全逻辑监控

在DCS建立安全逻辑监控，主要实现以下功能：

（1）监控上位机与DCS通信状况，一旦发生通信故障时，立即关闭先进控制器，将各控制回路从先进控制模式返回到常规控制模式。

（2）检查各回路的当前控制模式，判断是否具备投运条件。如果具备，则设置为先进控制模式；如果不具备，保持或者返回常规控制模式。

空分设备DCS控制系统为艾默生控制系统。本项目在DCS局域网内增加3台上位机，安装自动变负荷系统软件。该自动变负荷系统将采用专有OPC通信软件包与DCS系统进行通信，实现系统的无缝对接。

自动变负荷方案基于多变量模型预测控制器设计，以DCS系统为基础，通过OPC为桥梁与上位机相连，先进控制软件位上位机平台，只需输入目标值，氧气产量将按一定速率变化，关键变量、模型计算值、回路设定值和调节阀输出值都处于自动调节状态。

测试利用浙江大学工业控制研究所研发的FRONT-Test测试软件进行测试。装置测试在75%~105%工况附近进行测试，范围包括空压机、上塔、下塔、粗氩塔、主换热器各参数。

5）先进控制操作画面

在DCS系统上为空分设备自动变负荷系统设计如图4所示的操作界面。在画面上，操作工只需确定产品氧气流量、产品液氮流量，然后点击控制器开关，切换到ON状态，空分设备自动变负荷系统投运，具有操作简单、使用方便的特点，实现了空分设备的"一键变负荷"功能。为了便于操作工使用，开发了DCS操作界面。如图8-7所示为9#空分设备变负荷控制测试过程中的DCS操作界面，当前仅对氧产品流量进行变负荷测试，目标值为$10.2 \times 10^4 Nm^3/h$。

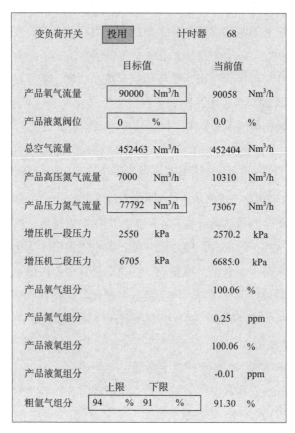

图8-7 先进变负荷操作画面

6）空分设备自动变负荷控制存在问题

（1）设计方案可能存在因连接或硬件异常而发生的自动变负荷中断。为防范此类风险发生，调试期间在DCS系统上设置中断监测和无扰切换逻辑，保证在此类故障发生后能够平稳地自动切换回常规工作状态，需在线切换试验。

（2）二系列空分设备去分子筛污氮气气量需要根据环境中二氧化碳含量及分子筛入口温度调整，需要加入先进控制。

8.2.4　生产管理标准化

1. 检修作业风险分级管控

化工仪表设备检维修管理界面多，检维修过程频繁接触高温、高压、低温、有害气体等危险环境，为确保仪表检维修的过程安全、有序地开展，必须严格规范检维修过程管控。

根据空分集群设备检修作业点多面广的特点，仪表专业分析归纳了各种操作流程及潜在危险源，经过辨识、评估，根据作业风险等级划分为高、中、低等级，明确要求根据各类作业的风险等级，联系所对应级别的管理人员到现场对检维修作业过程中的风险进行辨识及落实风险预控措施，逐项进行确认、签字、把关，此举强化了管理人员安全履职履责，确保直接作业环节安全受控。

2. 检维修作业标准化

现场执行标准化检修作业制度，对复杂作业进行分解，针对每一项作业拍摄仪表检维修标准化作业流程视频，作业前结合标准化作业视频进行交底。同时针对重大操作由技术人员编写作业指导书，作业指导书编制要求以图文形式表述，其内容包括作业环境风险评估、作业过程安全告知、准备工作（图纸、工器具等）、检修作业详细操作步骤、测试方法以及质量验收环节，作业指导书由运行部主管领导及主管部门审核签发。现场作业人员在作业过程中严格按照作业指导书内容进行操作，现场作业实现统一标准。

与现场作业相比，多系列多套空分设备控制系统作业有其作业界面繁琐、逻辑复杂、多套空分设备共用同一个控制网络的特点。且多套空分设备系统标识号相似，作业人员在作业过程中极易将位号混淆，误操作风险较高。针对系统作业相关特点，除了需要完善的作业指导书及标准化检维修视频，控制系统作业过程要求严格执行"手指口述唱票"制度，每一项操作需操作者及唱票者同时确认后才能执行。系统操作的全部过程录制系统操作"手指口述"视频，使整个作业过程受到管控，操作步骤具有可追溯性。

空分设备的系统种类繁多，各系统之间接口复杂，控制器及卡件数量巨大，因此保证各类系统稳定运行是系统日常维护的重点工作。通过标准化作业指导书为系统控制器、卡件巡检量身定制路线以及巡检方式，将系统巡检的巡检内容以表格的形式体现，具体到卡件的每一颗运行指示灯状态，由现场巡检人员对标执行，此举将大大提高系统巡检过程中发现问题和管控问题的精准程度。

通过标准化作业管理，使作业过程及作业质量规范化、统一化，将繁琐的作业过程转化为流水线作业，确保多系列多套空分设备作业活动中标准、过程、质量完全一致。

3. 总结与展望

设计、施工、调试仪表人员必须深度参与，既锻炼了队伍，又培养了顶尖仪表技术能手，在煤制油装置率先使自控率、完好率、联锁投用率均达100%，实现了煤制油首套黑屏操作化装置，创造了最大、最强、最优、最美的全自动化空分设备集群。

承担着DCS国产化、大型压缩机组负荷分配和控制、分子筛大口径切断蝶阀国产化、高压氧气调节阀国产化、24英寸以上的大口径GLOBE阀国产化、高压差迷宫阀国产化、多级降压阀国产化等关键和重大技术、装备及材料国产化攻关任务，助推了民族装备制造企业跨越式发展，促进"中国制造"走出国门，实现了技术逆袭，让"中国制造"向"中国智造"强力迈进。

第9章
空分设备应急管理

空分设备存有高压蒸汽、氧气、氮气、液氧、液氮等运行介质，具有高温、高压、易燃易爆、窒息等特点，一旦发生异常，会导致火灾、爆炸、灼烫等危险发生；在检维修作业时可能还会发生高处坠落、机械伤害、起重伤害、物体打击、触电等事故；因自然灾害会造成不可抗拒的事故，如地震、雷（电）击造成设备、设施损坏，化学品泄漏产生燃烧、爆炸等灾害性事故。本章依据不同事故类型的危险特性，参照《中华人民共和国安全生产法》《生产经营单位生产安全事故应急预案编制导则》（GB/T 29639—2013）《国家安全生产事故灾难应急预案》等国家法规、标准，以煤制油空分厂应急预案为例，从综合应急预案、专项应急预案、工艺应急预案、现场处置方案、应急演练5个方面对空分设备事故应急处置进行介绍。

9.1 综合应急预案

9.1.1 总则

1. 编制目的

为了做好自然灾害、事故灾难、公共卫生和社会安全等突发事件的防范与处置工作，使之处于可控状态，保证抢险、救灾工作高效有序进行，最大程度地减少人员伤亡、财产损失、环境损害和社会影响，特制订综合应急预案。

2. 适用范围

该预案适用于煤制油空分厂内及周边受影响区域的突发性灾害预防和应急处置。

按照事故灾难的可控性、严重程度和影响范围，生产安全事故级别分为特别重大事故（Ⅰ级）、重大事故（Ⅱ级）、较大事故（Ⅲ级）、一般事故（Ⅳ级）4个级别。

（1）特别重大事故（Ⅰ级）：一次性直接经济损失500万元以上的事故；全厂停车168小时以上。

（2）重大事故（Ⅱ级）：一次性直接经济损失200万元以上500万元以下的事故；单套装置停车168小时以上；全厂停车72小时以上168小时以下。

（3）较大事故（Ⅲ级）：一次性直接经济损失80万元以上200万元以下的事故；单套装置停车72小时以上168小时以下；全厂停车24小时以上72小时以下。

（4）一般事故（Ⅳ级）：一次直接经济损失2000元以上80万元以下；单套装置停车24小时以上72小时以下。

3. 应急预案体系

根据《生产经营单位生产安全事故应急预案编制导则》（GB/T 29639—2013），厂应急预案体系包括综合应急预案、专项应急预案、现场处置方案。

综合应急预案从总体上规定应急组织机构和职责、应急响应行动、措施和保障、基本要求和程序等，是应对各类事故的综合性文件，由厂安健环部组织编制，经厂长批准后发布实施，并报煤制油分公司备案。

专项应急预案依据空分厂安全生产特点，为应对某一类型或几种类型事故，着重解决特定事故的应急处置，是综合应急预案的支持性文件，由空分厂各专业部门组织编制，随综合预案一并签发并报煤制油分公司和政府相关部门备案。

现场处置方案为厂安全生产事故应急预案的二级预案，是针对具体的装置、场所、设施或岗位存在的危险源所制订的应急处置方案，由运行部组织制订，经运行部负责人审核、部室会审、厂分管领导审批后实施，并报煤制油分公司备案。

空分厂应急预案体系的构成如图9-1所示。

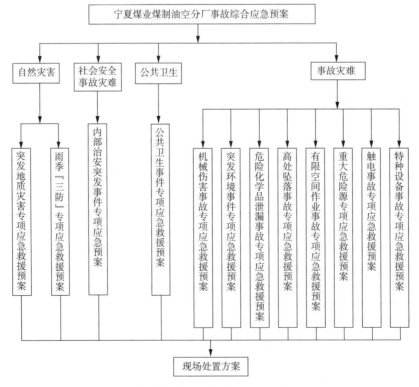

图9-1 空分厂应急预案体系

4．应急工作原则

（1）坚持以人为本原则。在事故抢险过程中，必须以保障遇险人员的生命安全为最高利益，同时确保救援人员的安全，严防在救援过程中次生事故的发生。

（2）坚持统一指挥原则。事故应急救援工作必须在煤制油分公司应急救援指挥部和现场应急救援指挥部的具体领导指挥下进行。

（3）坚持自救互救原则。事故发生初期，事故运行部要按照现场处置方案积极组织抢救，并迅速组织遇险人员沿正确路线快速撤离，防止事故蔓延扩大。

（4）坚持通信畅通原则。在救援过程中必须有可靠的专用通信工具，保障通信畅通。

（5）坚持资源整合原则。按照整合资源、降低成本、提高效率的要求，实现人力、物资、设备、技术和信息的合理配置，形成全方位的协调联动机制，做到统一调度和资源共享。

（6）坚持科学应对原则。加强安全科学研究和技术开发，采用先进的预测、预警、预防和应急处置技术，充分发挥专家队伍和专业人员的作用，提高应对突发事故灾难的科技水平和指挥应对能力，避免发生次生、衍生事故。

（7）坚持预防为主原则。高度重视安全工作，常抓不懈。对事故隐患认真进行排查、评估、治理，坚持预防与应急相结合。

9.1.2 事故风险描述

空分设备内具有高温高压、易燃易爆等特点，危险化学品重大危险源、关键装置和要害部位构成空分设备三级重大危险源。针对煤制油空分厂生产特点，主要危险分析如下：

1．危险介质

在生产过程中产生或使用的危险介质主要有氧气、氮气等（见表 9-1 和表 9-2）。

2．过程危险性分析

生产过程具有高温高压、易燃易爆等特点。一旦发生事故，会导致火灾、爆炸、窒息、高处坠落、灼烫、机械伤害、起重伤害、物体打击、触电、电离辐射等事故。

3．自然灾害

因自然因素造成不可抗拒的事故。如：地震、雷（电）击造成装置、设施损坏，有毒化学品泄漏产生中毒、燃烧、爆炸等灾害性事故；洪水、暴雨、沙尘暴、龙卷风等引发次生自然灾害事故。

4．其他事故

主要包括：因驾驶员违章操作、车辆缺陷造成的人员伤亡交通事故；因恐怖分子、极端分子为泄私愤、蓄意破坏，致使化学品泄漏，引发燃烧或爆炸事故；因传染病疫情，群体性不明原因疾病，食品安全和职业危害，动物疫情，以及其他严重影响员工健康和生命安全的事件；因矛盾纠纷、民族宗教、涉外引起的群体性突发事件。

表9-1　主要危害物质理化性质及特性

序号	名称	物理性质	应急处置	危险类别	火灾分类	危害
1	氧气	无色无臭气体；溶于水、乙醇；熔点-218.8℃；沸点-183.1℃；相对密度1.43（空气密度为1kg/m³）	少量泄漏时：隔离污染区，限制人员出入；切断火源；关闭阀门，切断气源，让其自然扩散。 大量泄漏时：立即报警，迅速撤离泄漏区人员至安全区；切断火源或电源；尽可能关闭泄漏瓶阀；让泄漏气体自然扩散。 应急处理人员穿一般棉制工作服，戴棉制手套（应干净无油）。 注意事项：防止泄漏气体进入受限制的空间（如下水道等），以防发生爆炸；勿使泄漏气体与还原剂、有机物（如油脂）、易燃物以及金属粉末接触；避免钢瓶震动、撞击和摩擦。在泄漏的富氧（含氧量≥23%）中的应急处理人员，在通风处停留15min后，方可撤离。 设备器材：消防水带、喷射水以及钢瓶阀门，专用开关和活动扳手（注意无油）	不燃气体、氧化剂	乙类	常压下，当氧的浓度超过40%时，有可能发生氧中毒
2	氮气	无色无臭气体；微溶于水、乙醇；熔点-209.8℃；沸点-195.6℃；相对密度0.97（空气密度为1kg/m³）	迅速撤离泄漏污染区人员至上风处，并进行隔离，严格限制出入。建议应急处理人员戴自给正压式呼吸器，穿一般作业工作服。尽可能切断泄漏源。合理通风，加速扩散。漏气容器要妥善处理，修复、检验后再用	不燃气体	—	空气中氮气含量过高，使吸入气氧分压下降，引起缺氧窒息

表9-2　空分厂危害物质分布表

位置 物质名称	后备系统	空分装置
氧气	√	√
氮气	√	√
液氧	√	√
液氮	√	√

9.1.3　组织机构及职责

1. 应急组织体系

厂应急救援组织体系由应急救援指挥部、现场应急救援指挥部、应急救援指挥部办公室和

9个应急救援工作组组成，如图9-2所示。

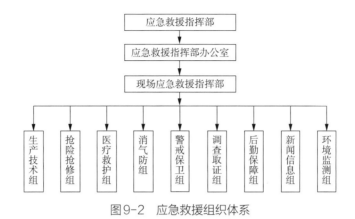

图9-2 应急救援组织体系

1）应急指挥部

总指挥：厂长

常务副总指挥：副厂长（生产）

应急副总指挥：副厂长、党总支副书记

成员：副总工程师、部门负责人、各运行部党政主要负责人

2）现场应急救援指挥部

现场应急救援指挥部设在事故现场（根据风向及事故现场情况由应急救援办公室确定）；现场总指挥由厂长或主管安全生产副厂长担任。

3）应急救援指挥部办公室

应急救援指挥部办公室是应急救援指挥部的日常办事机构。地点设在厂生产管理部，生产管理部部长兼任办公室主任。执行24小时值班制。

4）应急救援工作组

应急救援工作组由生产技术组、抢险抢修组、医疗救护组、消气防组、警戒保卫组、调查取证组、后勤保障组、新闻信息组、环境监测组9个组组成。

2．职责

1）应急救援指挥部主要职责

厂应急救援指挥部是本厂应急管理的最高领导机构，接受煤制油分公司应急指挥部和应急指挥部办公室的领导。平时负责重大应急管理工作的决策，在发生重特大突发事件时对厂事故应急救援工作实施统一领导、指挥和协调。负责事故状态下的应急救援决策。

2）总指挥应急职责

全面负责厂重大事件应急响应、处置和指挥工作。审查批准厂突发事件综合及专项应急预案。根据事故发生情况发布启动和解除应急救援命令。在事故处置过程中，及时召集指挥部成员研究现场对策，适时发布指挥命令。统一部署应急救援工作，指挥协调各专业组应急、抢险、抢修、救护等工作。调动各类抢险物资、设备、应急救援队伍和场地使用。在事故现场有可能出现危及人员生命和安全生产的险情时，及时发布人员和物资疏散指令。掌握事故现场的变化情况，必要时请求启动煤制油分公司级应急救援预案，接受煤制油分公司指令。根据事故具体情况做好稳定秩序和伤亡人员的处理工作，向上级公司报告。适时将事故的原因、责任及处理意见予以公布。指定消息发布人，审定发布材料，授权相关人员对外发布突发事件信息。配合上级部门进行事故调查处理工作。组织厂内部的事故调查，落实整改措施，及时总结应急救援工作经验。

3）副总指挥职责

组织业务范围内的日常应急工作准备。协助总指挥进行紧急状态处置，各司其职组织开展应急救援工作。预测事故的规模和发展态势，确定应急步骤，确保员工的安全、减小设施和财产损失。在救援服务机构到来之前直接参与指挥救护行动。安排寻找受伤者，疏导非救援人员撤离到安全地带集中。负责对各生产装置进行紧急停车处理。在紧急状态结束后，控制受影响地点的恢复，并组织相关人员参加事故的分析和处理。针对突发事故可能造成的危害，封闭、隔离或者限制使用有关场所，中止可能导致危害扩大的行为和活动。负责事故终结后组织人员搜寻、现场勘察等善后工作。根据应急总指挥的授权，代行总指挥职责，完成应急指挥工作。总指挥不在现场时，由各副总指挥到达现场后依据以下排序履行总指挥行使的职责：副厂长（生产）→副厂长（设备）→其他副厂长→党支部书记。

4）现场应急救援指挥部主要职责

根据厂应急指挥部指令，负责现场应急指挥工作，针对事态发展制定和调整现场应急抢险方案。密切掌握现场动态，及时收集事故信息，对救援行动进行调整。负责整合调配现场应急资源。根据应急救援工作进展，按厂应急指挥部要求做好有关新闻发布工作。收集、整理应急处置过程的有关资料。核实应急终止条件，上报厂应急指挥部，经同意下达终止指令。

5）应急救援办公室职责

（1）日常职责。

①组织相关专业部门编制和修订厂重大事故应急预案和专项预案，确定应对各种突发事件的程序。

②负责厂突发事件综合应急预案演习方案策划与实施。

③当发生突发事故时按程序启动应急预案，并向厂领导、相关部门报告，同时根据环境监测组的建议，设立现场应急救援指挥部。

④负责厂应急值班和应急信息收集，24小时值守电话，随时接收厂内各部门突发事件的报告和煤制油分公司、地方有关应急机构下发的各类信息，及时向公司有关领导、相关部门传达并接受、传达指令。

⑤按照公司应急救援指挥部的指令，统一对外联系，向煤制油分公司应急救援办公室上报重特大突发事件信息。

⑥根据突发事件的态势，按照应急指挥部指令向煤制油分公司提出增援请求。

⑦组织应急响应结束后的评估、恢复和总结改进工作。

⑧组织应急培训、演练及日常监督、检查、管理等工作。

⑨定期组织召开应急管理会议，讨论、协调和解决应急管理过程中的具体问题，监督各责任单位落实责任。

⑩负责对外迎接上级及地方专业部门的应急检查与指导。

⑪负责厂应急指挥部交办的其他工作。

（2）应急职责。

①接警。详细记录报警人的姓名、电话、事故地点、有无人员伤亡、采取的处置措施等。

②汇报。将接警情况向厂长、安全生产副厂长或厂主值班领导汇报，同时派一名值班技术员到事故现场确认事故情况，协调运行部进行事故处置。

③按照厂长指令发布厂应急预案启动和关闭指令。

④启动厂预案后，携带应急器材赶赴事故现场，设立现场应急指挥部。

⑤现场组织签到并分发通信器材，向总指挥汇报各应急小组人员到位及处置情况。

⑥按照总指挥指令，组织进行工艺调整。

⑦联系中控操作人员密切监控、协调调整消防水压力，废水排放。

⑧完成指挥部下达的其他工作任务。

⑨事态控制后按照总指挥指令发布解除应急救援命令，组织事发运行部做好现场清理等善后处理工作。

⑩应急结束后，清点各组人员，向总指挥汇报。

6）应急救援工作组及职责

（1）生产技术组。

组长：生产管理部部长

成员：生产管理部相关人员

职责：

①应急预案启动后，迅速通知本组人员，携带相关装置流程图等技术资料，赶赴事故现场向应急总指挥报到。

②立即组织相关运行部采取停车、泄压、置换、稀释、隔离等工艺处置措施，阻止事故扩大、蔓延，并向总指挥汇报工艺处置情况。

③根据现场情况及时向总指挥提供工艺、环保处置方案，并接受、落实工艺处置指令。

④针对现场应急救援情况，及时预判事态发展对下一步工艺处置影响，并向总指挥报告。

⑤协助做好事故后恢复生产所需物资的供应和调运，组织事故终结后的生产恢复。

⑥应急结束，清点本组人员，向总指挥汇报。

⑦参加事故终结后由应急指挥部组织的事故应急总结、评价、分析等工作。

（2）抢险抢修组。

组长：机械动力部部长

成员：机械动力部相关人员

职责：

①启动应急预案后，迅速通知本小组成员，携带相关设备图纸、抢修堵漏工具、设备等抢险救灾物资及个人防护用品，赶赴事故现场向应急总指挥报到。

②根据现场事故情况，及时安排相关抢险抢修的准备工作（人力、物力）。

③与生产技术组共同制订抢险抢修处置方案并落实安全措施。

④接受应急指令，及时供应、调集抢险所需的各类应急物资、设备，及时向总指挥报告应急物资到位情况。

⑤接受应急抢险指令，按抢险方案组织抢修抢险并及时向总指挥汇报。

⑥协助事故终结后的生产恢复及参与事故调查。

⑦应急结束后，清点本组人员，向总指挥汇报。

⑧参加事故终结后由应急指挥部组织的事故应急总结、评价、分析等工作。

（3）医疗救护组。

组长：生产管理部副部长

成员：医疗救护相关人员

职责：

①迅速通知本小组成员到达事故现场，落实急救站医疗人员随消防车到达现场情况。

②在事故现场与医疗救护人员核实救护车辆携带医疗救护器材情况（担架、氧气袋、急救箱、应急药品等），并向应急总指挥报到。

③立即对受伤人员进行医疗急救，并随时向总指挥报告受伤人员处置救护情况。

④与地方医疗机构联系，引导地方医疗救援车辆及时到达事故现场交接伤员，并对伤员救治情况进行跟踪、汇报。

⑤协助地方防疫部门，做好事故后卫生防疫和传染源的处置。

⑥做好伤员家属安抚及善后工作，及时向总指挥汇报。

⑦做好伤员家属安抚工作。

⑧应急结束后，清点本组人员，向总指挥汇报。

⑨参加事故终结后由应急指挥部组织的事故应急总结、评价、分析等工作。

（4）消气防组。

组长：安健环部部长

成员：安健环部、运行部相关人员、志愿消防员

职责：

①接到指令后，带领本组成员携带个人防护用品立即到达事故现场，组织开展现场受伤、

中毒人员的搜救工作，及时向应急总指挥汇报。

②负责事故现场侦察和组织救灾抢险工作。

③与事故运行部配合，查明泄漏物质的种类、泄漏点、被困人数、火灾类型及采取的措施，向总指挥汇报。

④组织事故运行部人员，利用周边消防设施对事故点周围重要设备设施采取喷淋降温等保护措施，阻止火势蔓延；稀释环境中有毒有害气体。

⑤对事态的发展进行分析，为应急救援指挥部提出相关解决意见。

⑥组织志愿消防队队员开展火灾扑救工作，待专业消防队抵达后全面配合其开展火灾扑救工作。

⑦救援力量无法满足救援需要时，向总指挥汇报请求外部支援。

⑧负责事故终结后人员搜寻、现场勘察等善后工作。

⑨做好日常抢险救灾物资的储备供应。

⑩参加事故终结后由应急指挥部组织的事故应急总结、评价、分析等工作。

（5）警戒保卫组。

组长：安健环部主管消防技术员

成员：运行部相关人员

职责：

①接到指令后，迅速通知本小组成员，携带警戒用品，赶赴事故现场向应急总指挥报到。

②按照总指挥指令，设置警戒区域并进行管制，疏散人员，维护现场秩序。

③按照指令对厂区道路和大门进行管制，严禁无关人员及未经准许的车辆进入。

④接应外来救援车辆和人员到事故现场。

⑤监督进入警戒区域的抢险人员佩戴个人防护器材、关闭手机。

⑥配合新闻信息组阻止未经授权人员对事故现场进行拍照、录像，防止事故相关信息外泄。

⑦协调煤制油分公司治安保卫人员对事故现场进行保护，协助事故现场有关证据的收集。

⑧应急结束后，清点本组人员，向总指挥汇报。

⑨参加事故终结后由应急指挥部组织的事故应急总结、评价、分析等工作。

（6）新闻信息组。

组长：办公室宣传干事

成员：办公室相关人员

职责：

①迅速通知本小组成员，携带新闻宣传器材，赶赴事故现场向应急总指挥报到。

②负责对事故现场进行拍照、录像，保管事故影像资料。

③对事故现场拍照、录像人员进行管控，杜绝未经指挥部授权私自拍照、录像等行为，防

止事故相关信息外泄。

④根据指挥部指令发布和披露紧急状况信息。

⑤负责与新闻媒体的接洽并向总指挥汇报。

⑥做好事故发生后情况观察分析、预报，宣传相关知识，平息突发事件和谣传，稳定环境秩序。

⑦应急结束后，清点本组人员，向总指挥汇报。

⑧参加事故终结后由应急指挥部组织的事故应急总结、评价、分析等工作。

（7）后勤保障组。

组长：办公室主任

成员：办公室及各部室相关人员

职责：

①应急预案启动后，迅速通知本小组成员，携带后勤相关应急物资，赶赴事故现场向应急总指挥报到。

②接受总指挥指令，为抢险人员提供生活、交通运输车辆等后勤保障。

③负责现场运输救援物资车辆的调配和使用。

④负责受事故影响人员疏散、安置、抚慰工作。

⑤协助医疗救护组做好伤员的救护、转院、家属安置、抚慰工作。

⑥负责外来支援人员的接待。

⑦应急结束后，清点本组人员，向总指挥汇报。

⑧参加事故终结后由应急指挥部组织的事故应急总结、评价、分析等工作。

（8）调查取证组。

组长：副总工程师

成员：事故相关专业人员

职责：

①迅速通知本小组成员，携带相关取证器材，赶赴事故现场向应急总指挥报到。

②对事故相关资料（工艺记录、工作日志、记录报表、监控录像、电话录音等）、物证进行搜集、封存。

③对事故原因、事故责任、事故损失等情况的前期调查取证，及时向总指挥汇报。

④配合煤制油分公司完成事故发生前期的调查取证工作。

⑤应急结束后，清点本组人员，向总指挥汇报。

⑥参加事故终结后由应急指挥部组织的事故应急总结、评价、分析等工作。

（9）环境监测组。

组长：安健环部环保技术员

成员：质检人员

职责：

①应急预案启动后，迅速通知本小组成员，携带环境监测器材和个人防护用品，赶赴事故现场向应急总指挥报到。

②对事故现场环境连续监测，确定危险区域和警戒区域，向总指挥随时汇报监测数据。

③对受事故影响的排水每0.5小时监测1次，向总指挥汇报外排水质监测结果，并为指挥部提供降减污染物的处理措施。

④按总指挥指令，向煤制油分公司及政府环保部门汇报事故环保应急处置情况。

⑤应急结束后，清点本组人员，向总指挥汇报。

9.1.4　预警及信息报告

1. 危险源监控

依据国家安全生产相关法律、法规和相关管理制度，建立健全生产安全事故隐患管理制度和危险源监控系统，采取人工和安全监测监控系统两种方式对危险源进行监控。结合生产条件和工艺流程，开展危险源辨识、评估活动，建立健全危险源台账，强化事故隐患及危险源的管控。对重大危险源可能酿成事故的预兆，按照预警机制，采取预警行动，及时消除隐患，防止事故发生。

2. 预警

厂及各运行部安全生产事故应急救援组织机构接到可能导致安全生产事故信息后，按照应急预案及时研究确定应对方案，并通知应急指挥部成员、各专业应急小组人员采取相应行动预防事故发生。应急救援办公室对安全生产事故采取以下措施：

（1）下达预警指令。

（2）及时发布和传递预警信息，提出相关对策和方案。

（3）连续跟踪事态发展，采取防范控制措施，做好相应的应急准备。

（4）应急机构进入应急准备，采取相应防范控制措施。

3. 信息报告

应急救援指挥部办公室负责接收日常各类安全生产事故报警，实施统一指挥、分级处理。

1）信息接收与通报

员工有义务通过报警电话和其他各种途径迅速报告和反映事故信息。

一旦发现事故征兆或发生事故，发现人员必须立即拨打急救电话向消防队报警，同时向本运行部、厂生产管理部值班人员报告，报警内容为：事故发生的时间、地点、事故类型（如火灾、爆炸、泄漏等）及报警人姓名和联系电话等。

生产管理部值班人员接到报警后，应立即报告厂应急救援总指挥及公司生产指挥中心，总指挥根据事故发展态势和严重程度，确定是否启动厂级应急预案。如启动厂级应急预案，生产管理部值班人员应立即通知厂应急救援指挥部成员及各专业应急小组，迅速赶赴事故现场，成立现场应急救援指挥部，采取应急措施展开应急救援。当超出厂应急处置能力时，由厂应急救援总指挥下达指令，请求公司启动公司级应急预案（应急救援通讯录详见附件1）。

2）信息上报

应急报警要求应急报警人说明险情地点、发生火灾介质、火灾猛烈程度、火灾发生持续时间、姓名、电话等。应急通知人即生产管理部值班人员用最短时间、最简练的语言向总指挥与应急小组负责人说明。应急报警程序如图9-3所示。

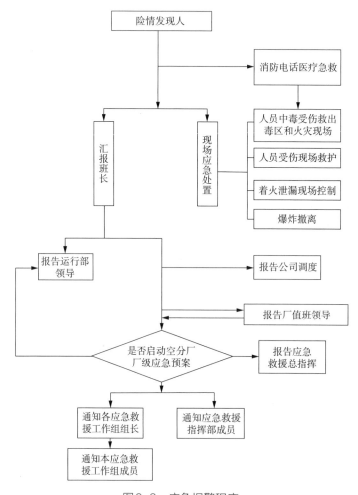

图9-3 应急报警程序

应急救援办公室按照总指挥的命令迅速向公司及相关部门报告。

事故发生后必须在24小时内写出事故快报（详见附件2和附件3），并按规定的事故报告程序和方式逐级上报。报告应包括以下内容：

（1）事故单位及事故发生的时间、地点。

（2）事故单位的经济类型、生产规模。

（3）事故的简要经过、遇险人数、直接经济损失的初步估计。

（4）事故原因、性质的初步判断。

（5）事故抢救处理的情况和采取的措施。

（6）需要宁夏煤业公司和上级部门协助事故应急救援和处理的有关事项。

（7）事故报告单位、签发人和报告时间。

3）信息传递

事故发生后，厂及各运行部通报事故信息程序如图9-4所示。

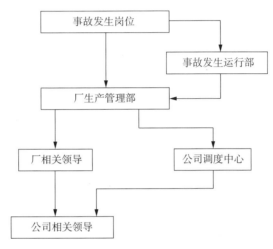

图9-4　通报事故信息程序

9.1.5　应急响应

1. 响应分级

厂应急响应分级如下：

一级响应：发生或可能发生重大（Ⅱ级）、特别重大（Ⅰ级）及以上事故由公司应急救援指挥部组织救援。

二级响应：发生较大事故（Ⅲ级）由厂按照总体应急救援预案组织救援，超出厂处置能力时启动一级响应。

三级响应：发生一般事故（Ⅳ级）由运行部按照专项应急救援预案组织救援，超出运行部处置能力时请求启动二级响应。

2. 响应程序

应急响应程序如图9-5所示。

3. 先期处置

接到预警后应立即清点人员，初步判断事故情况，控制事故扩大。

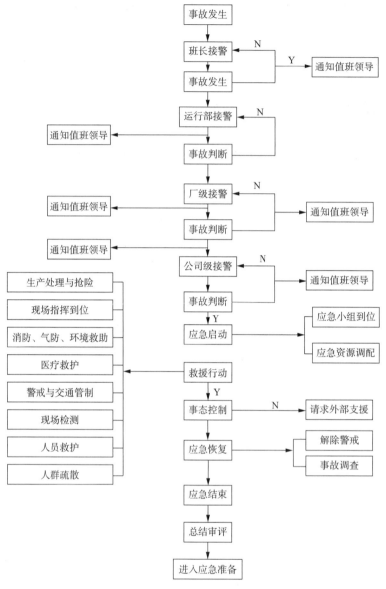

图9-5 应急响应程序

4. 应急救援

根据事故类型、可能造成的损失及发展态势，启动相应级别的应急预案，按照专项应急预案救援程序展开应急行动。

5. 应急结束

当灾害得到有效控制时，应急救援指挥部可视灾情，宣布结束紧急防灾害期。

紧急处置工作结束后，应急救援指挥部负责恢复正常生活、生产、工作秩序，修复毁损的基础设施，尽可能减少突发事件带来的损失和影响。

9.1.6 信息公开

由新闻信息组根据现场应急救援指挥部决定，对事故信息及时、准确地进行发布。

汛情、工情、险情、灾情等防灾信息实行分级上报，实行"空分厂→煤制油分公司→上级机构"报告制度。

防灾信息的报送和处理应快速、准确、详实，重要信息应立即上报，因客观原因一时难以准确掌握的信息，应及时报告基本情况，同时抓紧了解情况，随后补报详情。

一般性汛情、工情、险情、灾情，分别报送应急救援指挥部值班室负责处理。凡因险情、灾情较重，按分管权限一时难以处理，需上级帮助、指导处理的，经厂应急指挥部总指挥审批后，可向煤制油分公司应急指挥机构值班室上报。

凡经厂或上级应急指挥机构采用和发布的灾害、工程抢险等信息，应立即调查，对存在的问题及时采取措施，切实加以解决。

9.1.7 后期处置

1. 后期处置及恢复生产

应妥善安置受伤人员的家属，厂办公室做好受伤人员的详细资料统计，并根据《工伤保险条例》和《企业职工伤亡事故报告和处理规定》等，及时报告主管部门和劳动保障部门，同时做好受伤人员亲属的接待、安抚和补偿工作。

尽快恢复生产秩序，消除事故后果和影响，减少事故造成的损失。对化工生产事故，在此过程中仍存在潜在的危险因素，如工艺气泄漏、火灾、爆炸等，因此在恢复、清理现场时必须制定和采取检查有毒有害气体浓度和加强防护等安全措施；对危险化学品，潜在二次污染事故的可能性比较大，应制定防止二次污染预防措施，防止事故的再次发生。

应急救援结束后，参加救援的部门和单位应认真核对参加抢险救灾人数，清点各种救援机械和设备、监测仪器、个体防护设备、医疗设备和药品、生活保障设施等，并重新定期检查和维护，对于在救援中损耗的应急物资必须重新更换配备，始终保持完好状态。现场应急救援指挥部整理好抢险救灾记录、图纸等，及时总结分析，写出救灾报告。

2. 事故调查

按照有关事故调查的规定，救灾完成后，要组织事故调查组，对事故发生的原因、过程、经济损失和人员伤亡情况，进行认真细致的调查，以充分汲取事故教训，从管理、技术等方面进一步明确安全措施；并确定事故的责任者，提出事故处理意见和防范改进措施。

3. 总结与评估

事故应急救援工作结束后，应急救援办公室组织对事故的破坏损失程度、抢险过程、应急救援能力等进行评估。现场应急救援指挥部要组织分析、总结应急救援经验教训，提出改进工作的建议，完成总结报告。

9.1.8 保障措施

1．通信与信息保障

（1）保证装置扩音对讲系统和工业电视系统正常使用。

（2）各岗位配备充足的固定电话和无线对讲电话。

（3）各级管理人员要保证个人移动电话24小时开机。

2．应急队伍保障

（1）本着应急资源统筹计划、合理布点的原则，分专业分层次建立和完善区域应急救援系统。

（2）充分发挥公司现有应急资源，建立健全区域联动协调机制。

（3）充分利用社会应急资源，签订互助协议，确保应急期间的医疗救治、治安保卫、交通维护和运输等应急救援力量到位。

（4）加强应急队伍的业务培训和应急演练，增强员工应急能力。

3．物资装备保障

（1）依据安全生产事故应急处置的需求，建立健全以区域应急系统为主体的厂级、公司级应急物资储备和社会救援物资为辅的物资保障体系，建立应急物资动态管理制度。在应急状态下，由应急救援办公室统一调配使用（应急物资储备详见附件4）。

（2）建立健全消气防及雨季"三防"设备、物资和工具等材料库存，储备铁锹、镐、铁丝、雨衣、雨靴、编织袋、手电筒、潜水泵、急救车辆，各类急救用药品，灭火设施、器材、通讯工具若干必需的救灾装备、物资等。

4．经费保障

（1）必须保证应急管理的日常费用，如应急物质、人员训练和演练、装备储备、设备维护等所需的资金。根据需要设立专项应急资金，提高应对安全生产事故的处置能力。

（2）安全生产事故应急处置结束后，对应急处置费用进行如实核销。

5．技术保障

（1）组织聘请专家，建立分类分级突发事件应急专家库。

（2）建立健全突发事件应急技术信息平台。

（3）充分发挥技术机构和应急系统的作用，不断开发应急救援的新技术、新方法。

6．医疗保障

根据应急需要，与当地医院建立急救协议，配备相应的医疗救护车辆、药品、设备和医护人员，组织实施医疗救治工作和各项预防控制措施；同时通过社会应急医疗救护资源，支援现场应急救治工作，确保应急状态下的人员救治工作。

9.1.9 应急预案管理

1. 应急预案培训

（1）安健环部应做出对各类专业应急人员、应急指挥人员、单位员工的培训安排，使其了解并掌握预案要求。

（2）安健环部应对应急培训进行检查，不断改进培训效果。

（3）应急救援办公室、安健环部应会同有关各单位，组织开展应急宣传教育，提高人员的应急意识，熟悉各类灾害下的应急救援程序及自救互救知识、相关避灾路线等，减少人员伤亡。

2. 应急预案修订

（1）厂及各运行部应根据实际情况的变化对应急预案进行修订。

（2）出现以下情况时，应及时对应急预案进行调整：①新法律法规、标准的颁布实施或相关法律法规、标准的修订；②预案演习或突发事件应急处置中发现不符合项；③组织机构、人员发生变化或其他原因；④应急办公室负责应急预案的变更管理。

（3）预案每3年进行评审1次。根据评审结果对预案做修订，保持预案的有效性及可持续性。

3. 应急预案备案

应急预案经厂内部审批后报煤制油分公司和地方政府安全生产监督管理局备案，厂属各部室和各运行部按照本预案的规定履行各自职责，并制定相应现场处置方案报厂安健环部备案（详见附件5）。

4. 应急预案实施

预案由厂长签署，并于发布之日起实施，由应急救援办公室组织编制并负责解释。

9.1.10 附件

附件 1 应急救援通讯录

应急救援通讯录

序号	姓名	职务	联系电话
1			
2			
3			
4			
5			
6			
7			
8			
...			

附件2 安全生产事故快报表

安全生产事故快报表

单位名称		事故类别			
事故发生时间		事故发生地点			
重伤人数		事故已死亡（失踪）人数		死亡	
				失踪	

一、事故简要经过：

二、事故现场情况及救援采取的主要措施：

三、其他情况：

发生事故单位安全管理负责人 签字：	发生事故单位主要领导 签字：

附件3 突发环境事件信息报告表

突发环境事件信息报告表

报告单位		报告人	
报告时间	年　月　日　时　分		

基本情况：

事件类型：　　　　　　　　　　　　事件时间：

事件地点：　　　　　　　　　　　　初步原因：

主要污染物：　　　　　　　　　　　伤亡情况：

抢险情况：　　　　　　　　　　　　救护情况：

自然保护区受害面积及程度：

现场指挥部及联系人、联系方式：

预计事件事态发展情况：

需要支援项目：

接收信息部门		接收时间	
要求下次报告时间	年　月　日　时　分		
注意事项			
备注			

附件 4　应急物资储备一览表

应急物资储备情况一览表

序号	物资名称	规格型号	配备数量	备注
1	安全绳			
2	安全带			
3	警戒带			
4	应急照明灯			
5	高温隔热服			
6	防火毯			
7	担架			
8	急救药箱			
8.1	医用酒精			
8.2	生理盐水			
8.3	棉签			
8.4	医用绷带			
8.5	剪刀			
8.6	镊子			
8.7	烫伤软膏			
8.8	创可贴			
8.9	止血带			
9	便携式气体检测			
10	正压式空气呼吸器			
11	自吸式长管呼吸器			
12	自吸过滤式防毒面具（带滤毒罐）			
13	铁锹			
14	洋镐			
15	铁丝			
16	雨衣、雨裤			
17	雨靴			
18	防水手电筒			
19	编织袋			
20	潜水泵			
21	电缆			
22	防雨篷布			
23	塑料布			
24	手持式喊话器			

附件5 应急预案相关记录表

应急预案相关记录表

一、突发环境事件信息报告表			
报告单位		报告人	
报告时间	年　　月　　日　　时　　分		

基本情况：
事件类型：　　　　　　　　　　　　事件时间：
事件地点：　　　　　　　　　　　　初步原因：
主要污染物：　　　　　　　　　　　伤亡情况：
抢险情况：　　　　　　　　　　　　救护情况：
自然保护区受害面积及程度：

现场指挥部及联系人、联系方式：

预计事件事态发展情况：

需要支援项目：

接收信息部门		接收时间	
要求下次报告时间	年　　月　　日　　时　　分		

二、应急预案启动令			
签发人		签发时间	年　月　日　时　分
传令人		传令时间	年　月　日　时　分

命令内容：
（包括信息来源、事件现状、宣布事项）

受令单位：

受令人：

时间：

备注：

三、应急状态终止令								
签发人		签发时间	年	月	日	时	分	
传令人		传令时间	年	月	日	时	分	

命令内容：

（宣布事件应急救援工作基本结束，现场基本恢复，现场指挥部（小组）撤销，相关部门认真做好善后恢复工作）

受令单位：

受令人：

时间：

备注：

四、事故信息新闻发布单

1. 发布时间：

2. 发布地点：

3. 发布内容：

批准人：   发布人：

9.2 专项应急预案

9.2.1 危险化学品泄漏、中毒窒息、火灾爆炸事故应急预案

1. 总则

1）编制目的、依据

为迅速做好危险化学品泄漏、中毒窒息、火灾爆炸等事故应急处置和抢险救援的组织工作，及时、有效、科学地实施应急救援，防止事故扩大，最大限度地降低事故损失，依据《中华人民共和国安全生产法》《危险化学品安全管理条例》《危险化学品事故应急救援预案编制导则》《生产经营单位生产安全事故应急预案编制导则》等法律、法规和有关规定，结合实际，制订本专项应急预案。

2）适用范围

该预案适用于煤制油空分厂危险化学品生产、储存、运输和废弃危险化学品处置等过程中发生事故的应急救援处置。

3）基本情况

煤制油项目位于银川市东南约43km处的灵武市宁东镇马跑泉地区宁东能源化工基地煤化工基地A区的B6地块。空分项目包括2个系列，每个系列包含6套空分设备，共计12套空分设备及配套系统。每套空分设备流程包括空压机系统、空气净化系统、空气预冷系统、膨胀制冷系统、冷箱及精馏系统。

4）危险目标及危险特性

空分厂危险目标的确定。在生产过程中产生或使用的危险介质主要有氧气、氮气、液氧、液氮等，这些危险化学品在突然泄漏、操作失控或自然灾害的情况下，存在着火灾爆炸、人员中毒、窒息、环境污染等严重事故的潜在危险（见表9-3~表9-5）。

表9-3　危险目标的危险特性分析

氮气	无色无臭气体，微溶于水、乙醇	氮气本身对人体无毒害，属"单纯窒息性气体"，若空气中浓度过高，可引起缺氧窒息。吸入高浓度氮气，患者会迅速出现昏迷、呼吸心跳停止而致死亡
氧气	易燃物、可燃物，燃烧爆炸的基本要素之一，能氧化大多数活性物质。与易燃物（如乙炔、甲烷等）形成有爆炸性的混合物	常压下，当氧的浓度超过40%时，人有可能发生氧中毒。吸入浓度为40%~60%的氧时，出现胸骨后不适感、轻咳，进而胸闷、胸骨后烧灼感和呼吸困难，咳嗽加剧；严重时可发生肺水肿，甚至出现呼吸窘迫综合征。吸入氧浓度在80%以上时，出现面部肌肉抽动、面色苍白、眩晕、心动过速、虚脱，继而全身强直性抽搐、昏迷、呼吸衰竭而死亡。长期处于氧分压为60~100kPa（相当于吸入氧浓度40%左右）的条件下可发生眼损害，严重者可失明

表9-4 危险化学品数据表

物料名称	危化品分类	相态	密度（相对空气）	沸点/℃	临界温度/℃	闪点/℃	自燃点/℃	职业接触限值	毒性等级	爆炸极限/%（v/v）	火灾危险性分类
氧气	第2.2类不燃气体	气	1.43	−183.1	−118.4	无意义	无意义	未制定	无资料	无意义	乙
氮气	第2.2类不燃气体	气	0.97	−195.6	−147	无意义	无意义	未制定	无资料	无意义	

危害特性	
氧气	氧可助燃；与易燃物形成爆炸性混合物；能氧化大多数活性物质；窒息性气体
氮气	窒息性气体；若遇高热，容器内压增大，有开裂和爆炸的危险

表9-5 危险有害因素分布情况表

序号	危险因素	存在主要部位	备注
1	火灾	空分设备及电气线路、中央控制室、办公场所等	生产、检维修
2	爆炸	空分设备、后备系统等	生产、检维修
3	中毒窒息	氮压机厂房、后备系统等	生产、检维修
4	机械伤害	机泵维修、泵房等	生产、检维修
5	触电	变电所、开关站、配电室、电气线路、用电设备、防雷接地系统	正常作业或检修作业
6	高处坠落	冷箱、空冷塔、水冷塔、空冷岛等高处部位	正常作业或检修作业
7	灼烫	汽轮机、增压机、换热器等高低温设备、管道	高温设备、高温管道、腐蚀性物质使用储存
8	物体打击	生产场所、检维修	正常作业或检修作业
9	起重伤害	起重场所	正常作业或检修作业
10	车辆伤害	厂区道路	厂内外车辆
11	淹溺	循环水池、消防水池、罐等	正常作业或检修作业
12	坍塌	机组厂房、施工现场	正常作业或检修作业
13	噪声	泵房、放空等	生产、检修等
14	粉尘	珠光砂等	生产、检修等

危险目标周围要有可利用的安全、消防、个体防护的设备、器材及其分布，厂建有地下消防管网、可燃有毒气体检测报警系统、感温感烟报警系统，现场配备防毒面具、空气呼吸器、灭火器等安全消防设施、器材。

2. 现场应急救援指挥部及职责

1) 应急救援指挥部

现场应急指挥部根据现场情况和当天气象条件设在事故现场附近的合适地点，由厂长担任总指挥，负责安全生产工作的副厂长任副总指挥，负责厂事故应急救援工作的组织和指挥，成员由相关部室人员组成。厂现场指挥部在公司应急救援指挥部的领导下，负责事故现场应急的处置工作，进行应急任务分配和人员调度，有效利用各种应急资源，保证在最短时间内完成对事故现场的应急行动。

2) 主要职责

(1) 负责制订抢险救援方案。

(2) 组织指挥有关人员参与现场救援。

(3) 实施属地管理，组织治安、交通保障，做好人员疏散和安置工作，安抚民心、维护社会稳定。

(4) 协调各相关职能部门做好事故调查及善后工作，防止事故次生、衍生灾害的扩大，尽快恢复正常生产、生活秩序。

(5) 及时掌握和报告重要情况。

(6) 撰写紧急处置情况书面报告，报公司安全生产事故应急救援指挥部。

3. 专业救援组

现场指挥部根据事故现场的实际情况，指派相关部室牵头，成立以下专业救援组：

生产技术组：负责组织制订事故救援方案；分析事故信息和灾害情况；提出救援技术措施，为救援指挥部决策提出科学意见和建议；提出控制和防止事故扩大的措施；为恢复生产提供技术支持。

安全警戒组：负责现场遇险人员的搜救及火灾扑救工作；负责事故现场的交通管制、安全保卫和群众疏散；负责事故现场伤员的紧急救治和护送转运。

抢险抢修组：负责组织抢修队伍和抢修物资进行各类险情的抢修。

物资供应组：负责事故现场应急救援物资的调配与保障。

4. 事故发生后采取的处理措施

1) 报警

重大特大火灾、爆炸事故发生时，最早发现者和事故单位应立即向厂生产管理部值班人员和公司调度报警。

事故发生单位在报警的同时，立即采取有效自救措施，拉闸断电、抢救伤员、转移危险品、迅速灭火，防止事故进一步扩大；如事态失控，立即将人员撤到安全地点，请求启动厂、公司级应急救援预案。

2) 接警

生产管理部接到报警后，立即报告应急救援指挥部，并按应急救援指挥部决策、应急总指挥命令，下达应急处置指令，组织应急人员、应急车辆、应急物资，赶赴现场，抢险救援。视情况决定启动预案，并同时报告煤制油分公司应急救援指挥部。

生产管理部、应急救援指挥部按总指挥指令，立即用电话向煤制油分公司调度中心、安健环保部报告事故简况，报告内容：①事故发生的时间、地点；②事故的伤亡、损失情况；③发生事故的初步原因分析；④采取的措施及事故控制情况；⑤报告人姓名、电话。

事故现场总指挥到达事故现场后，根据事故状态及危害程度指挥各应急抢险队立即开展抢险救援。

3）工艺气体泄漏应急处理

发现泄漏险情的人员，应立即报告当班班长、生产管理部值班人员。如正在作业过程中发生化学品泄漏，员工应立即撤离事故现场（采取并用手或湿衣服捂住口鼻迅速逃离毒区或危险区），严禁不佩戴好气防器材（空气呼吸器、过滤式防毒面具、长管呼吸器）进行处理。

根据工艺气体泄漏的实际情况，在保障人员安全的前提下，当班班长、生产管理部值班人员、运行部值班领导可安排人员佩戴好气防器材，通过现场勘查、工艺参数分析、泄漏报警系统定位等手段确定泄漏点位置。

根据工艺气体泄漏情况，确定启动班组级、运行部级、厂级应急救援预案。

发现工艺气体泄漏时，应立即停止周围一切动火作业。警戒区内的车辆就地熄火。

班组、运行部、厂应立即对在岗人员进行清点，防止发生人员中毒窒息。

根据现场有毒有害气体监测结果，确定泄漏现场警戒区范围，及时设置警戒线。

引导或告知警戒区内需疏散人员尽快疏散至安全区域，疏散方向应为风向的上风向或侧风向，疏散路线宜以东四门和西三门为主路线。

必要情况下，采用强制通风设备对现场泄漏的可燃、有毒气体进行吹扫稀释，吹扫方向应朝向安全扩散区域，并结合现场风向、风力等情况确定。

出现工艺气体大量泄漏等紧急情况时，操作人员有权做停车处理。

在保证安全的前提下，采用带压堵漏措施。

对于抢险作业，必须严格控制火源，保持现场持续通风或吹扫，参与抢险作业、现场监护、监测等救援人员，必须佩戴个体防护用品、设备。

4）中毒窒息应急处理

发现中毒窒息险情的人员，必须第一时间打生产管理部值班人员电话报警，同时向班长、值班领导汇报。根据情况，确定启动班组级、运行部级、厂级应急救援预案。

立即大声疾呼"有人中毒，赶快救人、赶快报警""毒气泄漏了，赶快报警"等求救信号。以寻求其他人的帮助，同时也可起到阻止在场其他人员盲目进入有毒区的作用。

立即拨打报警电话。报警人不要惊慌，要根据接警人的提问讲清事故地点的具体位置、有毒气体的名称、是否有人中毒或死亡，所使用的报警电话号码和报警人的单位与姓名等。

根据中毒窒息发现现场实际情况，在保障抢救人员安全的前提下，当班班长、生产管理部值班人员、值班领导可安排人员配戴好气防器材，实施抢救。决不容许救护人员在没有佩戴气防器材的情况下进入毒区。

发现中毒、窒息者要坚持"立即、就地"抢救原则，采取如下紧急措施：对呼吸中止与心脏停跳者，立即做人体胸外心脏按压与强制供氧，对能自主呼吸者立即采取防毒措施，迅速转移出有毒区域；对衣服被污染者，立即脱掉衣服同时注意保暖，护送中毒者去医院治疗。同时向生产管理部值班人员汇报，尽快送医院抢救。

关阀切断有毒介质的来源，设置警戒线防止有人误入有毒区域，把事故危害控制在最小程度之内。采取关阀、堵漏、疏导与中和等手段消除有毒物质，防止继续危害人体，利用消防喷雾水枪驱赶毒物。

安排警戒人员在现场警戒，防止其他人员进入毒区。

进入罐、釜内检修作业中毒时的救援：

（1）迅速掌握事故现场的情况，了解罐釜内有毒物的性质、中毒者的数量、罐体及罐内温度情况、是否有物料继续进入罐釜内、是否有其他因素对罐釜继续造成不利影响，事故单位是否已采取工艺措施，罐内氧含量与有毒气体浓度情况。

（2）实施救援人员必须佩戴好空气呼吸器迅速进入罐釜抢救人员。救护人员要坚持"就地"的救人原则，撤离毒区施救。在毒区、特别是在罐釜内救人，一定要用仪表监测有毒气体浓度与氧含量情况，如有毒气体不是可燃气体或是可燃气体但浓度在爆炸范围以外，可在罐内给中毒者进行强制供氧；如果有毒气体为可燃气体且浓度范围在爆炸极限范围以内，应迅速把中毒患者转移至罐釜外进行抢救。如果中毒者有呼吸，应迅速给中毒者带上备用空气呼吸器，移出罐釜外安全地点进行抢救，发现有腐蚀性毒物灼伤中毒者，要迅速一边进行强制供氧，一边清理被污染衣物，清洗皮肤，但必须以苏生救护为主，有自主呼吸后迅速送医院救治。

（3）注意事项：罐釜内氧含量低于19.5%时，不佩戴呼吸器不得进入罐釜内作业，罐内可燃气超标时，禁止用供氧设备在罐内救人；可燃气超标时要使用防爆工具，防爆照明灯，穿防静电服装等；对有呼吸的中毒者最好要先给其戴上呼吸器，之后再移到安全地点。

浓烟与黑暗情况下中毒气防救援：

（1）浓烟与黑暗能见度极低的情况下，会给人员疏散和气防侦察与气防救护带来许多不便，其具体困难多为如下情况：事故现场人员极易慌乱，给疏散工作带来困难；极易迷路找不到出口，分辨不清高低，容易造成摔伤、触电等意外伤害；视线不清，给侦察工作带来困难，影响战斗行动；给就地苏生救护工作带来困难，如果抬离原地，异地救生，会延误时间，失去救生时机。

（2）加强侦察力量，配置照明设备、排烟设备，迅速掌握如下情况：风力与风向情况，烟雾、毒气的性质，是否已采取处理措施，中毒者的数量、大体位置，建筑物的结构、通道，电源是否切断。

（3）积极抢救伤员，利用强光灯寻找中毒者和迷路者，用气体检测仪，检测毒气浓度和氧含量情况，迅速抬出中毒者进行紧急救护，同时引导疏散迷路人员。

（4）组织人员配合救护，打开门窗和其他通风排烟设备排烟，增加能见度；关闭切断可能造成烟雾的源头，移走造成浓烟的物料，关掉电源防止触电；做好急救中毒人员的准备。

5）着火、爆炸应急处理

按应急报警程序进行汇报处理。

应急救援行动必须准确判明残留危险品是否还有续爆可能，严防二次爆炸事故发生。

发生危险品着火、爆炸时，周边范围立即停止生产、切断电源，在确认没有二次爆炸危险的前提下组织灭火，如不能切断泄漏源，要维持稳定燃烧，待完全切断泄漏源后方可灭火。灭火方式主要依据消防灭火方案及当时现场情况、危化品的特性有针对性地制定灭火措施。同时将周边范围危险品移到安全地点。

如判明有二次爆炸可能，应立即发出撤离警报，疏散人员撤到爆炸现场以外的安全地点，为防止续爆伤人，撤离路线要尽快避开防爆土堤的泄爆口。

设立警戒线，无关人员不能随意进入发生火灾爆炸后的现场，救援抢险队进入现场须经现场总指挥批准。

如发现人员伤亡，医疗救护队及时实施抢救，并迅速拨打急救电话说明情况，请求救援。

在保证人员安全的前提下，安排人员侦察事件现场并确认：被困人员情况；容器储量、燃烧时间、部位、形式、蔓延方向、火势范围与阶段、对毗邻威胁程度；生产装置、控制路线、建（构）筑物损坏程度；确定灭火攻防路线、阵地；现场及周边污染情况。

检测人员在不同方位从火场外围向内检测有害物质的扩散范围，特别注意对周边暗渠、管沟、管井等相对密闭空间进行检测。

根据现场侦检情况确定警戒区域，进行警戒、疏散、交通管制。合理设置警戒，严格控制进出人员、车辆、物资。在设立警戒区的同时，有序组织警戒区内的无关人员疏散。

针对不同的危险化学品和火情，选择正确的灭火剂和灭火方法控制火灾，当已具备灭火条件时，可实施灭火。

岗位作业人员应正确使用手提式干粉灭火器、蒸汽、水、砂土、防火毯等，对初期火灾实施灭火，防止火灾扩大、蔓延。

6）烫伤、烧伤应急处理

如果被蒸汽或蒸汽冷凝液、酸碱烫伤，立即用干净的冷水进行冷却清洗，并及时将烫伤部位裸露，切记不要将受伤部位的表皮损坏。

若发生小面积烫伤，及时去医院进行治疗。如果伤势严重，班长立即通知就近医院，以及运行部、厂有关人员。

伤者在送医院救护之前不能停止用冷水对受伤部位的冷却。

7）人员紧急疏散、撤离

应急疏散负责人：厂安健环保部负责人、公司治安保卫队队长。

应急疏散线路：应急疏散路线本着最短距离、逆风向的原则，按照本单位应急预案中设置的路线迅速撤离。

撤离方式：通过安全通道撤离现场。组织撤离的小组成员至少要有2名抢险队员。

安全通道要有1~2名抢险队员负责疏导，撤离人员要迅速、有序、安全地撤离，防止拥挤堵塞。通过安全通道后，要按规定线路撤离到安全地点集结。

应急疏散负责人指派专人清点人数，并及时向应急指挥中心总指挥报告。

抢救人员在撤离前，由消防队长向应急指挥中心总指挥请示，说明抢救情况，得到撤离指令后，由队长负责指挥抢救人员安全撤离。撤离后，向总指挥详细汇报抢救救援情况。

8）危险区隔离

事故现场利用周边设施设置隔离带，并将一定的距离确定为危险隔离区，事故现场拉设警戒线作为隔离标识。

事故现场周边区域的道路采取隔离措施，并对道路交通采用人工疏导办法，以确保其安全可靠。

9）检测、抢险、救援及控制措施

事故现场危害检测委托质检中心环境监测站进行，现场检测人员防护、监护措施按有关规定执行。

应急救援队员根据指令到达事故现场后，立即采取救援行动。要把保护人员的生命放在第一位。要迅速组织抢救受伤人员，撤离、疏散可能受到伤害的人员，最大限度减少人员伤亡。要准确判明残留危险品是否还有续爆可能，严防二次爆炸事故的发生。救护人员要佩戴安全帽和防护装备，携带必要的救助器材，并随时关注事故发展动态，严密监控。

现场救援过程中要时时监测发展动态，如事故扩大无法控制，厂应急抢险能力不足时，应立即请求煤制油分公司和友邻单位支援。如事态严峻，人力无法控制，由总指挥下达撤离命令，组织安全撤离。

10）受伤人员现场救护、救治与医院救治

应急救护队要对事故接触人员的受伤情况进行分类。根据受伤程度分为轻度和严重两类。

对于轻度受伤者，立即进行现场救护，对于重度受伤者，要及时转送医院抢救。

伤情严重的要转送医院抢救，并在转送中采取必要的救治措施。

医院应根据患者的伤情，采取不同的救治方案。

入院前要对患者进行必要的救治，患者送中心区医院救治。

救援信息、药物、器材储备等情况要随时向指挥中心汇报，并确保其有效性。

11）现场保护

事故发生后，要对事故现场进行设置警戒围护并进行必要保护。

当必须要移动现场物体时，要对事故现场进行拍照或录像并做好标记。

应急人员的安全防护。根据危险化学品事故的特点及其引发物质的不同以及应急人员的职责，采取不同的防护措施：应急救援指挥人员、医务人员和其他不进入污染区域的应急人员一般配备过滤式防毒面罩、防护服、防毒手套、防毒靴等；工程抢险、消防和侦检等进入污染区域的应急人员应配备密闭型防毒面罩、防酸碱型防护服和空气呼吸器等。同时做好现场毒物的清理工作（包括人员、设备、设施和场所等）。

群众的安全防护。根据不同危险化学品事故特点，组织和指导群众就地取材（如毛巾、湿布、口罩等），采用简易有效的防护措施保护自己。根据实际情况，制定切实可行的疏散程序（包括疏散组织、指挥机构、疏散范围、疏散方式、疏散路线、疏散人员的照顾等）。组织群众撤离危险区域时，应选择安全的撤离路线，避免横穿危险区域。进入安全区域后，应尽快去除受污染的衣物，防止继发性伤害。

5. 应急响应保障

1）通信与信息保障

岗位人员通过对讲机、内线电话、移动电话等通信手段，保证和相关单位能够随时取得联系，厂生产管理部值班电话保证24小时有人值守。

安健环部负责建立、更新厂、公司应急救援通讯录。

建立健全有线、无线相结合的基础应急通信系统，并大力发展视频远程传输技术，保障现场抢险指挥部和应急救援指挥部之间的通信畅通。

2）应急支援与装备保障

（1）救援装备保障。厂的危险化学品事故应急救援装备，依托煤制油分公司和基地化工园区消防站。基地化工园区消防站储备有关特种装备（药剂车、联用车、消防车、化学抢险救灾专用设备等）。依托现有资源，合理布局并补充完善应急救援力量；统一清理、登记可供应急响应单位使用的应急装备类型、数量、性能和存放位置，建立完善相应的保障措施。

（2）应急队伍保障。危险化学品事故应急救援队伍以消防队的专业应急救援队伍为基础，以公司应急救援队伍为重点，按照有关规定配备人员、装备，开展培训、演习。

（3）交通运输保障。在应急响应时，安健环部联系机械动力部利用现有的交通资源提供交通支持，以保证及时调运危险化学品事故灾难应急救援有关人员、装备、物资。

（4）医疗卫生保障。由安健环部负责与各级医疗部门联系，组织协调各级医疗救护队伍实施医疗救治，并根据危险化学品事故造成人员伤亡的特点，组织落实专用药品和器材。医疗救护队伍接到指令后要迅速进入事故现场实施医疗急救，各级医院负责后续治疗。

（5）治安保障。由安健环部组织事故现场治安警戒和治安管理，加强对重点地区、重点场所、重点人群、重要物资设备的防范保护，维持现场秩序，及时疏散群众。发动和组织群众，开展群防联防，协助做好治安工作。

（6）物资保障。安健环部及运行部按照危险化学品有关规定储备应急救援物资，应急响应时所需物资的调用、采购、储备、管理，遵循"服从调动、服务大局"的原则，保证应急救援的需求。

3）技术储备与保障

安健环部、生产管理部、机械动力部和各运行部要充分利用现有的技术人才资源和技术设备设施资源，提供在应急状态下的技术支持。根据危险化学品重大危险源的普查情况，对危险化学品重大危险源、重大事故隐患分布和基本情况进行登记存档，为危险化学品事故应急救援提供基本信息。根据危险化学品登记的有关内容，利用已建立的危险化学品台账，逐步建立危险化学品安全管理信息系统，为应急救援工作提供保障。依托有关科研单位开展化学应急救援技术、装备等专项研究，加强化学应急救援技术储备，为危险化学品事故应急救援提供技术支持。

应急救援行动要把保护人员的生命安全放在第一位。要迅速组织抢救受伤人员，撤离、疏散可能受到伤害的人员，最大限度减少人员伤亡。

应急救援行动必须准确判明残留危险品是否还有续爆可能，严防二次爆炸事故发生。

按照事故类型、采取不同应急救援措施，及时有效控制造成事故的危险源。

4）应急指挥组织机构及联系电话

其详细内容见附件1。

6. 应急结束

应急救援结束后，应尽快恢复生产秩序，消除事故后果和影响，减少事故造成的损失。对于化工生产事故，在此过程中仍存在潜在的危险因素，如工艺气泄漏、火灾、爆炸等，因此在恢复、清理现场时必须制定和采取检查有毒有害气体浓度和加强防护等安全措施；对于危险化学品，潜在二次污染事故的可能性比较大，应制定防止二次污染预防措施，防止事故的再次发生。

参加救援的部门要认真核对参加抢险救灾人数，清点各种救援机械和设备、监测仪器、个体防护设备、医疗设备和药品、生活保障设施等，并重新定期检查和维护，对于在救援中损耗的应急物资必须重新更换配备，始终保持完好状态。现场应急救援指挥部整理好抢险救灾记录、图纸等，及时总结分析，写出救灾报告。

9.2.2 有限空间作业安全生产事故应急救援预案

1. 总则

1）编制目的、依据

为加强有限空间作业中突发事故的应急救援能力，掌握事故处置程序，最大限度地减少事故造成的人员伤亡，同时避免因盲目施救而导致事故扩大，依据《中华人民共和国安全生产法》《中华人民共和国突发事件应对法》《国家突发公共事件总体应急预案》《生产经营单位生产安全事故应急预案编制导则》《宁夏回族自治区有限空间作业安全生产监督管理办法》等法律、法规，结合厂实际，制订本预案。

2）适用范围

本预案所称有限空间，是指封闭或者部分封闭，与外界相对隔离，进出口受到限制，未被设计为固定工作场所，自然通风不良，易形成有毒有害、易燃易爆物质积聚或者氧含量不足的空间，包括阴井、阀门井、地下槽、化粪池（井）、沼气池、粪井、废弃水井、下水道等。

本预案适用于空分厂内进行有限空间作业引起的各类紧急情况的预防和处置。一旦出现涉及人身伤害等安全事故时，在开展自救的同时，属地主管领导必须立即报告厂领导，迅速启动本应急预案，同时启动相应的专项应急预案。

2. 应急处置基本原则

坚持"以人为本、减少人员伤亡和财产损失；统一领导、分级负责；现场自救为主，外部为辅；依靠科学、反应及时"的原则。

3. 组织机构及职责

1）现场应急救援指挥部及职责

生产管理部值班人员根据现场情况和当时气象条件，将现场应急指挥部设置在事故现场附近的合适地点，由厂长担任总指挥，主管安全生产工作的副厂长担任副总指挥，单位有关人员为成员；夜间及节假日期间由厂主值班领导担任总指挥，副值班领导担任副总指挥，各部门值班人员及事故单位值班人员为成员，负责突发事故应急救援工作的组织和指挥，当厂领导及各单位领导到达现场后，进行指挥权的移交。其主要职责：

（1）组织制订抢险救援方案。

（2）对事故周边区域实施警戒隔离，阻止无关人员进入。

（3）指挥周边人员迅速参与现场救援。

（4）协调各相关单位做好事故调查及善后工作，防止事故次生、衍生灾害的扩大，尽快恢复正常生产。

（5）及时掌握和报告重要情况。

（6）制定紧急处置措施，报厂应急指挥部。

2）厂应急救援办公室

负责厂应急指挥部的协调和保障工作，综合整理情况信息，拟定决策建议，传达指示和命令，协调各专门工作组和有关单位开展工作，检查监督各项工作的落实情况，根据厂应急指挥部的授权做好新闻发布的相关工作。

3）专业救援组

现场指挥部根据事故现场的实际情况，指派相关部门牵头，成立以下专业救援组：

（1）生产技术组：及时上报事故现场及周边生产状况，根据指令组织生产装置的停车，工艺介质的切断、泄压、置换、倒换，向应急救援指挥部提供避免事故扩大的临时工艺应急方案和措施。

（2）抢险抢修组：负责组织抢修队伍和抢修物资进行各类险情的抢修。

（3）安全警戒组：负责事故现场应急救援物资的调配与保障；负责事故现场伤员的紧急救治和护送转运；负责现场受伤、中毒人员的搜救及现场侦查和消防扑救工作；负责事故现场的交通管制、安全保卫和群众疏散。

（4）后勤保障组：负责抢险救灾人员食品和生活用品的及时供应。

（5）调查取证组：负责对事故原因、事故责任、事故损失等情况的前期调查、取证。

4. 预防与预警

1）预防

在有限空间作业，易发生中毒、火灾、爆炸、缺氧窒息、烫伤、冻伤、机械伤害、触电、掩埋、淹没、辐射8类事故，必须采取可靠的预防措施，才能避免重大事故的发生。采取的措施如下：

（1）中毒事故的预防。作业前检测分析有限空间不同高度（深度）、不同部位可能存在的有毒有害因素，采取加盲板隔离或断开管线、通风置换、作业时佩戴气检仪、气防器材等措施进行预防。

（2）火灾、爆炸等事故的预防。作业前检测分析有限空间内可燃气组分，采取加盲板隔离或断开管线、吹扫置换、清理内部易燃物等措施进行预防。

（3）缺氧窒息事故的预防。作业前检测分析有限空间不同高度（深度）、不同部位可能存在的有毒有害因素，采取加盲板隔离或断开管线、通风置换、作业时佩戴气检仪、气防器材等措施进行预防。

（4）烫伤、冻伤事故的预防。作业前采取加盲板隔离或断开管线、断电上锁挂签、穿戴防烫服等劳保用品进行预防。

（5）机械伤害的预防。作业前将有限空间内杂物清理干净，转动设备断电、上锁挂签等措施进行预防。

（6）触电事故的预防。作业前检查用电设备设施完好，电气连接规范，用电设备在有限空间内应放在干燥的木板或绝缘板上，应使用12V以下安全照明灯，手持式电动工具漏电保护器的额定漏电动作电流不应大于15mA，额定漏电动作时间不应大于0.1s。

（7）掩埋、淹没事故的预防。作业前将有限空间内杂物清理干净，采取加盲板隔离或断开管线、断电上锁挂签等措施进行预防。

（8）辐射事故的预防。作业前将放射源收回铅罐并上锁，检测剂量未超标，必要时佩戴个人剂量计，穿戴防辐射服等措施进行预防。

2）预警

当发生以下情况时，监护人及周边人员必须立即发出预警信息，通知有限空间内作业人员迅速撤离。

（1）作业情况发生变化不符合有限空间安全作业要求时。

（2）周边发生紧急情况会影响到有限空间作业人员安全时。

3）报警

当发生以下情况时，监护人及周边人员必须立即按照应急报警的程序向厂生产管理部值班人员、煤制油分公司生产调度中心、煤化工园区消防支队和医院报告。

（1）监护人在作业期间不能与作业人员进行有效信息沟通时。

（2）已明确判断有限空间作业发生事故时。

监护人及周边人员在报警的同时，正确配备和使用合格的呼吸器具、救援器材，做好自身防护。在确保自身安全的前提下，立即采取有效措施，抢救伤员、控制事态、防止事故进一步扩大，如事态失控，立即将人员撤到安全地点。

4）接警

厂生产管理部值班人员接到报警后，立即报告厂领导，根据指令启动厂应急预案，成立应急救援指挥部，按照应急救援指挥部应急总指挥命令，下达应急处置指令，组织应急人员、应急车辆、应急物资赶赴现场，抢险救援。视情况决定启动本预案，同时报告煤制油分公司应急救援指挥部。

报告内容：

（1）事故单位及事故发生时间、地点。

（2）人员中毒、受伤情况。

（3）已采取紧急救援措施情况。

（4）事故的简要经过、遇险人数、直接经济损失的初步估计。

（5）事故原因、性质的初步判断。

（6）应急人员及器材器具到位情况。

（7）是否请求救援。

（8）报告人等。

5．应急响应

1）有限空间作业环境分类

根据有限空间的有害介质，有限空间作业环境可分为：

（1）有限空间内可能存在有毒有害介质。

（2）有限空间内可能存在可燃性介质。

（3）有限空间内可能属于缺氧环境（缺氧环境是指空气中的氧气浓度低于18%的环境）。

（4）有限空间内可能存在其他危险因素，如辐射、高温、冻伤、触电、机械伤害、掩埋、淹没等。

（5）以上环境的组合。

2）有限空间作业影响的范围及后果

（1）中毒事故。发生中毒事故，其危害范围主要涉及在有限空间作业环境中的作业人员、监护人员、救援人员；其危害后果主要会导致中毒人员昏迷、死亡。

（2）火灾、爆炸等事故。发生火灾、爆炸等事故，其危害范围主要涉及在有限空间作业环境中的作业人员、监护人员、救援人员；其危害后果主要会导致相关人员烧伤、物体打击、死亡。

（3）缺氧窒息事故。发生缺氧窒息事故，其危害范围主要涉及在有限空间作业环境中的作业人员、监护人员、救援人员；其危害后果主要会导致相关人员昏迷、死亡。

（4）烫伤、冻伤事故。发生烫伤、冻伤事故，其危害范围主要涉及在有限空间作业环境中的作业人员、监护人员、救援人员；其危害后果主要会导致相关人员受伤、死亡。

（5）机械伤害。发生机械伤害，其危害范围主要涉及在有限空间作业环境中的作业人员、监护人员、救援人员；其危害后果主要会导致相关人员受伤、死亡。

（6）触电事故。发生触电事故，其危害范围主要涉及在有限空间作业环境中的作业人员、监护人员、救援人员；其危害后果主要会导致相关人员受伤、死亡。

（7）掩埋、淹没事故。发生掩埋、淹没事故，其危害范围主要涉及在有限空间作业环境中的作业人员、监护人员、救援人员；其危害后果主要会导致相关人员受伤、死亡。

（8）辐射事故。发生辐射事故，其危害范围主要涉及在有限空间作业环境中的作业人员、监护人员、救援人员；其危害后果主要会导致相关人员受伤、死亡。

3）应急抢险程序

（1）初步分析。现场应急指挥负责人和应急人员首先对事故情况进行初始评估。根据观察到的情况，初步分析事故的范围和扩展的潜在可能性。

（2）快速检测。使用检测仪器对有限空间有毒有害气体的浓度和氧气的含量进行检测。

（3）进行隔离。迅速查明隔离措施是否到位，如发现有遗漏处立即采取措施保证隔离到位，不再有新的有害介质进入有限空间内。

（4）强制通风。根据测定结果采取强制性通风等相应措施降低危险，保持空气流通。严禁用纯氧进行通风换气。

（5）拉设警戒。事故区域及周边立即拉设警戒线，专人监护阻止与抢险无关人员进入，防止事故蔓延及扩大。

（6）自身防护。应急救援人员要穿戴好必要的劳动防护用品（长管或隔离式呼吸器、工作服、工作帽、手套、工作鞋、安全绳等），系好安全带，以防止抢险救援人员受到伤害。

（7）应急照明。在有限空间内救援用的照明灯应使用12V以下安全行灯，照明电源的导线要使用绝缘性能好的软导线。

（8）脱离危险区域。发现有限空间有受伤人员，用安全带系好被抢救者两腿根部及上体，妥善提升使患者脱离危险区域，避免影响其呼吸或触及受伤部位。

（9）保持联络。救援过程中，有限空间内救援人员与外面监护人员应保持联络信号，在救援人员撤离前，监护人员不得离开监护岗位。

（10）紧急救护。对救出伤员进行现场急救，并及时将伤员转送医院。

4）伤员现场救护

（1）缺氧窒息急救：

①迅速撤离现场，将窒息者移到有新鲜空气的通风处。

②视情况对窒息者输氧或进行人工呼吸、心肺复苏术等，严重者速交医生处理，在医生未到前不得停止救援。

③佩戴呼吸器者，一旦感到呼吸不适时，迅速撤离现场，呼吸新鲜空气，同时检查呼吸器问题及时更换合格呼吸器。

（2）中毒急救：

①由呼吸道中毒时，应迅速离开现场，到新鲜空气流通的地方。

②经口服中毒者，立即洗胃，并用催吐剂促其将毒物排出。

③经皮肤吸收中毒者，必须用大量清洁自来水洗涤。

④眼、耳、鼻、咽喉黏膜损害，引起各种刺激症状者，须区分轻重，先用清水冲洗，然后由专科医生处理。

（3）触电急救：

①进行触电急救，应坚持"迅速、就地、准确、坚持"的原则。触电急救必须分秒必争，就地用心肺复苏法进行抢救，并坚持不断地进行，同时及早与医疗部门联系，争取医务人员接替救治。在医务人员未接替救治前，不应放弃现场抢救，更不能只根据没有呼吸或脉搏擅自判定伤员死亡，放弃抢救。只有医生有权做出伤员死亡的诊断。

②迅速脱离电源。如果电源开关离救护人员很近时，应立即拉掉开关切断电源；当电源开关离救护人员较远时，可用绝缘手套或木棒将电源切断。如导线搭在触电者的身上或压在身下时，可用干燥木棍及其他绝缘物体将电源线挑开。

③就地急救处理。当触电者脱离电源后，必须在现场开展抢救。只有在现场对安全有威胁时，才能把触电者抬到安全地方进行抢救；在把触电者长途送往医院过程中不能等着，应边运送边抢救。

④准确地使用人工呼吸。如果触电者神志清醒，仅存有心慌、四肢麻木或者一度昏迷还没有失去知觉等情况，应让他安静休息。

⑤坚持抢救。坚持就是触电者复生的希望，百分之一的希望也要尽百分之百的努力。

6. 应急恢复

在恢复现场过程中往往仍存在潜在的危险，应做好以下工作：

（1）办理恢复有限空间现场所需的各种票证、手续。

（2）先检测，后进入。检测方法：进入前测1次，0.5小时内未进入则重新分析；作业过程中至少每隔2小时检测1次。

（3）保持出入口及紧急疏散、抢救通道畅通。

（4）必须备好软梯、安全带、安全绳、气防器材等防护用品。

（5）对将进入有限空间作业人员进行安全技术教育，佩戴气检仪、呼吸器等个体防护用品。

（6）对将进入有限空间作业的人员进行身体检查，有禁忌症者，禁止入内作业。

（7）准备必要的防火器材（消防器材）。

（8）安全监护人不能少于2人。

7. 应急物资与装备保障

按照相关规定配备应急物资包括：自吸长管呼吸器、供气源式长管呼吸器、正压式空气呼吸器、防爆对讲机、便携式气体检测仪、防爆轴流风机、应急灯、安全绳、安全带、折叠式担架、急救箱等，分别存放在装置现场及厂应急仓库，并安排专人定期检验、维护、更换，以保证装备正常备用，确保突发事件发生时能迅速运抵现场支持救援。同时现场还安装了手动报警器、全厂扩音对讲系统、各类易燃易爆、有毒气体检测仪等自动检测设备，确保第一时间发现险情，并方便职工第一时间报警。

8. 应急结束

在充分评估危险和应急情况的基础上，经应急指挥部批准，由现场总指挥宣布应急结束。应急救援结束后，有关单位、部门应按照常规要求，积极修复设备，尽快恢复生产；组织展开事故调查，统计事故损失，严格按事故"四不放过"处理原则进行处理。

9.2.3 重大危险源事故专项应急救援预案

1. 总则

1）编制目的

加强对重大危险源控制，最大限度地降低事故危害程度。

2）适用范围

此预案适用于本装置安全事故的救援、现场自援自救等。

3）基本概念

（1）重大危险源是指长期地或者临时生产、搬运、使用或者储存危险物品，且危险物品的数量等于或者超过临界量的单元（包括场所和设施）。厂2个液氧储槽容积都为2000m³，且相隔间距小于500m，根据《化学品分类、警示标签和警示性说明安全规范氧化性气体》（GB 20579—2006）《危险化学品重大危险源辨识》（GB 18218—2009）和《危险货物品名表》（GB 12268—2005），液氧储存临界量超过200t的，即为重大危险源。

（2）关键装置是指在易燃、易爆、易腐蚀、高温、高压、真空、深冷等条件下进行工艺生产操作的装置。煤制油空分厂12套装置共70台液氧泵。

（3）重点部位是指制造、储运易燃、易爆危险化学品的场所，以及可能形成爆炸和火灾的罐区、装卸台等；对关键装置安全生产起关键作用的公用工程系统。厂液体储槽区域及氧防爆墙属重点监控部位。

2. 安全管理控制人员职责

（1）厂主管领导直接对重大危险源实施管理并对管理结果负责。

（2）具体管理措施应依照《工艺操作规程》《安全操作规程》《重大危险检测、监控、管理规定》等空分厂规定执行实施。

（3）严格对消防系统检查，定期维护保养。

（4）根据空分厂要求和厂工作计划，对重大危险源紧急事故进行抢险救灾及日常演练。

（5）空分厂每周进行1次安全、设备等综合性检查，对检查出项目督促整改。

（6）厂管理人员对生产装置每天进行1次巡检。

（7）对员工抓好安全、工艺操作培训工作。

①严格按照空分厂有关规定严格进行巡检，发现隐患应及时上报，做好记录，联系有关部门进行处理。

②班组每周进行1次班组安全学习，并做好记录，建立学习台账。

③在重大危险源岗位工作人员必须经过上岗培训，并考试合格才能进入工作岗位，外来人员必须有厂或空分厂员工陪同方可进入生产区域（并配备防护用品）。

④设备维修和动火等项目施工，必须持检修安全作业票和动火证，经现场查看，工艺处理并验收分析合格，方可进行维修和动火，工艺做好监护工作。

⑤班组应每天对生产区域内的消防、防护器材进行定期检查，厂每周抽查相结合，保障设施正常运转使用。

⑥对生产区域内的固定报警装置，定期进行检查，出现有失灵和损坏应及时联系维修，保持其灵敏可靠。

3. 危险目标及其危险特性，对周围的影响分析

1）氧气

危险特性：是易燃物、可燃物燃烧爆炸的基本要素之一，能氧化大多数活性物质，与易燃物形成有爆炸性的混合物。

危险性类别：不燃气体；侵入途径：吸入；健康危害：常压下，当氧的浓度超过40%时，有可能发生氧中毒。

肺型：见于在氧分压100~200kPa条件下，时间超过6~12小时，开始时出现胸骨后不适感、轻咳，进而胸闷、胸骨后烧灼感和呼吸困难，咳嗽加剧；严重时可发生肺水肿，甚至出现呼吸窘迫综合征。

脑型：见于氧分压超过300kPa连续2~3小时，先出现面部肌肉抽动、面色苍白、眩晕、心动过速、虚脱，继而全身强直性抽搐、昏迷、呼吸衰竭而死亡。眼型：长期处于氧分压为60~100kPa（相当于吸入氧浓度40%左右）的条件下可发生眼损害，严重者会失明。

由于氧气能氧化大多数活性物质，与易燃物能形成有爆炸性的混合物，是易燃物、可燃物燃烧爆炸的基本要素之一。

在液氧产品储存和装卸过程中，由于各种原因造成液氧储罐及其附属设备和管道泄漏，致使氧气与可燃物质接触，在有引火源存在的情况下会引起燃烧、爆炸。

2）引起储罐及其附属设备和管道泄漏的主要原因

储罐及其附属管道长期受到腐蚀引起泄漏；低温液体泵、阀门等密封不严引起的泄漏；人为破坏造成的设备泄漏；法兰连接处的垫片受损或螺栓松动引起的泄漏；其他原因引起的产品泄漏。

3）产生明火的原因

电器设备或线路发生故障引起电火花；铁器撞击引起的火花；配电线路老化、潮湿、超负荷运行引起短路、混电与泄漏的液氧接触造成火灾；防爆等级不够，产生电火花而引起火灾爆炸事故；由于自然灾害如地震、洪水、雷电等不可抗拒的因素引起储罐管道阀门损毁造成泄漏，以致火灾爆炸等。

各种原因造成的静电积聚、放电引起静电火花等。根据《危险化学品重大危险源辨识》（GB 18218-2009）标准，厂内产品储存区内液氧的储量已超过临界量构成重大危险源。

针对上述情况，本预案确定2台储罐为危险目标，鉴于可能发生的泄漏火灾爆炸事故，在厂区平面布置上按照《氧气站设计规范》的要求采用了足够的安全距离，不会造成太大影响。

4. 事故预防措施

（1）认真贯彻落实安全法规、安全生产责任制及岗位操作规程。

（2）实行24小时值班巡查，遇有隐患及时处理。

（3）重点部位、危险目标采取针对性的预防措施。储罐区：定期检修通气管、阻火器、避雷针、接地、阀门、管线、电器设备等，确保完好无损，罐区严禁明火。操作员：雷雨天不装卸、不付货，严禁穿铁钉鞋作业，并严禁使用可产生电火花的工具作业。装卸车作业：应确保雷雨天时不装卸产品，定期检查静电接地装置，操作时严禁产生火花，不准携带火种进入场所。

（4）发生事故时，立即通知邻近工厂（或单位）和居民做好事故的防范和疏散工作。

5. 事故处理

（1）请求外部救援响应条件液氧储罐泄漏量大，依靠本厂应急救援力量不足以消除危险时，必须向外部请求救援。

（2）厂级救援响应条件液氧产品小量泄漏，依靠本厂应急救援力量可以消除危险，不对周围产生影响。

（3）班组级救援响应条件危险化学品小量泄漏在5分钟内可以处理控制。

6. 应急响应

进入启动准备状态时，根据事故发展态势和现场救援进展情况，执行如下应急响应程序：

（1）立即向指挥小组报告事故情况；收集事故有关信息，从空分厂安全部搜集事故相关化学品基本数据与信息；

（2）密切关注、及时掌握事态发展和现场救援情况，及时向指挥小组报告；

（3）通知有关专家、队伍、有关成员、有关单位做好应急准备；

（4）向事故发生地人民政府提出事故救援指导意见；

（5）派有关人员和专家赶赴事故现场指导救援；

（6）提供相关的预案、专家、队伍、装备、物资等信息，组织专家咨询。

进入启动状态时，根据事故发展态势和现场救援进展情况，执行如下应急响应程序：

（1）通知指挥小组，收集事故有关信息，从安全部采集事故相关化学品基本数据与信息；

（2）及时向当地政府报告事故情况；

（3）组织专家咨询，提出事故救援协调指挥方案，提供相关的预案、专家、队伍、装备、物资等信息；

（4）派有关领导赶赴现场进行指导协调、协助指挥；

（5）通知各部门做好交通、通信、气象、物资、财政、环保等支援工作；

（6）调动有关队伍、专家组参加现场救援工作，调动有关装备、物资支援现场救援；

（7）及时向公众及媒体发布事故应急救援信息，掌握公众反映及舆论动态，回复有关质询；

（8）必要时，当地政府可按照《国家安全生产事故灾难应急预案》进行协调指挥。

7. 事故处理原则

（1）消除事故原因；

（2）阻断泄漏；

（3）把受伤人员抢救转移到安全区域；

（4）危险范围内无关人员迅速疏散、撤离现场；

（5）事故抢险人员应做好个人防护和必要的防范措施后，迅速投入排险工作。

8. 事故处理措施

1）处理措施

本厂在储存和装卸液氧、液氮产品过程中有可能发生储罐及其附属设备和管道泄漏事故，其泄漏量视其介质及设备的腐蚀程度、压力等级等条件而不同，泄漏又可因季节、介质性质和距周边危险源距离等不同，事故起因主要由操作失误、设备失修及巡视不到位造成。

一般事故可能因设备的微量泄漏由安全报警系统和岗位操作人员巡视等方式及早发现，应采取相应的措施予以处理，从而避免事故范围扩大，减小危害程度。

重大事故可能因设备失修和操作失误造成大量泄漏和火灾事故。安全报警系统或操作人员虽能及时发现，但难以控制，物料泄漏及火灾可能造成人员伤害，并波及厂区周边及危险区域。

2）事故现场人员清点和撤离的方式、方法

听到某个区域需要疏散人员的警报时，区域内的人员迅速、有序地撤离危险区域，并到指定地点结合，从而避免人员伤亡。装置负责人在撤离前，利用最短的时间，关闭该领域内可能会引起更大事故的电源和管道阀门等。

（1）事故现场人员的撤离。人员自行撤离到上风口处，由当班班组长负责清点本班人数。当班班长应组织本班人员有秩序地疏散，疏散顺序从最危险地段人员先开始，相互兼顾照应，

并根据风向指明集合地点。空分厂人员南门集合后,由班组长清点人数,向总经理或者值班人员报告人员情况。发现缺员,应报告所缺员工的姓名和事故前所处位置等。

(2)非事故现场人员紧急疏散由事故部门负责报警,发出撤离命令,接令后,当班负责人组织疏散,人员接通知后,自行撤离到上风口处。疏散顺序从最危险地段人员先开始,相互兼顾照应,并根据风向指明集合地点。人员在安全地点集合后,由负责人清点人数,向安全部长或者值班人员报告人员情况。发现缺员,应报告所缺人员的姓名和事故前所处位置等。

(3)抢救人员在撤离前、撤离后的报告。负责抢险和救护的人员在接到指挥部通知后,立即带上救护和防护装备赶赴现场,等候调令,听从指挥。由组长分工,分批进入事发点进行抢险或救护。在进入事故点前,组长必须向指挥部报告每批参加抢修(或救护)人员数量和名单并登记。抢修(或救护)组完成任务后,组长向指挥部报告任务执行情况以及抢险(或救护)人员安全状况,申请下达撤离命令,指挥部根据事故控制情况,必须做出撤离或继续抢险(或救护)的决定,向抢险(或救护)组下达命令。组长接到撤离命令后,带领抢险(或救护人员)撤离事故点至安全地带,清点人员,向指挥部报告。

(4)周边区域的单位、社区人员疏散的方式、方法。当事故危及周边单位、社区时,由指挥部人员向政府以及周边单位书面发送警报。事态严重紧急时,通过指挥部直接联系政府以及周边单位负责人,由总指挥部亲自向政府或负责人发布消息,提出要求组织撤离疏散或者请求援助。在发布消息时,必须发布事态的缓急程度,提出撤离的具体方法和方式。

撤离方式有步行和车辆运输两种。撤离方法中应明确采取的预防措施、注意事项、撤离方向和撤离距离。撤离必须是有组织性的。

(5)事故中心区:即距离事故现场0~500m区域。此区域内氧气浓度高,并有可能伴有火灾或爆炸事故的发生、建筑物设施和设备的损坏、人员伤亡的危险。

(6)事故波及区:指距离事故现场500~2000m区域。该区域空气中氧气浓度较高,造成作用时间长,有可能发生人员伤害或物品损坏的危险。

(7)受影响区:指事故波及区外可能受影响的区域。该区域可能有从事故中心区和波及区扩散的小剂量氧气,一般不会造成危害。

3)事故现场隔离区的划定方式、方法

为防止无关人员误入现场造成伤害,按危险区的设定,划定事故现场隔离区范围。

(1)事故中心区以距事故中心约500m道路口上设置红白色相间警戒色带标识,写上"事故处理,禁止通行"字样,在圆周每50m距离上设置一个警戒人员。

(2)事故波及区以距事故中心约2000m道路口上设置红白相间警示色带标识,写上"危险化学品处理,禁止通行"字样,在路口设身着制服带"警戒"标识字样袖套一人。

4)事故现场周边区域的道路隔离或交通疏导方法

事故中心区外的道路疏导由安全部负责,在警戒区的道路口上设置"事故处理,禁止通行"字样的标识,并指定人员负责指明道路绕行方向。

事故波及区外道路由政府交通管理部门负责，禁止任何车辆和人员进入，并负责指明道路绕行方向。

5）检测、抢险、救援及控制措施

①检测的方式、方法：

化验检测人员到达场后，查明泄漏气体浓度和扩散情况，根据当时风向、风速、判断扩散的方向、速度，并对泄漏气体下风向扩散区域进行监测，监测情况及时向指挥部报告。必要时根据指挥部决定通知气体扩散区域内的员工撤离或指导采取简易有效的保护措施。

②抢险救援方式、方法：

（1）设备抢修组到达现场后，根据指挥部下达的抢修指令，迅速进行抢修设备、控制事故，以防止事故扩大。

（2）医疗救护组到达现场后，与消防队配合，应立即救护伤员，及时采取相应的应急措施，对伤员进行医疗处置和急救，重伤员应及时转送医院抢救。

（3）警卫人员到达现场后，迅速组织救护伤员撤离，组织纠察，在事故现场周围设岗划分禁区或加强警戒和巡逻检查，严禁无关人员进入禁区。

（4）抢险救援组接报警后，应迅速赶往事故现场，根据当时风向，消防车应停留上风方向，或停留在禁区外，救援人员佩戴好防护器具，进入禁区，查明有无受伤人员，以最快速度将伤员脱离现场，迅速查明和切断事故源，安全移除现场的易燃易爆物品。

6）检测、抢险、救援人员防护、监护措施

检测、抢险、救援人员进入事故现场必须事先了解事故现场的地形、建筑物分布，有无燃烧爆炸的危险，泄漏大致浓度，选择合适的防护用品，必要时穿好防护服。

应组织至少2~3人为一组集体行动，以便互相监护照应。每组人员中必须明确一位负责人作为监护人，各负责人应用通信工具随时与现场指挥部联系。

现场救援人员应实行分工合作，做到任务到人，职责明确，团结协作。

7）现场实时监测及异常情况下抢险人员的撤离条件、方法

现场实时监测、人员抢救、事故泄漏、燃爆抢险任务结束后，各专业组现场负责人向指挥部报告后，经同意后方可撤离。

本单位抢险抢修力量不足或有可能危及社会安全时，各专业组应立即撤离事故现场。

撤离现场时，各专业组的负责人应核对本组撤离人员。

8）应急救援队伍的调度

在液氧产品储存和装卸过程中，液氧储罐及其附属设备和管道发生泄漏，由岗位操作人员以巡检方式及早发现，并采取相应措施，予以处理。当大量泄漏或发生燃爆事故，岗位操作人员一时难以控制时，有可能造成人员伤亡或伤害而发生重大事故，岗位操作人员应立即向空分厂调度、安全部或消防队报警，并采取一切办法切断事故源。

安全部人员在接到报警后，应立即通知事故有关部门，要求尽快查明外泄部位和原因，下

达按应急预案处置的指令，同时发出报警，通知指挥部人员以及各专业抢险、抢救队伍迅速赶往事故现场。

9）控制事故扩大的措施

（1）一旦事故发生，当领导不在场时由值班人员或当班班长行使指挥权，争取把事故消灭在萌芽状态，并及时向领导报告。指挥小组成员要及时赶到现场，组长（或总指挥）不在时由副组长（或副总指挥）代理指挥职责。

（2）及时了解事故发生的原因及现状，根据事故情况立即决定是否全部紧急停车停产。重要岗位必须有人监守。

（3）组织现有人员和器材装备及时进行扑救。

（4）组织对伤员进行及时救护，必要时送医院抢救；组织疏散无关人员撤离现场。

（5）若事故重大无力抢救时要及时报警，并向上级有关部门求救。

（6）组织人员对受伤害者进行善后处理。

（7）组织事故后的恢复生产工作。

10）事故可能扩大后的应急措施

如发生重大事故，本单位抢险抢修力量不足或有可能危及社会安全时，由指挥部立即向上级和邻近工厂（或单位）及居民通报，必要时请求社会力量帮助。社会援助队伍进入厂区时，由安健环部人员联络，引导并告知注意事项。

9.3 工艺应急预案

工艺应急预案针对空分设备单体设备跳车及单套或多套空分设备跳车制定相应处理措施，确保装置在发生突发状况下可及时调整装置负荷，及时汇报处理；确保装置在单体设备或单套空分设备跳车情况下，仍然能满足后系统氧氮产品使用；在极端工况下，可保证后系统装置的安全停车，确保装置安全稳定运行。

9.3.1 组织机构及职责

此预案主要针对当班运行部在设备突然跳车的突发状况下的紧急处理。主要执行机构为当班运行部，当班运行部在突发状况下必须成立应急组织机构。

1. 应急组织机构

（1）组长：空分厂当班运行部主任；

（2）副组长：空分厂当班运行部副主任；

（3）成员：空分厂当班运行部全体成员及值班人员。

2．职责

1）组长职责

（1）接公司调度通知脱盐水系统出现供应不足后，迅速组织启动本预案；

（2）将异常情况及时汇报厂领导。

2）副组长职责

接到部长指令后，迅速安排启动本应急预案，并按本预案要求开展应急处理工作。

3）成员职责

（1）预案启动后，按照应急处置措施，认真开展应急处置；

（2）处理结束后，及时汇报当班运行部主任；

（3）在异常情况处理过程中，出现险情时，按照险情处置程序进行。

9.3.2 晃电引起空分装置跳车应急预案

1．编制目的

为保证全厂装置跳车后，仪表空气、应急氮气及时外供，防止仪表气、应急氮气外供不及时，导致重大事故的发生，特制订本预案。

2．编制依据

（1）空分装置工艺技术规程；

（2）空分装置操作法。

3．事故危害

全厂装置晃电跳车后，高压氧气、中压氮气、高压氮气将停止外供，气化炉跳车，甲醇装置、油品合成等氮气用户生产受到影响或中断；如果仪表空压机不及时启动、应急氮气不及时外供可能导致重大事故的发生。

4．事故处理

1）现场处理

（1）确认仪表空气外送正常，管网压力正常。

（2）现场确认机组事故油泵启动。

（3）机组盘车电机和顶轴油泵运行正常。

（4）现场打开汽轮机缸体导淋，打开暖管放空阀，蒸汽管线泄压。

（5）打开低温管线和设备导淋，排放低温液体，防止低温液体蒸发超压。

（6）对系统全面检查，做好开车前的各项准备工作。

2）中控处理

（1）中控确认仪表空气事故球罐减压阀工作正常，仪表气管网压力大于报警值。

（2）中控确认润滑油温度在合适范围内，否则联系现场主操调节润滑油温度。

（3）投用液氮真空储罐，向管网外送中压氮气。待电力恢复后立即启动中压液氮后备泵、高压液氮后备泵外送中、高压氮气，监控好外送中、高压氮气的温度。

（4）确认转动设备冷冻水泵停车、冷却水泵停车、冷冻机组停车、膨胀机停车、液体膨胀机停车、液氧泵停车、高压氮泵停车、液氧循环泵停车，并点击紧急停车按钮。

（5）确认膨胀机密封气系统运行正常，待电力恢复立即启动油系统。

（6）确认空气进塔阀门全关。

（7）确认产品气外送阀门全关，液氮、液氧进储槽阀门关闭。

（8）确认精馏塔压力塔与低压塔压力正常，若压力塔压力偏高，可通过开大污液氮、液空阀门将压力塔压力向低压塔转移。若低压塔压力偏高，通过放空阀进行调节。

（9）确认氮压机停车，密封气系统正常，待电力正常后投用润滑油系统。

（10）确认液氧储罐、液氮储罐压力控制阀工作正常，储罐压力在正常范围内。

（11）对系统全面检查，做好开车前的各项准备工作。

5. 备注

（1）班组人员应急分工必须提前明确，装置紧急停车后，立即启动应急预案，全力做好紧急停车后处理工作。

（2）当班期间，做好空压站停运压缩机的启动准备工作，电力恢复后，立即启动空压机，保证仪表空气正常外送。

9.3.3 全厂停蒸汽空分设备应急预案

1. 编制目的

为保证全厂装置跳车后，仪表空气、应急氮气及时外供，防止仪表气、应急氮气外供不及时，导致重大事故的发生特制定本预案。

2. 编制依据

（1）空分设备工艺技术规程；

（2）空分设备操作法。

3. 事故危害

全厂停蒸汽后，机组跳车，空分设备停车，全厂氧气、高压氮气、低压氮气中断。蒸汽停止，后备系统水浴式汽化器无法投用。外送低压氮气停止，长时间停车时，空分冷箱内低温液体无法排放，造成碳氢化合物超标。如果仪表空压机不及时启动、应急氮气不及时外供可能导致下游装置工艺物料互窜、可燃气体、有毒有害气体泄漏等重大事故的发生。

4. 事故处理

1）现场处理

（1）立即汇报调度及厂领导空分设备停车，联系现场按照空分设备紧急停车处理。

（2）确认事故油泵自启动且出口压力正常，并准备好手动盘车器，若盘车装置未自启动，则进行手动盘车。

（3）停汽轮机抽汽器。

（4）确认仪表气事故球罐减压后供应，密切监控仪表空气事故球罐的压力。

（5）确认预冷系统进冷冻机组阀门关闭，进出水管导淋打开。

（6）冷箱跳车后按紧急停车处理。打开各排液导淋进行排液，确认排液蒸发器运行正常，无泄漏。

（7）蒸汽管网恢复正常后，及时进行开车前的准备确认工作。

2）中控处理

（1）确认仪表空气事故球罐外送阀打开，保证仪表气管网压力不低。如阀门出现故障，联系现场人员手动打开旁路阀外送仪表风。

（2）确认液氮真空罐外送阀打开，保证系统密封气供应正常。

（3）启动后备低压液氮泵，加负荷外送，保证低压氮气管网压力正常。

（4）冷箱跳车后按紧急停车处理。

（5）确认压力塔液空排至正常液位。

（6）注意检查贮槽系统阀门状态，加强监控贮槽内的压力变化。

（7）蒸汽投用后，及时进行开车前的准备工作。

5. 备注

（1）班组人员应急分工必须提前明确，装置紧急停车后，立即启动应急预案，全力做好紧急停车后处理工作。

（2）当班期间，做好蒸汽停止供应后，后备系统低压氮气的外送工作，蒸汽恢复后，立即做开车准备工作。

9.3.4　空分设备及单体设备跳车应急预案

1. 编制目的

为保证空分设备单体设备及单套或多套装置突然跳车，在此情况下及时处理，确保后系统氧氮产品正常供应，避免因空分设备跳车引起后系统跳车事故的发生，特制订本预案。

2. 编制依据

（1）空分设备工艺技术规程；

（2）空分设备操作法。

3. 事故危害

空分设备单体设备及单套或多套装置突然跳车，引起运行工况波动。如果调整操作不及时，可能引发装置大面积停车等生产事故的发生。

4．备注

（1）班组人员应急分工必须提前明确，如需装置紧急停车，立即启动应急预案，全力做好紧急停车后处理工作。

（2）当班期间，做好运行装置的巡检监控。

9.4 现场处置方案

9.4.1 事故风险类型

1．事故分类

事故分级执行煤制油分公司《事故报告及处理规定》分级标准，将特种设备事故分为特别重大（Ⅰ级）、特大（Ⅱ级）、重大（Ⅲ级）、严重（Ⅳ级）4级。

2．适用范围

本预案适用于空分厂危险化学品生产、储存、运输和废弃危险化学品处置等过程中发生事故的应急救援处置。

9.4.2 应急职责

1．现场指挥部

现场应急指挥部根据现场情况和当天气象条件设在事故现场附近的合适地点，由厂长担任总指挥，负责安全生产工作的副厂长任副总指挥，负责厂事故应急救援工作的组织和指挥，厂有关人员为成员。厂现场指挥部在公司应急救援指挥部的领导下，负责事故现场应急的处置工作，进行应急任务分配和人员调度，有效利用各种应急资源，保证在最短时间内完成对事故现场的应急行动。

2．主要职责

（1）负责制订抢险救援方案。

（2）组织指挥有关人员参与现场救援。

（3）实施属地管理，组织治安、交通保障，做好人员疏散和安置工作，安抚民心、维护社会稳定。

（4）协调各相关职能部门做好事故调查及善后工作，防止事故次生、衍生灾害的扩大，尽快恢复正常生产、生活秩序。

（5）及时掌握和报告重要情况。

（6）写出紧急处置情况书面报告，报公司安全生产事故应急救援指挥部。

3.专业救援组

现场指挥部根据事故现场的实际情况,指派相关部室牵头,成立以下专业救援组:

(1)救援指挥组:协调、组织事故现场的救援工作。

(2)消气防组:负责现场遇险人员的搜救及火灾扑救工作。

(3)警戒保卫组:负责事故现场的交通管制、安全保卫和群众疏散。

(4)抢险抢修组:负责组织抢修队伍和抢修物资进行各类险情的抢修。

(5)医疗救护组:负责事故现场伤员的紧急救治和护送转运。

(6)物资供应组:负责事故现场应急救援物资的调配与保障。

(7)通信保障组:负责事故现场与救援指挥部的通信畅通。

(8)技术组:负责组织制定事故救援方案;分析事故信息和灾害情况;提出救援技术措施,为救援指挥部决策提出科学意见和建议;提出控制和防止事故扩大的措施;为恢复生产提供技术支持。

9.4.3　应急处理

1.报警

重大特大火灾、爆炸事故发生时,最早发现者和事故单位应立即向厂生产管理部值班人员和公司调度报警;

事故发生单位在报警的同时,立即采取有效自救措施,拉闸断电、抢救伤员、转移危险品、迅速灭火,防止事故进一步扩大;如事态失控,立即将人员撤到安全地点,请求启动厂、公司级应急救援预案。

2.接警

生产管理部接到报警后,立即报告应急救援指挥部,并按应急救援指挥部决策、应急总指挥命令,下达应急处置指令,组织应急人员、应急车辆、应急物资,赶赴现场,抢险救援。视情况决定启动本预案,并同时报告煤制油分公司应急救援指挥部。

生产管理部、应急救援指挥部按总指挥指令,立即用电话向煤制油分公司调度中心、安健环保部报告事故简况,报告内容:①事故发生的时间、地点;②事故的伤亡、损失情况;③发生事故的初步原因分析;④采取的措施及事故控制情况;⑤报告人。

事故现场总指挥到达事故现场后,根据事故状态及危害程度指挥各应急抢险队立即开展抢险救援。

3.人员紧急疏散、撤离

应急疏散负责人:厂安健环保部负责人、公司治安保卫队队长。

应急疏散线路:应急疏散路线本着最短距离、逆风向的原则,按照本单位应急预案中设置的路线迅速撤离。

撤离方式：通过安全通道撤离现场。组织撤离的小组成员至少要有2名抢险队员。

安全通道要有1~2名抢险队员负责疏导，撤离人员要迅速、有序、安全地撤离，防止拥挤堵塞。通过安全通道后，要按规定线路撤离到安全地点集结。

应急疏散负责人指派专人清点人数，并及时向应急指挥中心总指挥报告。

抢救人员在撤离前，由消防队长向应急指挥中心总指挥请示，说明抢救情况，得到撤离指令后，由队长负责指挥抢救人员安全撤离。撤离后向总指挥详细汇报抢救救援情况。

4. 危险区的隔离

事故现场利用周边设施设置隔离带，并距其一定的距离确定为危险隔离区，事故现场拉设警戒线作为隔离标识。

事故现场周边区域的道路采取隔离措施，并对道路交通采用人工疏导办法，以确保其安全可靠。

5. 受伤人员现场救护、救治与医院救治

应急救护队要对事故接触人员的受伤情况进行分类。根据受伤程度分为轻度和严重两类。对于轻度受伤者，立即进行现场救护，对于重度受伤者，要及时转送医院抢救。伤情严重的要转送医院抢救，并在转送中采取必要的救治措施。医院应根据患者的伤情，采取不同的救治方案。入院前要对患者进行必要的救治，患者送就近医院救治。救援信息、药物、器材储备等情况要随时向指挥中心汇报，并确保其有效性。

6. 注意事项

（1）佩戴个人防护器具方面注意事项：防护器具必须佩戴合格产品，并保证佩戴的正确性，防护器具不可轻易摘取，应急事件处理后应对个人的防护器具进行检查通过专业认证确保无误方可继续使用。

（2）使用抢险救援器材方面的注意事项：根据施工现场的实际情况配备相应的抢险救援器材，器材必须是合格物品，使用人员必须对器材有相应的了解。

（3）采取救援对策或措施方面的注意事项：现场处于事故、事件的地区及受到威胁地区的人员，在发生事故、事件后应根据情况和现场局势，在确保自身安全的前提下，采取积极、正确、有效的方法进行自救和互救；事故、事件现场不具备抢救条件的应尽快组织撤离。

（4）现场自救和互救的注意事项：在自救和互救时，必须保持统一指挥和严密的组织，严禁冒险蛮干和惊慌失措，严禁个人擅自行动。事故现场处置工作人员抢修时，严格执行各项规定，以防事故扩大。

（5）现场应急处置能力确认和人员安全防护等事项：应急小组领导、应急抢险人员到位并配备抢险器材，确认有能力进行抢救，个人安全防护到位佩戴正确并物品合格。

（6）应急救援结束后的注意事项：应急救援结束后切勿放松警惕，所有人员必须立即撤离现场、远离事发地点，做好人员清点，确认应急救援用品补给是否到位；认真分析事故原因，制定防范措施，落实安全责任制，防止类似事故发生。

（7）其他需要特别警示的事项：对特殊环境下工作期间的人员到岗、标示明确、防护到位等方面完善。根据现场提出其他需要特别警示的事项。

9.5 应急演练

9.5.1 应急演练目的

（1）检验预案。通过开展应急演练，查找应急预案中存在的问题，进而完善应急预案，提高应急预案的实用性和可操作性。

（2）完善准备。通过开展应急演练，检查应对突发事件所需应急队伍、物资、装备、技术等方面的准备情况，发现不足及时予以调整补充，做好应急准备工作。

（3）锻炼队伍。通过开展应急演练，增强演练组织单位、参与单位和人员等对应急预案的熟悉程度，提高其应急处置能力。

（4）磨合机制。通过开展应急演练，进一步明确各级人员的职责任务，理顺工作关系，完善应急机制。

（5）科普宣教。通过开展应急演练，普及应急知识，提高员工的风险防范意识和自救互救等灾害、事故应对能力。

9.5.2 应急演练要求

煤制油空分厂及各运行部应针对预案内容要求，制订应急演练计划，做好演练的策划，演练结束后做好总结。①演练项目和内容；②参加演练的单位、部门、人员和演练的地点（见附件1）；③起止时间；④演练过程中的环境条件；⑤演练动用设备、物资；⑥演练效果评估（见附件2）；⑦领导点评（见附件3）；⑧改进的建议；⑨演练过程记录（文字、音像资料等）（见附表4）。

9.5.3 应急演练原则

（1）符合相关规定。按照国家相关法律法规，标准，及有关规定组织开展应急演练。

（2）切合企业实际。结合企业生产安全事故特点和可能发生的事故类型组织开展演练。

（3）注重能力提高。以提高指挥协调能力、应急处置能力为主要出发点组织开展演练。

（4）确保安全有序。在保证参演人员及设施的安全的条件下组织开展演练。

9.5.4 应急演练类型

应急演练按照应急演练内容分为综合应急演练和单项应急演练，按照演练形式分为现场演练和桌面演练。不同类型的演练可以互相组合。

9.5.5 应急演练频次

厂级应急救援办公室应制订演练计划，厂至少每半年进行1次，运行部每两月进行1次，班组每月进行1次。

9.5.6 《液氮储槽氮气泄漏应急演练》方案

第一部分 概述

一、项目基本概述

装置简介：

12套制氧能力为$10.15 \times 10^4 Nm^3/h$的空分设备。分东西2个系列，每系列分别包括6套空分设备和1套后备系统。一系列（西）采用国外林德的工艺技术及其成套设备；二系列（东）拟采用国内杭氧的工艺技术及其成套设备。空分装置采用分子筛前端净化、增压膨胀制冷、低温液体内压缩及全精馏工艺。主要流程简图如图9-6所示。

二、应急演练组织机构与职责

（一）应急演练组织机构图（见图9-7）

（二）应急组织机构

1. 运行部应急指挥组

    应急总指挥

    应急副总指挥

2. 应急救援小组

应急救援指挥部下设生产技术组、抢险抢修组、医疗救护组、消气防安全组4个应急救援工作组。

（三）职责

1. 总指挥应急职责

（1）根据事故发生情况发布启动和解除应急救援命令。

（2）及时召集指挥部成员研究现场对策，适时发布指挥命令。

（3）统一部署应急救援工作，向各专业应急小组发布行动指令。统一调动空分厂内部各类抢险物资、设备、应急救援队伍及其他应急资源。

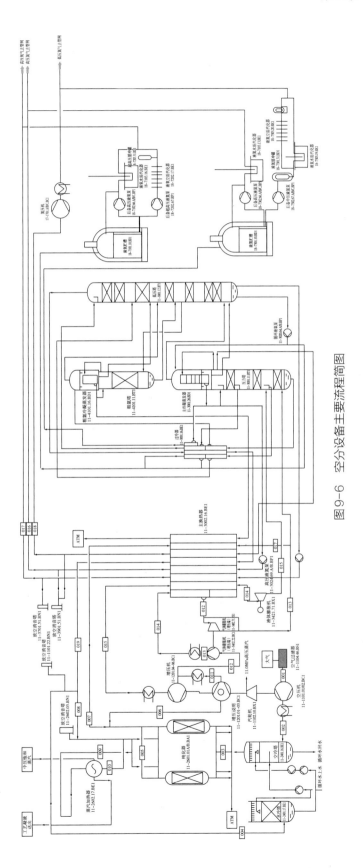

图 9-6　空分设备主要流程简图

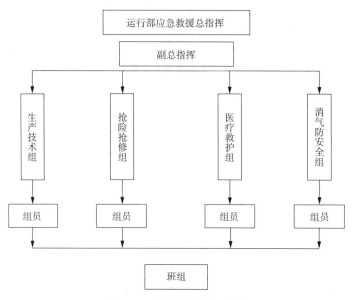

图9-7　应急演练组织机构

（4）当事故现场危及人员生命时，及时发布人员疏散指令。

（5）及时进行对外联系和向上级汇报现场情况，必要时向煤制油分公司请求启动煤制油分公司应急救援预案并联系相关方进行支援。

（6）根据事故具体情况做好稳定秩序和伤亡人员的处理工作。

（7）配合上级部门进行事故调查处理工作。组织公司内部的事故调查，落实整改措施，及时总结应急救援工作经验。

2．副总指挥职责

（1）协助总指挥进行紧急状态处置，组织各专业应急小组开展应急救援工作。

（2）按照分管业务，及时协调监督本专业应急小组开展救援工作。

（3）执行指挥部各项应急决议，完成总指挥安排应急状态下的各项工作。

（4）在紧急状态结束后，参加事故的分析和处理。

（5）总指挥不在现场时，由各副总指挥到达现场后依据以下排序履行总指挥的职责：副厂长（安全）→副厂长（设备、工程）→副总工程师。

3．应急小组主要应急职责

1）生产技术组职责

（1）应急预案启动后，及时上报事故现场生产状况，根据指令组织生产装置的停车，工艺介质的切断、泄压、置换，向应急救援指挥部提供避免事故扩大的临时工艺应急方案和措施。

（2）迅速查明泄漏的有毒有害物质的地点及泄漏情况，向应急救援指挥部汇报事故初始评估情况，并及时向应急救援指挥部报告工艺处理情况。

（3）负责组织灾后的恢复生产工作。

（4）组长不在时，应由副组长履行本组的职责。

（5）参加事故应急总结、评价、分析等工作。

2）抢险抢修组职责

（1）应急预案启动后，根据指挥部指令，立即组织将抢险抢救设备、工具等物资运送到现场。

（2）负责指挥部下达的应急物资的购置与供应，及时向应急救援指挥部报告物资的准备和供应情况。

（3）启动应急预案后，根据现场情况和总指挥的指令立即组织抢修队伍和抢修物资进行各类险情的抢修。

（4）在抢险抢修或救援时，必须有针对性地制订避免意外伤害的抢险抢修应急方案和抢修过程的安全措施并落实。

（5）及时向应急救援指挥部报告抢险抢修最新情况。

（6）为保证抢险救灾工作顺利进行，完成上级和应急救援指挥部部署的其他救灾抢险工作。

（7）参加事故应急总结、评价、分析等工作。

3）医疗救护组职责

（1）接到指令后，迅速携带医疗救护器材赶赴事故现场。

（2）根据伤者症状及时采取相应的急救措施，对重伤人员及时转院抢救。

（3）及时向指挥部报告受伤人员的救护情况。当救援力量无法满足救援需要时，向应急救援指挥部申请救援并迅速转移伤者。

（4）运输伤员及时检查、监测饮用水源、食品，做好事故发生后人员救治、医疗等处理。

（5）参加事故应急总结、评价、分析等工作。

（6）组长不在时，应由副组长履行本组的职责。

（7）化工园区医疗急救站设在消防站。

4）消气防组职责

（1）接到指令后，立即到达事故现场，组织开展现场受伤、窒息人员的搜救工作。

（2）负责事故现场侦察和组织抢险工作。

（3）针对发生的事故，按照预先制定的救援方案，组织进行现场的营救，控制事故现场。

（4）对事态的发展进行分析，为应急救援指挥部提出相关解决意见。

（5）在医疗救护人员未到之前，负责对伤者实施人工呼吸等必要的救治。

（6）当救援力量不足时，向指挥部报告，请求外部支援。

（7）参加事故应急总结、评价、分析等工作。

三、应急报警

（一）应急报警程序（见图9-8）

（二）报警条件

（1）园区发现火情时。

（2）发生中度（二级）及以上危险化学品泄漏时。

（3）发生轻伤及以上人身伤亡事故时。

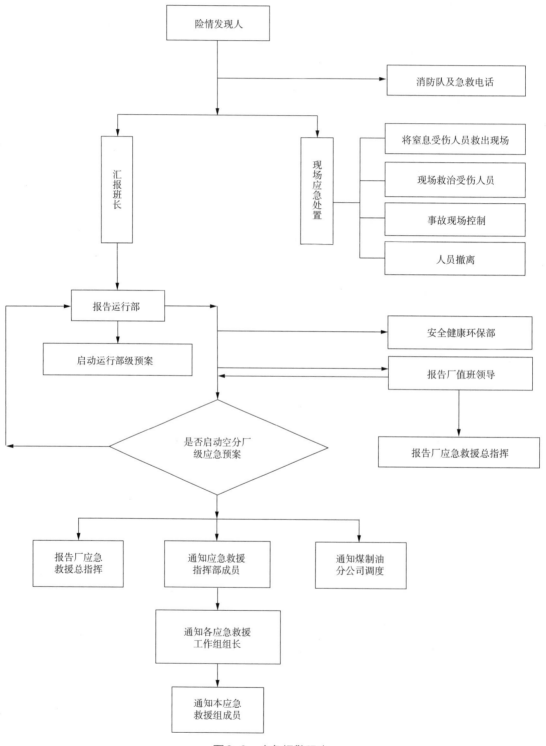

图9-8　应急报警程序

（4）出现人员中毒、窒息、辐射、触电、溺水、人员被困及建构筑物坍塌等情况时。

（5）园区发生危险化学品车辆泄漏事故时。

（6）园区消防水管线破裂，消防供水中断时。

（三）报警要求

（1）报警人要说明事故发生地具体位置、受伤人员数量、受伤人员生命体征、报警人姓名、联系电话、急救车辆从煤制油东二门进入等。

（2）事故应急汇报人应在最短时间内向总指挥与应急小组负责人说明情况，汇报时要求语言简练、思路清晰。

（四）应急响应程序（见图9-9）

（五）应急联络单（见表9-6）

表9-6　应急联络单

序号	姓名	所在岗位	职务	办公电话	移动电话
1		运行部	主任		
2		运行部	副主任		
3		运行部	安全员		
4		运行部	技术员		
5		运行部	设备员		
6		运行部	班长		
7		运行部	组长		
8		运行部	组长		

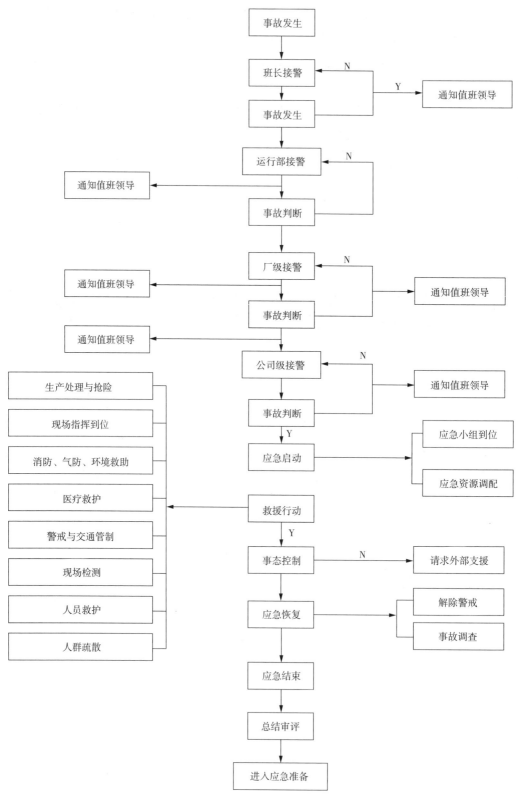

图9-9 应急响应程序

第二部分　应急演练方案

一、应急演练的准备

1. 危险源的选择

在空分厂生产过程中，经常伴随着高温、有害、易燃、易腐蚀化工生产危害因素，最危险的是发生大量易燃料、窒息物料泄漏，导致人员窒息或遇静电、明火发生着火、爆炸事故。本次应急演练通过对各类危险源的辨识和生产现场的实际情况勘察考虑后，决定模拟液氮储罐泄漏、窒息事故的应急处理。原因有以下几点：

（1）后备系统液氮储罐有效容积是 $5000m^3$，若发生泄漏事故，对装置的平稳运行和人员安全造成严重威胁。

（2）后备系统液氮储罐现场位于空分厂一系列中间部位发生重大事故的同时，可能会影响到其他装置的正常运行。

（3）检验后备系统液氮储罐安全设施能力。

（4）检验后备系统液氮储罐周围消防设施能力。

2. 应急演练目标及内容

液氮储罐根部阀前法兰发生泄漏。演练内容包括液氮泄漏处置、人员窒息救护、带压堵漏、工艺现场处理。

3. 应急演练目的

为提高厂事故应急工作总体水平，运行部决定在后备系统液氮储罐组织这次应急演练。假设后备系统液氮储罐出料管线因根部阀前法兰泄漏后造成人员氮气窒息的事故演练，检验运行部对生产装置出现重大事故的快速反应能力和协调配合能力，检验厂各专业小组对发生安全事故时应急处置能力和履行应急救援职责情况，检验和改进运行部后备系统液氮储罐应急预案的实效性和可操作性，进一步提高抢修抢险水平，使广大员工提高紧急避险和应变的能力以及对突发事件的处置能力，保护员工的生命安全、保护环境安全、减少财产损失。

（1）检验运行部在引发火灾事故状态下的应急救援能力。

（2）检验运行部安全事故所做的应急准备状态，发现问题并及时修改应急预案。

（3）检查运行部各级人员的安全职责是否明确，协调有关部门在应急救援工作中的关系。

（4）检验参与预案演练的人员对应急预案、执行程序的熟悉程度和实际操作技能，评估应急救援效果，分析培训需求，并通过演练进一步提高预案参与人员的业务素质和能力。

（5）通过演练，更好地提高在事故状态运行部的应急反应能力。

（6）使岗位员工熟知岗位范围内消防设施和器材的位置及使用方法；熟练掌握事故状态下的工艺操作顺序。

（7）提高运行部岗位人员对大型事故的应急救援能力，检验工艺、消防、医疗、警戒等方面的配合协调。

（8）检验应急预案的可操作性，提高应急管理水平，同时为应急预案的修订提供参考依据。

4. 演练地点

空分厂一系列后备系统液氮储罐处。

5. 应急演练时间

××××年××月××日 ××:××开始。

6. 应急演练事故类型

危险化学品液氮泄漏处置、人员窒息事故。

7. 事故发生地平面布置图及逃生方向（见图9-10）

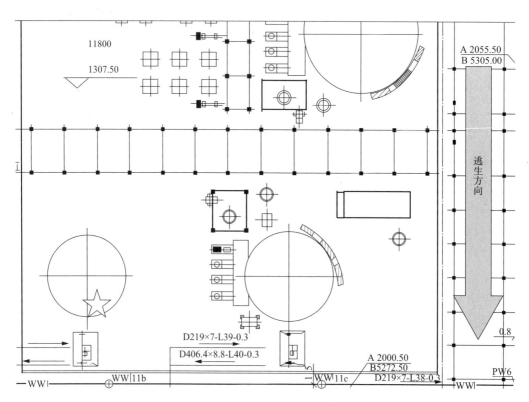

图9-10 事故发生地平面布置图及逃生方向

8. 演练内容简述

××××年××月××日××:××，由于液氮储罐出料管线根部阀前法兰液氮泄漏（见图9-11），启动班组级应急预案，检修人员现场正在处理，随着漏点增大，造成一人窒息昏迷、随后启动运行部级应急预案。

9. 应急演练主要步骤

本次应急演练共分6个阶段，分别是液氮储槽出料管线根部阀前法兰液氮泄漏现场巡检人员报警、启动班组级应急预案、现场带压消漏时人员窒息昏迷、启动运行部级应急预案、现场处置、应急演练结束。模拟人员按照顺序依次开展演练。

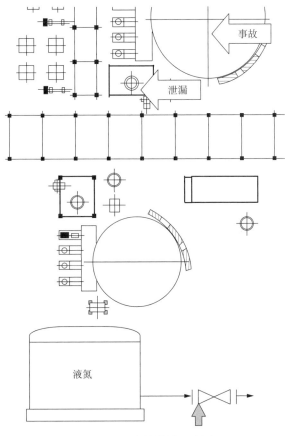

图9-11　事故模拟示意图

二、应急演练小组及相关器材（见表9-7）

表9-7　应急演练小组及相关器材

组别 / 数量 / 器材名称	设备（工艺）图纸	对讲机	警戒线	气体检测仪	空气呼吸器	车辆	担架	手电筒
生产技术组	1套	2部	—	—	—	—	—	—
抢险抢修组	—	1部	—	2个	—	—	—	2个
医疗救护组	—	1部	—	—	—	—	1个	—
警戒保卫组	—	1部	2卷	—	—	—	—	—
消气防安全组	—	1部	2卷	2个	2具	—	1个	—
后勤保障组	—	1部	—	—	—	—	—	—
合计　6个小组	1套	7部	4卷	4个	2具	—	2个	14个

三、应急演练要求

（1）应急预案启动后，应急预案中设立的各救援小组立即进入应急状态，所有的应急物资及人员必须及时佩戴防护用品。

（2）各应急救援小组组长在接到命令后应迅速赶往应急指挥部，并拿取对讲机向总指挥报到，组员前往现场到达指定的紧急集合点。组长报到后接受并执行总指挥下达的指令，指令落实后及时汇报。

（3）各应急小组由应急总指挥统一调度，小组负责人在接受指令并落实后，要立即向总指挥报告落实情况。应急事态的发展要及时汇报、及时控制，参与应急演练的人员要严肃认真，保证演练的真实性。

（4）应急演练记录人员必须对应急人员和物资的到位时间和救援的全过程认真记录，在应急演练结束后写出本次应急演练的总结报告。

四、实施演练脚本

第一阶段：班组级应急响应与处置

××××年××月××日××：××，中控主操发现一系列后备系统液氮储槽液位在没有送出情况下液位有明显下降趋势，现场操作工发现液氮储槽出料管线根部阀前法兰有液氮泄漏，班长安排现场临时应急处理，启动班组级应急预案。班组人员佩戴空气呼吸器、携带四合一便携式检测仪，检查现场泄漏情况，并汇报班长。

中控主操（丙某）：班长！班长！

班长（甲某）：收到。

控制室主操：后备系统液氮储槽液位在没有送出情况下液位有明显下降趋势，请派人现场检查确认。

班长（甲某）：收到，我立即安排人员进行现场确认。

班长（甲某）：（外操）！（外操）！

外操（乙某）：收到！

班长（甲某）：一系列液氮储槽液位有明显下降趋势，请去现场查看有无异常。

外操（乙某）：收到。

外操（乙某）：班长！班长！

班长（甲某）：收到。

外操（乙某）：一系列液氮储槽有大量液氮泄漏。

班长（甲某）：立即启动班组级应急预案，对泄漏区域拉设警戒区，疏散人员，禁止一切无关人员进入，准备消气防器材。

外操（乙某）：收到。

此时一名巡检人员对泄漏点查看是发生氮气窒息昏迷现象。

现场主操（丙某）：班长！班长！

班长（甲某）：收到。

现场主操（丙某）：现场有人员窒息昏迷。

班长（甲某）：佩戴好气防器材立即对受伤人员进行救助。

外操（乙某）：收到。

班长（甲某）：主任！主任！

副总指挥：收到

班长（甲某）：一系列液氮储槽发生泄漏并有人员窒息昏迷现象。

副总指挥：我立刻安排启动运行部专项应急响应（见图9-12），请班组对人员进行救助，泄漏点进行隔离！

图9-12　启动运行部专项应急响应

第二阶段：运行部级应急响应与处置

空分厂运行部主任接到险情汇报后，启动运行部氮气窒息应急预案，组织班组人员抢救受伤伤员。

副总指挥：运行部各应急小组注意！我是××，一系列液氮储槽发生泄漏并有人员窒息昏迷现象，现在我宣布启动运行部应急响应，各应急小组立即到达事故现场实施救援，设备技术员、工艺技术员及安全员迅速到现场进行确认。

运行部设备、工艺、安全技术员带领2名员工进入现场进行确认。

总指挥到达事故现场

副总指挥：先将指挥权移交至管主任。

总指挥：立即组织人员对窒息人员进行救助，检修人员对泄漏点进行消漏，有情况立即向我报告。

运行部各应急小组组员：收到！

运行部安全技术员带领2名工艺人员对泄漏点进行警戒隔离（见图9-13）。班长带领两名员工对昏迷人员进行救助，把昏迷人员救出事故区域。设备员带领抢修组对泄漏点进行带压消漏。工艺员带领2名工艺人员对现场装置进行工艺处理。

消气防组组长：报告总指挥，现场事故区域已拉设警戒区，对无关人员进行清理，严禁无关人员进入。

总指挥：收到！注意现场警戒。

消气防组组长：收到！

医疗组组长：报告总指挥，昏迷人员已被救出，已对昏迷人员进行紧急抢救（见图9-14），现已苏醒并送至医院。

图9-13 对漏点进行警戒隔离

图9-14 救出受伤人员

总指挥：收到，密切关注受伤人员救治动态。

医疗组：收到！

生产技术组组长：报告总指挥，现场液氮储槽漏点已经工艺交出，一系列空分装置运行正常。

总指挥：收到，原地待命！

抢险抢修组组长：报告总指挥，液氮储槽漏点已经消漏，已对消漏点进行查漏，无液氮漏出。

总指挥：收到，清理现场！

抢险抢修组组长：收到！

总指挥：请各小组清点各组人数，到指挥部集合。

总指挥宣布"演练按计划顺利完成，达到了预期目的，解除现场警戒，所有演练参加人员、各专业组清点人数、整理物资器材，请评价组根据现场应急演练情况进行评价（见图9-15）。

图9-15　应急演练评价

9.5.7 《液氮储槽泄漏事故应急演练》总结

1. 演练过程存在的问题

（1）应急演练前后，运行部及各小组未对参与应急演练的人数进行统计清点。

（2）个别小组应急顺序出现问题，巡行部未落实警戒隔离区域，警戒范围过小，未起到警戒作用。警戒保卫组未对无关人员进行疏散。

（3）报警人言语不够简练延误救援时间。

2. 演练总结

此次演练运行部各应急小组的应急救援职责执行情况及处理突发事件时各小组应急反应几个方面来看，都已达到预期效果。验证了运行部《液氮储槽泄漏事故应急演练》的实效性和可操作性。从演练效果上看，整个演练过程紧张有序，各个环节井井有条，各应急小组成员统一行动，充分展现了运行部应急指挥部对待突发事件的高效处置能力。

9.5.8 附件

附件1 应急人员签到表

应急人员签到表1

序号	应急人员到现场时间	应急人员签字	备注
1			
2			
3			
4			
5			
6			
7			
8			
9			
10			
11			
12			
13			
14			
15			
16			
17			
18			
19			
20			

应急人员签到表2

序号	应急人员职务	签字	签到时间	备注
1	总指挥			
2	副总指挥			
3	副总指挥			
4	观摩领导			
5	观摩领导			
6	观摩领导			

应急人员签到表3

序号	应急小组	组长签字	本组应到人数	本组应到人数备注	签到时间
1	生产技术组				
2	抢险抢修组				
3	警戒保卫组				
4	医疗救护组				
5	消气防安全组				
6	事故调查取证组				
7	后勤保障组				
8	评价组				
9	运行部				

附件2 应急演练效果评估表

应急演练效果评估表

效　果　评　估					
项目		好	较好	一般	较差	评估要点（参考内容）

	项目	好	较好	一般	较差	评估要点（参考内容）
前期策划	危险辨识					预案涉及生产运行中的可能情况是否全面
	预案编制					执行预案是否全面包括本评估表中的各要素
	机构与职责					预案中是否已经设置各机构并明确其职责
应急准备	人员教育					是否对参演人员进行教育，并进行推演
	物资准备					是否对参与过程中所用到的器材准备就绪
应急响应	警报警戒					警戒与警报是否及时到位
	指挥与控制					接警的处理与初步/过程控制是否及时、准确
	通讯与疏散					过程通讯联络是否畅通、疏散组织是否有效
	医疗					是否医疗器材准备就绪
	抢险与控制					事故现场采取初步控制措施是否恰当、及时
	人员环境保护					是否采取措施保护人员与环境免受二次伤害
	信息发布					是否对外发布相关信息，发布形式、内容是否准确
	其他事项					
应急恢复	事故调查					是否及时对事故进行现场取证并组织调查
	现场恢复					演练完毕是否及时组织恢复现场

注：此表必须手填划√，运行部存档原始资料备查，上报安全环保科电子版即可

演练有效性评价：
1. 以现行的管理机制为基础，在发生重大事故时，转化为应急救援指挥系统；
2. 此次应急演练验证了，空分厂在氧气管线燃爆事故中的自救与互救相结合，自救为主，外部为辅，分层次、分专业实施应急救援能力。加强与指挥系统的信息沟通，统一协调指挥的能力；
3. 从整体上看，此次演练比较成功，但也存在不足。

建议与改进措施	改进落实情况
岗位人员应急处理能力不足，火灾报警及警戒隔离仍存在问题，应增加培训及应急演练次数，通过实际情况提高班组、运行部及各应急小组对各类事故的应急救援能力。	1. 班组、运行部增加应急演练桌面推演次数。 2. 熟悉、熟知应急程序、报警程序及警戒隔离方式。 3. 将强现场人员消气防器材实操培训及提高对伤员的救治能提。

编制人：　　　　　　　　　　　　　　　　　　　年　　月　　日

报告审批领导：　　　　　　　　　　　　　　　年　　月　　日

附件3　应急演练评审记录表

应急演练评审记录表

应急演练评审记录
评审主持人：
评审时间：
评审地点：
参加评审人员签到：

附件4 应急演练记录表

应急演练记录表

应急演练记录	
演练时间：	
演练地点：	
组织部门：	协同部门：
指挥人员：	职务：
参加演练人员签到：	
演练目的：为提高空分厂运行部事故应急工作总体水平，运行部决定在一系列后备处组织这次应急演练。通过假设后备液氮储槽泄漏并造成人员窒息的事故演练，检验空分厂对生产装置出现重大事故的快速反应能力和协调配合能力；检验空分厂各专业小组对发生安全事故时应急处置能力和应急救援职责的履行情况；检验和改进空分厂着火应急预案的实效性和可操作性	
基本要求： 1.演练时不能影响到装置正常运行。 2.防止现场参加演练人员无意中触动生产装置发生意外。 3.参加应急演练人员在应急演练中注意安全，避免发生各类事故。 4.参加演练人员必须熟悉应急程序，为保证演练能达到预计目的。	
类型：现场实操演练	
演练方案：	

第10章
空分设备安全技术

由于空分设备流程中有富氧液体空气、高纯度氧气等强氧化剂，易引起爆炸；有氮气、氩气、污氮气等惰性产品或中间体，易引起窒息；温度跨度大——高压蒸汽（530℃）和低温液体（-195℃），易导致人员烫伤或冻伤，管道、设备泄漏、损坏。因此，空分安全技术有其特殊性，涉及人身、设备和管道，贯穿空分项目生命全周期。

10.1 空分设备主要危险化学品理化性质

工业气体多种多样，按照化学性质不同可以分为4类，即剧毒气体、易燃气体、助燃气体和不燃气体，而空分设备主要产品有氧气、氮气和氩气分别属于助燃气体和不燃气体，氧气具有强氧化性，氮气、氩气具有窒息性。

10.1.1 氧气

氧气，分子式为 O_2，分子量为32.0，是空气主要组分之一，空气中体积比约为20.9%，标准状况下密度为1.429g/L，无色、无味，微溶于水（273K时溶解度为49.1mol/L）。压强为101kPa时，氧气在约-183℃时变为淡蓝色液体，在约-218℃时变为雪花状的淡蓝色固体。属于第2.2类不燃气体，是强氧化剂，是易燃物、可燃物燃烧爆炸的基本要素之一，能与易燃物（乙炔、甲烷等）形成爆炸性混合物。可通过吸入、食入、皮肤接触等途径侵入人体。

常压下，当氧的浓度超过40%时，有可能发生氧中毒。吸入40%~60%的氧时，出现胸骨后不适感、轻咳，进而胸闷、胸骨后烧灼感和呼吸困难，咳嗽加剧；严重时可发生肺水肿，甚至出现呼吸窘迫综合征。吸入氧浓度在80%以上时，出现面部肌肉抽动、面色苍白、眩晕、心动过速、虚脱，继而全身强直性抽搐、昏迷、呼吸衰竭而死亡。长期处于氧分压为60~100kPa（相当于吸入氧浓度40%左右）的条件下可发生眼损害，严重者可失明。

如果是吸入氧气造成的中毒，可带受害者迅速脱离现场，移至空气新鲜处；如呼吸停止，可施行呼吸复苏术；如心跳停止时，施行心肺复苏术。如眼接触液氧，则在接触后立即用大量水冲洗15min以上；如皮肤接触液氧，则浸入温水中，并及时就医。

10.1.2 氮气

氮气，分子式为N_2，分子量为28.013，是空气主要组分之一，为无色无臭气体，空气中体积比约为78%，微溶于水、乙醇，熔点为$-209.8℃$，沸点为$-195.6℃$，相对密度为（水1.0）0.81，是第2.2类不燃气体，属于惰性气体，常用做保护气。氮气本身对人体的直接危害很小，但当氮气浓度升高则造成空气中氧气浓度下降，当氧气浓度下降至19.5%以下时，会形成窒息性气体且不易被人发现，号称"隐形杀手"或"沉默杀手"。

氮气约占空气的78%，当空气中氮气含量增高时则氧气含量降低，当空气中氮气浓度大于79.5%，也就是氧气含量下降至19.5%以下时，此时使人体吸入氧气分压下降，引起缺氧窒息。进入缺氧环境中，人体动脉内的血液会在5~7s内降到过低水平，紧接着将在10~12s内人体产生晕厥，2~4min内如果得不到氧气供给就会死亡。据资料记载，氮气窒息事故发生时，受害者只要在相对浓度较高的氮气空间中停留2min就很难有逃出或自救能力，当工作中氧气浓度小于10%可立即使人窒息死亡。

所以，暴露于氮气富集环境中的人员，在出现明显的征兆之前，其生命可能出现危险状态，应立即脱离现场，移送到空气新鲜处，并迅速进行医疗救护。

10.1.3 氩气

氩气，分子式为Ar，分子量为39.95，是空气主要组分之一，为无色无臭的惰性气体，蒸汽压为202.64kPa（$-179℃$），熔点为$-189.2℃$，沸点为$-185.7℃$，微溶于水，相对空气密度为1.38，化学性质稳定，具有窒息性，是第2.2类不燃气体。

氩气本身在普通大气压下无毒，在高浓度时因使氧气分压降低而发生窒息。当空气中氩气浓度增高时，先出现呼吸加速，注意力不集中；继续增高，出现疲倦乏力、烦躁不安、恶心、呕吐、昏迷、抽搐，直至死亡。氩气浓度达50%以上，引起严重症状；75%以上时，可在数分钟内死亡。液态氩可致皮肤冻伤，眼部接触可引起炎症。

如接触人员眼睛，则应提起眼睑，用流动清水或生理盐水冲洗并就医。当人员误吸入氩气，则应迅速将其脱离现场至空气新鲜处，保持其呼吸道通畅；如呼吸困难，则应立即给其输氧；如呼吸停止，则应立即对其进行人工呼吸，随后就医。如发生氩气泄漏，则人员应迅速撤离泄漏污染区至污染区域上风处，并进行隔离，严格限制出入。应急处理人员应戴自给正压式呼吸器，穿一般作业工作服。尽可能切断泄漏源，合理通风，加速扩散。

10.2 空分设备爆炸事故案例分析及建议

爆炸，是一种极为迅速的化学或物理的能量释放过程，根据是否有化学反应参与可分为化学爆炸和物理爆炸。化学爆炸多发生在停车排液期间和开车初期及周围环境发生重大变化期间，主要为烃类等杂质在富氧环境中引起的爆炸。引起物理爆炸，多为操作失误、设计、安装、制造质量差，隐患未及时消除或长时间超负荷运行等。化学爆炸和物理爆炸可互为诱因，同时或先后发生。梳理历来空分设备爆炸事故案例，根据引起爆炸原因分类，空分设备爆炸可分为以下 3 类。

10.2.1 烃类等杂质引起的爆炸

烃类等杂质引起的爆炸属于化学爆炸，即乙炔及其他烃类、氮氧化合物、二氧化碳及随空气进入塔内的油脂等，在主冷凝蒸发器（以下简称"主冷"）等部位发生聚集，因静电接地不良等引起爆炸。烃类等杂质引起的爆炸多发生在主冷凝蒸发器（简称"主冷"）处。导致烃类等杂质超标多为环境空气发生恶化，超出纯化单元处理能力，而精馏系统排放不及时导致局部区域浓缩。下面以已发生案例为例进行分析。

案例 1 1997 年 12 月 25 日，马来西亚某石油公司一套 $8 \times 10^4 m^3/h$ 空分装置发生爆炸，造成精馏塔和主冷被炸飞，并引起大火。

案例 2 1996 年 7 月 18 日，哈尔滨某厂空分分厂当班人员听到一声闷响，接着主冷凝器液位全无、下塔液位上升，氧气、氮气不合格，现场有少量珠光砂从冷箱里泄漏出来。

案例 3 1997 年 5 月 16 日，辽宁某化工厂 6000m³/h 空分主冷设备爆炸，造成 4 人死亡，冷箱毁损。

事故分析：

案例 1 当时该厂周围发生森林大火，环境污染严重，导致净化系统无法脱除原料气中大量的烃类、二氧化碳、氧化亚氮等杂质，进入主冷；同时因装置膨胀机故障导致冷量不足，主冷未排放液体，最终二氧化碳、氧化亚氮在主冷中浓缩，堵住膜式主冷的氧通道，形成"死端蒸发"使大量的烃类化合物在主冷中浓缩、析出，和液氧形成爆炸混物后爆炸，而主冷材质为铝材，烃类液氧爆炸又引发了威力更大的铝材和液氧混合物的燃爆。

案例 2 该空分设备运行时间较长，气相色谱分析仪带病运行，分析周期长，每周分析 1次；选址时造气、净化、甲醇 3 个分厂距离空分较近，化验分析爆炸前周围空气中碳氢化合物超标 3 倍多且有乙炔出现；纯化系统操作违规，导致吸附剂硅胶粉化严重，进而纯化系统处理能力低于设计能力。

案例 3 其主冷设计为全浸式主冷，通过查看运行记录发现在每天槽车充装过程中未实行全浸操作；其次是空气粉尘积累导致，压力空气对氧气管道吹扫时造成个别通道有粉尘堵塞。

根据以上事故原因，针对烃类等杂质超标导致的爆炸，应采取以下措施：

（1）控制吸入口气体碳氢化合物浓度，合理设置空分设备吸入口位置，并定期对吸入口空气进行取样分析/设置在线分析仪对取样口空气中有机物进行实时分析，如空气质量出现恶化，则应提前采取措施，甚至停车。各标准及公司对空分设备吸风口杂质含量要求如表10-1所示。

表10-1　各标准及公司对空分设备吸风口杂质含量要求

标准 项目名称	GB T6227-2018	林德	液空	EIGA （欧洲工业气体协会）	APCI
机械杂质/（mg/m³）	30	—	—	–	2.5
二氧化碳	450	—	400	400	400
甲烷	5	—	8	5	10
乙烯	0.1	1	—	0.3	—
乙烷	0.1	—	—	—	—
乙炔	0.3	—	—	–	1
丙烷	0.05	—	—	—	—
总烃	8	—	—	—	—
氧化亚氮	0.35	—	0.6	0.35	—

（2）合理设置流程及吸附剂（多为分子筛）选型，确保可通过净化系统吸附剂吸附降低纯化后空气中碳氢化合物浓度至设计值；并设置在线分析仪，实时监测净化后空气有机物含量（CO_2和H_2O体积含量均小于0.1×10^{-6}，C_2H_2体积含量小于0.01×10^{-6}），如有超标则提前采取措施。

（3）采取在线分析仪并设置报警、联锁。由于人工取样周期较长，而采取高精度的在线分析仪表可定时出结果，同时其结果可通过仪表设置关联操作，如分析出烃类、二氧化碳、氧化亚氮含量超过设定值可报警提醒操作员注意监控、提前采取措施，如超过危险值可通过加大主冷排液，或调节净化系统吸附剂（如分子筛等）除杂能力或减少冷箱进气，持续升高则联锁停车。

（4）在工艺流程及设备选型上应优先选择高安全性，如当前分子筛前端净化流程内压缩空分设备和其他流程相比更安全；主冷采取全浸式比液膜式更安全，主冷材质铜质比铝质安全性更高一些。

全浸式主冷是多数空分的选择，主冷全浸于液氧，在换热过程中，碳氢化合物不易发生聚集浓缩，但因液氧通道不同深度的液氧汽化温度不同，造成换热效率不高（相较降膜式主冷），要求空压机背压高一些，能耗也高一些。

（5）连续/定期对主冷进行排液，液氧循环系统保持连续运行，在运行过程防止主冷低液面运行或液面大幅波动，从而减少烃类在主冷中的积累；同时设置在线监测主冷中烃、二氧化碳、氧化亚氮含量，如超出设定值，可采取降负荷、加温等措施。

（6）合理设置静电接地，确保主冷静电接地电阻小于10Ω，以避免因主冷静电积聚而导致爆炸。

（7）在设备安装过程中，如湿空气进入塔内，则水分与铝起化学反应产生氢气；若填料加工制造过程中脱脂不合格，易产生爆炸。建议加强制造安装过程质量管控。

10.2.2 氧气、液氧等氧化物质引发的爆炸

氧气是强氧化剂，遇还原性物质易发生氧化还原反应，并放出大量的热。氧气管道爆炸则是因氧气参与反应，放出高温，管壁受热达到融化状态，气体体积瞬间膨胀，导致压力过大发生爆炸。氧气管道爆炸多发生在液氧泵、氧气管道处。下面以具体事故案例为例进行分析。

案例 1 2010 年 11 月 1 日，某空分厂发现运行中的高压氧泵密封气压差低于 0kPa，导致联锁动作停泵，值班人员去现场检查高压液氧泵运行状况，发现氧气防爆间有火光，启动应急预案处理后分析认为主要原因是氧气气流高速通过放空阀阀芯，因摩擦过热或静电导致燃爆；次要原因是止回阀设计安装位置错误。

案例 2 2005 年 4 月 14 日安徽某厂进入氧气调压站进行气筒调节阀更换作业，在开启启动调压阀约 2~3s 后爆炸，造成 7 人死亡。分析原因发现主要原因是新更换的气动调节阀脱脂不完全，其次是试阀时氧气泄漏。

案例 3 2017 年 4 月 10 日，某空分厂承包商对高压产品液氧 A 泵系统进行首次调试，负荷维持 56% 时，泵出口压力突升至 4.309MPa（G），精馏塔冷箱密封气上部压力由正常 25PaG 突然升至 108PaG，1 秒内由 108PaG 又突升至 2199Pa（G）（满量程）；同时现场人员听到精馏塔冷箱异响，随即看到冷箱喷砂。分析直接原因是液氧泵出口采用非常规孔板流量计设计；采用流量计引压管位于法兰顶端、PTFE 带密封螺纹连接以及螺纹卡套等不安全设计，导致流量计正压管发生燃爆。间接原因是液氧泵出口回流管为钢铝接头、铝合金管道爆裂，如材质改为 Monel 则更安全。

由事故案例可知，导致氧气管道爆炸主要由以下原因：①设备管道的材料选型不当；②工艺设计不合理；③氧气在管道内流速过高而达到着火点；④管道内壁清理不净，存在表面粗糙、焊渣、锈蚀、金属碎屑砂石等，在高速氧气流的带动下冲击管壁产生火花导致燃烧；⑤氧气管道接口处法兰等处存在泄漏，外界因素导致爆炸；⑥管道设备施工安装时，未清理干净（如脱脂未达标、有机物橡胶木屑未清理干净）导致爆炸；⑦静电接电不合格导致静电火花，引起爆炸。

根据以上原因，建议预防氧气管道爆炸应采取以下措施：①设计期间应严格执行国标、行标正确选择材料类型；②从设计抓起，通过阀门、仪表等方式控制氧气在管道中的流速，确保不因氧气流速超标而导致事故发生；③中交时严格按照国标、行标检查氧气管道施工情况、脱脂情况、静电接地情况，不符合情况不得进行交接；④定期排查氧气管道接口处法兰等是否存在泄漏，发现泄漏应立即按应急处理预案处理；⑤氧气管道如有检查维修，应按国标、行标进行脱脂处理，并检查合格后才允许投用；⑥定期检查管道静电接地情况，确保静电接地符合要求；⑦针对氧气在管内流速过高而达到着火点，一般则在氧气出界区总阀处设置防爆墙，当操作不当导致意外时可以降低损失。

10.2.3 物理爆炸

现代大型空分设备采用低温法分离，即在部分单元内空气、氧气、氮气等被加压低温液化成液体，而液体气化将导致密闭容器内压力骤然升高，如不能立即安全地泄压，则会导致密闭容器因承压超出范围而瞬间损坏，即物理爆炸。因压力导致的物理爆炸多发生在冷箱处及低温泵管线处。

冷箱由精馏系统（塔器、板换）及其附件和巨大的钢壳保温箱组成，塔器、板换和保温箱间填充保冷材料珠光砂。当冷箱内塔器、板换间或相连管道、附件发生低温液体泄漏时，因低温液体急速气化而可能导致冷箱爆炸、喷砂。

案例1 2005年11月29日，西部某特钢6000m³/h空分冷箱漏液，卸砂检修过程中突然喷砂，造成直接经济损失约120万元。

案例2 2009年7月15日，江苏某特钢6000m³/h空分设备泄漏，停车排液处理，未确认冷箱内温度的情况下，气割U型口违规卸砂，造成喷砂，导致精馏塔倒塌，11人被活埋，3人死亡，直接损失近千万元。

分析事故案例，可知导致冷箱爆炸的主要原因有：①阀门、法兰连接处发生泄漏；②管道设备材料选型不当；③主冷等总烃超标未及时处理；④冷箱呼吸阀堵塞，导致冷箱内超压。

因此，主冷防爆应围绕以上原因采取具体措施：①加强安装质量控制，预防阀门法兰连接处发生泄漏；②试车/开车期间，严格遵循降温速率及最低温度，避免因降温速度过快或超出材料所能承受最低温度导致管道材料冻裂造成管道泄漏；③运行期间加强监控，提前发现阀门、法兰连接处泄漏；④从设计初期抓起，严格执行国标、行标及企标，确保管道设备材料选型正确；⑤利用在线分析仪表监控主冷等烃类含量并及时处理；⑥运行期间定期排查冷箱呼吸阀情况，防止堵塞；⑦对冷箱分程设置远传压力表计，并集成到DCS中，超出范围立即报警，提醒操作人员及时采取措施。

10.3 空分设备选址与吸入口布置

一般情况下空分设备多是作为某个项目的附属项目，因此空分设备选址要遵循主项目的选址原则。在主项目整体选址决定后，考虑到空分所需原料为洁净的空气，所以空分设备应布置在主体项目的上侧风向；同时考虑到空分大机组由高压蒸汽驱动，故空分设备应靠近动力站（锅炉），以减少蒸汽输送距离，从而节约投资费用降低运行时装置能耗；并要求离国家铁路直线距离大于200m。

10.3.1 空分设备吸入口杂质最大允许含量的要求

空分设备的吸入口与散发碳氢化合物（如乙炔）等有害气体发生源应保持一定的安全距

离，吸入口空气中有害杂质允许极限含量应通过实际检测，根据《深度冷冻法生产氧气及相关气体安全技术规程》（GB 16912—2008），应符合表10-2的要求。

空分设备吸入口处空气中的含尘量，应不大于30mg/m³。

表10-2　空分吸入口空气杂质含量标准

杂质名称及分子式	允许极限含量
乙炔 C_2H_2	0.5×10^{-6}
甲烷 CH_4	5×10^{-6}
总烃 C_mH_n	8×10^{-6}
二氧化碳 CO_2	400×10^{-6}
氧化亚氮 N_2O	0.35×10^{-6}

注：当吸入口空气中有害杂质含量超标且无法避免时，应在空分装置前采取针对有效的分子筛吸附净化措施

10.3.2　空分设备吸入口的高度要求

由于空分吸入口和空压机相连，为减少压力损失，连接管路应尽量短且平直，因此原则上空分吸入口管道中轴高度应和空压机入口管道中轴高度保持一致。

为减轻纯化系统压力和主冷压力，则需结合当地气象条件（风向、风速），周围建筑物高度、空气中扬尘高度和二氧化碳（二氧化碳相对密度比空气大，因此吸入口应高于地面）、乙炔、碳氢化合物浓度梯度，通过模拟风场分布，选择合适的高度。

10.3.3　集群化空分设备吸入口的距离要求

当前空分项目多为若干个大型空分设备组成的集群，根据现代大型空分设备流程设计，多用污氮气给循环水降温、分子筛再生，即正常运行期间有一定量的污氮放空导致放空口处局部富集氮气；特殊情况下，单套或多套空分设备需大量放空氧气、氮气，而放空则会在某个特定区域内造成空气组分含量和正常情况不一致，即局部富氧或富氮。如空分设备吸入口或其他相邻空分设备的吸入口在附近，则可能造成本套空分设备原料气组分实际值和设计值不符，从而导致本套空分设备或该相邻空分设备操作受到干扰。因此，当空分项目建设时，必须对空分设备的放空处、吸入口布置引入场的概念，根据当地气象资料和厂房、设备高度进行模拟，确认不影响吸入口空气组分后才可进行施工。

10.3.4　环境对集群化空分安全的影响及对策

当代集群化空分设备多为煤化工项目配置装置，当项目其他装置（如气化、污水处理）等出现异常情况，则会对周围环境空气造成影响，进而对空分设备集群的正常运行产生影响，甚至造成安全事故。以煤制油项目为例，该项目由煤粉制备、煤气化、净化、油品合成及动力站、空分和污水处理等装置组成。当煤粉制备不稳定时，则环境空气中粉尘含量较高；当煤气化、净化和动力站等装置出现异常情况造成放空时，则环境空气中 CO、CO_2 和 N_2O 含量增高；当油品合成装置出现异常导致放空时，则环境空气中烃类含量增高；当污水处理装置运行异常，则环境空气中可燃气体（甲烷）含量增高；当单套或多套空分设备放空时，则环境气体中氧或氮含量增高。由此可知，空分设备受周围装置影响极大，即便空分设备选址布置满足生产要求，但周围装置生产异常时仍会对空分设备的原料空气组分造成影响，进而导致空分设备无法维持正常运行。因此，现代化空分设备在确定选址后，往往要求在单套空分吸入口处设置在线分析仪进行空气组分含量分析，并根据分析结果实时调整空分设备工艺操作。

10.4　氧气管道及其附件安全技术要求

氧气管道输送高压氧气，而高压氧气属于强氧化剂，容易引起燃烧、爆炸，因此氧气管道及其附件是空分设备安全的重点管控对象。观察分析多个已发生的氧气管道燃爆事故现场，可知氧管线燃烧特点是沿流体方向自内向外燃烧，因此氧气管道及其附件安装须考虑该特点，并严格遵守相关标准，具体国标、部标、行标如下：《脱脂工程施工及验收规范》（HG 20202—2000）《工业设备化学清洗质量标准》（HG/T 2387—2008）《工业金属管道工程施工及验收规范》（GB 50235—97）。设计规范如下：《氧气站设计规范》（GB 50030—2013）、《氧气安全规程》（[88]冶安环字第856号文颁发）、《深度冷冻法生产氧气及相关气体安全技术规程》（GB16 912—2008）。

10.4.1　氧气管道及其附件材料要求

根据设计压力不同和使用场所不同，氧气管道可选用焊接钢管、不锈钢焊接管、钢板卷焊管、无缝钢管、不锈钢板卷焊管、不锈钢无缝钢管、铜基铜合金拉制管、铜及铜合金挤制管、镍及镍基合金。氧气管道材质选用见表10–3。其中镍及镍基合金材质管道通用于各种场合下氧气管道。具体参照《氧气站设计规范》（GB 50030—2013）第11.0.9款。

表 10-3　氧气管道材质选用

管材	设计压力/MPa								液态氧气管道	执行标准
	≤0.6		0.6~3.0		3.0~10.0		>10.0			
	使用场所									
	一般场所	分配主管上阀门频繁操作区域后,放散阀后	一般场所	阀后5倍外径(并不小于1.5m)范围,压力调节阀组前后各5倍外径(各不小于1.5m)范围内,氧压车间内部,放散阀后,湿氧输送	一般场所	阀后5倍外径(并不小于1.5m)范围,压力调节阀组前后各5倍外径(各不小于1.5m)范围内,氧压车间内部,放散阀后,湿氧输送	一般场所	氧气充装台,汇流排	奥氏体不锈钢	
焊接钢管	√	×	×	×	×	×	×	×		现行国家标准《低压流体输送用焊接钢管》(GB 3091)
不锈钢焊接钢管	√	√	√	√	×	×	×	×		现行国家标准《输送流体用不锈钢焊接钢管》(GB 12771)
钢板卷焊管	√	×	×	×	×	×	×	×		
无缝钢管	√	×	√	×	×	×	×	×	奥氏体不锈钢	现行国家标准《输送流体用无缝钢管》(GB/T 8163)现行国家标准《高压锅炉用无缝钢管》(GB 5310)现行国家标准《低中压锅炉用无缝钢管》(GB 3087)
不锈钢板卷焊管	√	√	√	√	×	×	√	×		现行行业标准《石油化工钢管尺寸系列》(SH 3405)
不锈钢无缝钢管	√	√	√	√	√	√	√	√		现行国家标准《输送流体用不锈钢无缝钢管》(GB/T 14976)

续表

管材	设计压力/MPa						液态氧气管道	执行标准
	≤0.6		**0.6~3.0**	**3.0~10.0**	**>10.0**			
	分配主管上阀门频繁操作区域后，放散阀后 一般场所	阀后5倍外径（并不小于1.5m）范围，压力调节阀组前后各5倍外径（各不小于1.5m）范围内，氧压车间内部，湿氧输送 一般场所	一般场所	阀后5倍外径（并不小于1.5m）范围，压力调节阀组前后各5倍外径（各不小于1.5m）范围内，氧压车间内部，放散阀后，湿氧输送 一般场所	一般场所	氧气无装台、汇流排		
铜及铜合金拉制管	√	√	√	√	√	√	√	现行国家标准《铜及铜合金拉制管》（GB/T 1527）
铜及铜合金挤制管	√	√	√	√	√	√	√	现行行业标准《铜及铜合金挤制管》（YS/T 662）
镍及镍基合金	√		√	√	√		√	—

注：① "√"表示允许采用，"×"表示不允许采用。
② 碳钢钢板卷焊管只宜用于工作压力小于0.1MPa，且管径超过现有焊接钢管、无缝钢管产品管径的情况。
③ 表中阀指干管阀门，供一个系统的支管阀门、车间入口阀门。
④ 不锈钢板卷焊管，内壁焊缝磨光条件下，允许使用在压力不高于5MPa的一般场所。
⑤ 工作压力大于3.0MPa的铝合金管不包括铝铜合金。
⑥ 铜基合金：铜的含量超过55%（质量）的紫铜，黄铜（含锌铜合金），青铜（含铝、硅、锰、锡、铅等的铜合金），白铜（含镍铜合金）的总青铜类铜合金中铝含量不超过2.5%（质量）。
⑦ 镍及镍基合金：通常镍的含量不少于50%（质量）（质量）的镍200、镍铜（蒙乃尔-400和蒙乃尔-500）、镍铬（因科镍尔-500）、镍铬（因科镍尔X-750）、镍铬钼（哈司特镍合金C-275和哈司特镍合金X-750）、镍铬铝（哈司特镍合金625）等的总称。

10.4.2　氧气管道最高流速要求

氧气管道最高允许流速和管道材料、管道设计压力有关，具体参照《深度冷冻法生产氧气及相关气体安全技术规程》（GB 16912—2008）如表10-4所示。

表10-4　不同材料管道中氧气最高允许流速

| 材质 | 工作压力 p/MPa | | | | | |
	$p \leqslant 0.1$	$0.1 < p \leqslant 1.0$	$1.0 < p \leqslant 3.0$	$3.0 < p \leqslant 10.0$	$10.0 < p < 15.0$	$p \geqslant 15.0$
碳钢	根据管系压降确定	20m/s	15m/s	不允许	不允许	不允许
奥氏体不锈钢		30m/s	25m/s	$p \times v \leqslant 45$MPa·m/s（撞击场合）$p \times v \leqslant 80$MPa·m/s（非撞击场合）	4.5m/s（撞击场合）8.0m/s（非撞击场合）	4.5m/s（不锈钢）

注：①最高允许流速是指管系最低工作压力、最高工作温度时的实际流速。②撞击场合和非撞击场合：使流体流动方向突然改变或产生旋涡的位置，从而引起流体中颗粒对管壁的撞击，这样的位置称做撞击场合；否则称为非撞击场合。③铜及铜合金（含铝铜合金除外）、镍及镍基合金，在小于或等于21.0MPa条件下，流速在压力降允许时没有限制

10.4.3　氧气管道及其附件清洁要求

与氧气接触的管道、附件及其仪表，必须无油脂，符合《脱脂工程施工及验收规范》（HG 20202）或施工设计要求。

氧气管道及其附件应无裂纹、鳞皮、夹渣等，表面无毛刺、焊瘤、焊渣、粘砂、铁锈等杂质，内壁光滑清洁无铁锈。

碳钢材质的氧气管道焊接应采用氩弧焊打底，不锈钢材质的氧气管道焊接应采用氩弧焊。

10.4.4　氧气管道各附件安全技术要求

1. 支架

氧气管道应敷设在不燃烧体的支架上；除氧气管道专用的导电线路外，其他导电线路不得与氧气管道敷设在同一支架上；氧气管道穿过墙壁、楼板时应敷设在套管内，套管内不得有焊缝，管子与套管间的敷设应采用不燃烧的软质材料填实。

2. 阀门

设计压力大于0.1MPa的氧气管道上，不得采用闸阀。

设计压力大于或等于1.0MPa且公称直径大于或等于150mm的氧气管道上的手动阀门，宜设旁通阀。

设计压力大于1.0MPa公称直径大于或等于150mm的氧气管道上经常操作的阀门,宜采用气动阀门。

阀门材料选用应符合表10-5。

表10-5　阀门材料选用

设计压力p/MPa	材料
< 0.6	阀体、阀盖采用可锻铸铁、球果铸铁或铸钢,阀杆采用碳钢或不锈钢,阀瓣采用不锈钢
0.6~10	采用全不锈钢、铜基合金或不锈钢与铜基合金组合、镍及镍基合金
> 10	采用铜基合金、镍及镍基合金

注：①设计压力大于或等于0.1MPa管道上的压力或流量调节阀的材料应采用不锈钢或铜基合金或以上2种材料的组合。②阀门的密封填料宜采用聚四氟乙烯或柔性石墨材料

3. 法兰垫片

法兰垫片等紧固件应符合表10-6。

表10-6　氧气管道法兰用垫片

设计压力p/MPa	垫片
< 0.6	聚四氟乙烯垫片、柔性石墨复合垫片
0.6~3.0	缠绕式垫片、聚四氟乙烯垫片、柔性石墨复合垫片
3.0~10	缠绕式垫片、退火软化铜垫片、镍及镍基合金片
> 10.0	退火软化铜垫片、镍及镍基合金片

4. 静电跨接接地

积聚液氧、富氧液空的各类设备及氧气管道应有导除静电的接地装置,其中氧气管道每隔80~100m应设置防静电接地,进装置区的氧气管道分支法兰也应设置防静电接地,接地电阻均应不大于10Ω。

5. 防护墙及其氧含量超标报警设置

因氧气管道阀门开关过程中,会导致流速突变,易发生事故,为降低事故危害,所以需将阀门布置在氧防护墙内。氧防护墙一般采用钢筋混凝土结构,液氧泵、出界区氧管线上自动阀、放空阀、旁通阀均应布置在墙内,阀门配套手轮需以套管穿墙,留在防护墙外供操作。同时在氧防护墙内设置氧含量测量及报警装置,当氧防护墙内氧含量超标时触发报警,提醒操作人员注意及时采取措施。

6. 液氧泵

在大型深冷空分设备中,出于安全及用户需求考虑,多采用内压缩流程代替外压缩流程,

即液氧泵取代了氧压机。使用液氧泵输送液氧时应符合以下要求:

(1)液氧泵入口应设过滤器。

(2)液氧泵应设出口压力、轴承温度超标声光报警和联锁停机。

(3)液氧泵启动前,先投密封气且控制密封气压力在规定范围内,其次对泵及相连管线预冷,经充分冷却后且盘车正常可启动,运行中不准有液氧泄漏,停机后应立即排液,静置后解冻。

(4)液氧泵轴承应使用专用油脂,并严格控制加油量,按规定时间清洗轴承和更换油脂。

(5)建议将液氧泵布置在氧防爆墙内。

10.5　液氧、液氮及液氩等低温液体储槽安全技术要求

大型及特大型煤化工配套空分设备,往往设置大型液氧、液氮及液氩储槽,储槽有效容积在1000m³以上,2000m³、5000m³已不鲜见。大型液氧、液氮储槽一旦出现大量泄漏,极易引发物理性爆炸和化学性燃爆,造成设备毁损,人员伤亡,所以其安全性非常重要。

10.5.1　先进的设计

大型低温储槽在设计阶段,应选择具有相关设计资质和丰富设计经验的设备制造商,严格按照国家和行业标准,参考世界先进规范,采用合格的制造材料,进行完善的设计计算。

先进的设计包括:①可靠的强度设计:严格按照设计规程设计,并运用计算机模拟仿真进行辅助,保证大型低温储槽的结构强度,以应对其贮量大、静压高、超低温的特点。②周密的绝热设计:低温储槽的绝热设计包含底部绝热、夹层绝热、顶部绝热和氮封系统的设计,以应对储槽内外超过200℃的温差,减少冷损,降低日蒸发率,确保储槽正常运行不超压。③完善的安全设施和控制设计:为储槽配备静电接地、紧急切断、摄像头监控、仪表远传、仪表分析、自动控制及声光报警等控制和系统,以应对大型储槽工艺操作(各种压力、阻力、温度、液位测量控制与调节)的需要及对安全的极高要求。

10.5.2　可靠的安装

大型液氧、液氮、液氩储槽建设阶段,应选择具有相关施工安装资质和丰富施工安装经验的施工安装单位,雇佣取得相关资格认证和素质良好的施工安装人员,采用先进的施工安装方法、手段、机具和检验措施,注重施工质量,严格施工规范,按设计图纸要求施工安装。

可靠的安装包括:①焊接精细可靠:内罐焊缝要100%射线探伤,质量评定达到Ⅱ级,内

罐要严格清洗脱脂，油含量≤125mg/m²，储槽安装完毕要注满水进行48h沉降试验及水压强度试验，放水后进行24h气密性试验，需达到设计指标要求，以保证储槽强度和气密性。②夹层填充珠光砂：内、外罐间要均匀充满低密度、低导热系数、干燥的珠光砂，保证绝热良好。③阀门及仪表设施测试可靠：储槽投用前，要对安全阀、呼吸阀、放空阀、压力表、温度计、液位计和调节阀等安全设施及仪控设备进行调试，保证性能可靠。④吹扫合格、日蒸发率合格：投用前用干燥氮气对内罐进行置换吹扫，气体露点达到≤−50℃方可投用。储槽进液投运稳定后，要进行日蒸发率测试，日蒸发率是大型液氧、液氮、液氩储槽的关键性质量指标，可以综合反应施工安装的质量。

10.5.3　规范的应用

严格执行安全技术操作规程，标准化、规范化操作是大型液氧、液氮、液氩储槽安全运行的保障。

规范的运行包括：①定期化验大型液氧储槽中液氧的乙炔含量，当乙炔含量超过0.1μg/g时，空分设备应连续向储槽输送液氧，使乙炔含量达到合格并启动液氧泵由液氧储槽向外输送液氧。异常时要随时监控储槽液氧中乙炔含量，宜加快液氧储槽中液氧的储槽，快进快出，避免乙炔浓缩。②液体储槽长期停用时要卸空，充入氮气保证安全，向液氧、液氮储槽绝热夹层充入无油干燥氮气，使夹层保持正压，保证绝热性能良好。储槽不得超压（设计压力）使用和超量贮存（最大贮液量为有效体积的95%）。③定期检验储槽的安全设施和调节控制系统，液氧、液氮汽化器出口应设置温度过低联锁装置并定期校验，汽化器出口气体温度应不低于−10℃。④加强槽车充装监管，尤其是液氧槽车，现场设置牢固的防拉、防撞桩，以防止因槽罐车司机误操作拉断充液管道，造成大量液体产品外泄的重大事故。

10.6　低温液体充装及移动式槽罐车的安全管理

空分设备一般设液氧、液氮储槽，正常运行时生产液氧、液氮并送至储槽，可供外售。因此，空分设备液体充装及槽罐车应纳入装置的安全管理。为确保液氧液氮充装及槽罐车的安全，以煤制油空分厂为例，应做好以下方面：

（1）液氧、液氮所用液体充装槽罐车应符合《移动式压力容器安全技术监察规程》（TSG R0005—2012）、《压力容器》（GB/T 150.1—2011）、《冷冻液化气体汽车罐车》（NB/T 47058—2017）、《汽车、挂车及汽车列车外廓尺寸、轴荷及质量限值》（GB 1589—2016）、《机动车运行安全技术条例》（GB 7258—2017）等标准、规范要求。

（2）充装前应先检查槽罐车及充车所用器材：要求槽罐车安全附件必须齐全、灵敏、可靠，各种安全证件齐备且在有效期内；罐体标识清晰完整，允许充装介质和充装介质必须一致。

（3）充装现场必须具备完好的消防器材并按规定设置防撞桩，且场地整洁无杂物、无作业，道路宽敞便于车辆进出，周围应有醒目标志。

（4）充装人员必须经过培训并考试合格，持充装特种作业证，作业期间劳保用品应佩戴齐全。

（5）槽罐车在连接低温软管充装液氧、液氮前，应熄火处于制动状态并设置固定块防止车辆滑动；静电接地后司机应离开车辆并将车钥匙交给充装人员保管；车辆周围严禁出现无关人员及等待车辆。

（6）充装人员应先检查槽罐车静电接地良好，然后严格按照操作规程连接好充装软管，在告知班长及中控人员后开始充装。

（7）充装全过程中充装人员应在现场巡查，重点监控槽罐车压力表读数，严禁出现超压情况；班长及管理人员应不定时去充装现场检查充装作业执行情况；如出现超压情况或其他异常情况应立即停止充装，随后应要求司机将槽罐车开至旷野无人处，打开放空阀泄压。充装过程中充装现场严禁无人监控。

（8）充装完毕应待残液排放完成后才能拆除连接软管，充装期间应防止出现人员冻伤等情况。

（9）在充装过程中，如出现雷电、下雨、大风等天气，应停止充装；如充装为液氧，则所用阀门、相连管件等不得有油脂，连接垫片需为铜制；如充装过程中出现泄漏情况，则应立即停止充装。

10.7　空分设备特种设备安全管理

根据《中华人民共和国特种设备安全法》（2013年6月29日通过），特种设备是指涉及生命安全、危险性较大的锅炉、压力容器（含气瓶）、压力管道、电梯、起重机械、客运索道、大型游乐设施和场（厂）内专用机动车辆。根据2014年11月，国家质检总局公布了新修订《特种设备目录》（国家质检总局2014年11月修订），空分设备中压力容器（如上塔、下塔、粗氩塔、空冷塔、纯化器、蒸汽加热器、低温液体储罐等）、压力管道（如汽轮机所用高、中、低压蒸汽、空气管道）、压力管道阀门、压力管道法兰、补偿器、压力管道密封元件、压力管道特种元件、安全附件（如安全阀等）和桥式起重机（如机组厂房内行车、空冷岛框架上电动起动机、泵房中电动起动机等）均属于特种设备。

因特种设备危险性较大、甚至涉及人身安全，所以要加强管理，建议重点从以下6点做起。

（1）指定管理部门并制定管理制度。特种设备归于机动部主管，由机动部根据相关法律法规和实际情况制定特种设备管理制度，制度中应明确各部门或负责人的安全管理职责。

（2）建特种设备管理台账。指定专人或部门负责对特种设备登记造册，并建立特种设备从生产（厂家移交）、安装施工（施工单位负责移交）、单试（施工单位负责移交）、联试（生产试车部门提供）、运行、到检查维修及报废的档案。

（3）制订特种设备年检计划、并联系具有资质的单位实施。

（4）编制特种设备使用手册、操作规程和应急处置方案，并组织人员培训。

（5）对运行中的特种设备定期进行检查、保养，并建立检查保养记录，严禁特种设备超温、超压、超限、超期运行；对特种设备的安全附件，如安全阀等，定期检查、校验、更换。

（6）组织操作人员进行特种设备操作取证，严禁无证上岗、无证操作，并定期组织复审及再培训。

10.8 危险化学品重大危险源的管理

现代大型空分设备出于确保维持氧气、氮气稳定供给的需要及装置冷量平衡、外售等考虑，多采用副产液氧、液氮工艺，因此空分设备常设置储槽储存液氧、液氮。而液氧属于危险化学品、强氧化剂，易引起燃烧、爆炸，当其存储量达一定规模后，如有意外情况则将造成巨大危害。为加强危险化学品重大危险源的安全监督管理，防止和减少危险化学品事故的发生，保障人民群众生命财产安全，液氧储槽应实施危险化学品重大危险源管理。

10.8.1 危化品重大危险源相关名词解释

危险化学品：指具有毒害、腐蚀、爆炸、燃烧、助燃等性质，对人体、设施、环境具有危害的剧毒化学品和其他化学品。

危险化学品重大危险源：是指长期地或临时地生产、储存、使用和经营危险化学品，且危险化学品的数量等于或超过临界量的单元。

存储单元：是指用于储存危险化学品的储槽或仓库组成的相对独立的区域。储槽区以罐区防火堤为界限划分为独立的单元，仓库以独立库房（独立建筑物）为界限划分为独立的单元。

临界量：是指某种或某类危险化学品构成重大危险源所规定的最小数量。

10.8.2 如何确定液氧储槽属于重大危险源

根据《危险化学品重大危险源辨识》（GB 18218—2018）中"4.危险化学品重大危险源辨识"可知液氧储存重大危险源的临界量为200t。因此空分设备如果液氧存储量超出200t，则液氧储槽应纳入重大危险源管理。

10.8.3　液氧储槽重大危险源的管理

根据已运行空分设备管理经验，针对液氧储槽的重大危险源管理应从以下方面做起：

（1）责任明确及管理划分。液氧储槽所属单位是液氧储槽重大危险源管理的责任主体，单位主要负责人是液氧储槽重大危险源安全管理工作的负责人，单位应保证重大危险源安全生产所必须的安全投入。重大危险源的安全监督管理应实施属地监管与分级管理相结合的原则，做到安全管理"竖到底、横到边"，责任明确无死角。

（2）动态地进行辨识与评估。液氧储槽所属单位应组织人员按照法规对液氧储槽进行安全辨识、评估并分级。评估报告中应有安全管理措施、安全技术、监控措施和事故应急措施。当发生以下情况时：液氧储槽安全评估满 3 年，液氧储槽改、扩建，发生事故造成人员伤亡，或国家标准、行业标准修订，液氧储槽的重大危险源应重新进行评估。

（3）日常安全管理与维护。液氧储槽所在单位应首先建立、完善液氧储槽安全重大危险源的安全管理制度，明确部门或个人的职责及奖惩日常监管工作流程。其次，技术上应配置远传仪表、报警系统及紧急切断系统，日常运行时通过以上方法对液氧储槽进行持续监控，紧急情况下能进行紧急停车，确保装置安全。第三，对液氧储槽重大危险源要设置安全警示标志、张贴紧急情况下的应急处置方法、以及责任人或责任机构、紧急联系电话。第四，定期对液氧储槽操作人员、管理人员进行专项培训，使其在日常操作、管理中具备专业知识，能够维持重大危险源安全平稳运行；同时建立、更新日常管理台账并建档。

（4）建立外界沟通渠道，承担社会、法律义务。液氧储槽所在单位应就液氧储槽重大危险源和当地政府、社区建立正常信息沟通渠道，接受政府相关部门监督，承担社会义务及法律责任。

10.8.4　液氧储槽重大危险源的信息报告程序

由于空分设备所属公司、驻地政府的法规、要求不同，液氧储槽重大危险源的信息报告程序略有区别。以煤制油空分厂为例，其基本要求如下：

1. 报警系统、程序及方式

空分设备所属各部室、运行部应设有以下报警系统：GDS（有毒及可燃气体浓度报警系统）、火灾报警系统、CCTV（视频监控系统）、电话报警系统。

（1）GDS。空分生产系统各单元安装有 GDS，24 小时监控，并接入 DCS 显示，如现场发生泄漏，浓度超标，系统会立即在电脑画面显示并报警。

（2）火灾报警系统。空分生产系统各个单元安装有火灾报警系统，接入 DCS 集中显示，24h 监控，如现场发生事故可启动手动报警按钮，集中显示屏会报警。

（3）电话报警系统。各部室、运行部均安装电话系统，发生事故时可通过电话报警，空分厂 24 小时有人值守，报警电话：6975××××、697××××。

（4）紧急情况时可直接拨打以下电话

急救电话：6975×××、6975×××（园区医疗急救站），火警：6975×××，匪警：6975×××。

2. 报警内容

报警人应准确报告事故或险情的时间、位置、种类（如火灾、爆炸、泄漏等）、危害方向、报告人姓名、事故状况（伤亡情况、泄漏量等）。

3. 接警

（1）各部室、运行部、生产调度接到报警后，立即报告各级应急救援指挥部，各级应急救援指挥部接到报警后，视情况可启动厂级、运行部级、班组级应急救援预案，并决定是否上报上级应急救援组织机构。各部室、运行部应急救援指挥部视情况启动相应级别预案，下达应急处置指令，组织应急人员、应急车辆、应急物资，赶赴现场，开展抢险救援。

（2）各级应急组织机构到达事故现场后，根据事故状态及危害程度指挥各级应急小组开展抢险救援。

10.9 空分设备职业卫生防护

（1）职业卫生：为预防、控制和消除职业危害，保护和增进劳动健康，提高工作质量，依法采取的一切卫生技术或者管理措施。它的首要任务是识别、评价和控制不良的劳动条件，保护劳动者的健康。

（2）职业病：指企业、事业单位和个体经济组织等用人单位的劳动者在职业活动中，因接触粉尘、放射性物质和其他有毒、有害因素而引起的疾病。职业病危害是指对从事职业活动的劳动者可能导致的各种危害。

（3）职业病危害因素：包括职业活动中存在的各种有害的化学、物理、生物因素以及在作业过程中产生的其他职业有害因素。按其来源可分为3类：

①生产工艺过程中的有害因素：化学、物理、生物因素。

②劳动过程中组织不当的有害因素：劳动组织和制度不合理；作息制度不合理；精神（心理）性职业紧张；劳动强度过大或定额不当；个别系统或器官过度紧张、长时间不良体位或使用不合理工具等。

③生产劳动环境中的有害因素：太阳辐射、工作场所异常温度、环境污染及不良作业环境。

空分岗位存在的职业病危害因素主要有高低温危害、粉尘危害及噪声危害。

10.9.1　高、低温危害防护

1. 高温环境伤害

高温伤害可分为高温环境岗位连续工作造成的一般性伤害和直接接触高温设备或介质造成的烫伤。

根据国家标准《高温作业分级》（GB/T 4200—1997）的规定，在生产劳动过程中，其工作地点平均湿球黑球温度（WBGT）指数等于或大于25℃的作业即为高温作业。空分设备中，机组厂房、预冷泵房及膨胀机厂房为生产性热源的作业场所，夏季时这些厂房中温度均高于25℃。在生产设备附近的工作人员均会受到热辐射的危害。

在高温下，长期从事高温高湿作业，能影响劳动者的体温调节、水盐代谢及循环系统、消化系统、泌尿系统等。当热调节发生障碍时，轻者影响劳动能力，重者可引起如中暑等反应。水盐代谢的失衡可导致血液浓缩、尿液浓缩、尿量减少，这样就增加了心脏和肾脏的负担，严重时引起循环衰竭和热痉挛。在比较、分析中发现，高温作业工人的高血压发病率较高，而且随着工龄的增长而增加。高温还可能抑制中枢神经系统，使工人在操作过程中注意力分散，有导致工伤事故的风险。

所以，夏季应避免在高温场所长期逗留，室内、室外高温环境工作注意及时补充水分，禁止疲劳作业。现场工作时必须佩戴好劳保用品，禁止作业时脱下安全帽或工作服。

2. 烫伤

大型空分设备的汽轮机多采用高温高压蒸汽作为动力源，同时使用中、低压蒸汽维持整套装置运作，部分运行中的设备表面也具有高温，与这些设备或介质直接接触都会导致皮肤烫伤。

（1）按照高温烫伤事故和急救处理伤害程度分类，大致分三度。

一度伤：烫伤只损伤皮肤表层，局部轻度红肿、无水泡、疼痛明显，应尽快将伤处放入冷水中浸洗0.5小时"冷却治疗"，有降温、减轻余热损伤、减轻肿胀、止痛、防止起泡等作用，如有冰块，把冰块敷于伤处效果更佳。"冷却治疗"30分钟左右就能完全止痛。随后用鸡蛋清或烫伤膏涂于烫伤部位，这样只需3~5天便可自愈。"冷却治疗"在烫伤后要立即进行，否则余热将继续损伤组织。

如果烫伤部位不是手或足，不适宜浸泡在水中，可以将受伤部位用毛巾包好，再在毛巾上浇水，用冰块冷敷最佳。

二度伤：烫伤是真皮损伤，局部红肿疼痛，经"冷却治疗"一定时间后，仍疼痛难受，且伤处长起水泡，这说明已是"二度烫伤"。这时尽量不要弄破水泡，最好到医院治疗。

三度伤：烫伤是皮下脂肪、肌肉、骨骼都有损伤，并呈灰或红褐色，应立即用清洁的被单或衣服简单包扎，避免污染和再次损伤，创伤面不要涂擦药物，保持清洁，迅速送医院治疗。

判断方法及注意事项：烫伤的严重程度主要根据部位、面积大小和深浅度来判断。烫伤在头面部，或不在头、面部，但烫伤面积大、深度较深，都属于严重烫伤者。严重烫伤者，在转送途中可能会出现休克或呼吸、心跳停止，应立即进行人工呼吸或胸外心脏按摩。

如果烫伤部位有衣服或鞋袜，千万不要急忙脱去，否则有可能将表皮一起扯下，这样不但疼痛加剧，而且容易感染。可以先用冷水冲洗，然后用剪刀将衣袜轻轻剪开，这样可以防止揭掉表皮、感染。

（2）在安全防护方面，要做好以下工作：

高温蒸汽设备、管道要包装隔热材料，防止接触烫伤；检修人员和岗位操作工巡查巡检要穿长袖工作服，佩戴防护用品。处理应急事件应穿长袖工作服，避免接触高温部位；维护人员电气焊作业时穿专用工作服、戴面罩，防止迸溅烫伤；排放口附近要做明显的警示标识。

3. 低温伤害

低温环境会引起作业人员冻伤、体温降低，严重时甚至造成死亡。作业人员受低温环境影响，机体功能随温度的下降而明显下降。如手部皮肤温度降到15.5℃时，机体功能开始受到影响；降到4~5℃时，几乎完全失去触觉的鉴别能力和知觉。

一旦由于输送液氧、液氮、液氩等产品的泵、阀门、管道及储槽等设备密封不严，设备发生裂纹或破碎，将发生泄漏事故，喷洒到操作人员的身体上，由于它们的沸点非常低，加之汽化时要吸收大量的热量，所以会造成人体冷冻伤害。在处理盛有这些液体的管道、阀门或容器时，必须带上保温手套，防止造成冻伤。化验工为了检验液化空气，液化氧气中的乙炔含量，需要取液态产品，也很容易造成冻伤事故。这些液化气体的沸点等具体数据如表10-7所示。

表10-7　空气组成

主要成分	体积分数/%	沸点/℃
氧气	20.99	-183
氮气	78.03	-195.8
氩气	0.94	-185.7
二氧化碳	0.035~0.04	-78.5（升华）

当事故发生后，需要第一时间对受伤人员进行科学、正确的处理，使受伤人员的伤害降到最低程度。另外，错误的处置方法会给伤者带来不必要的麻烦甚至是终身残疾。下面是低温液体冻伤的处理原则：

（1）危及指数：冻伤的发生除了与寒冷有关，还与潮湿、局部血液循环不良和抗寒能力下降有关。一般将冻伤分为冻疮、局部冻伤和冻僵3种。

（2）局部冻伤按其程度分为四度。一度冻伤：伤及表皮层。局部红肿痛热，约1周后结痂而愈。二度冻伤：伤达真皮层。红肿痛痒较明显，局部起水泡，无感染结痂后2~3周愈合。三度冻伤：深达皮下组织。早期红肿并有大水泡，皮肤由苍白变成蓝黑色，知觉消失，组织呈干性坏死。四度冻伤：伤及肌肉和骨骼。发生干性和湿性坏疽，需植皮和截肢。

（3）急救要领：发生冻伤时，如有条件可让患者进入温暖的房间，同时将冻伤的部位浸泡在 38~42℃的水温中，水温不宜超过 45℃，浸泡时间不能超过 20 分钟。如果冻伤发生时无条件进行热水漫浴，可将冻伤部位放在自己或救助者的怀里取暖，使冻伤部位迅速恢复血液循环。在对冻伤进行紧急处理时，绝不可将冻伤部位用雪涂擦或用火烤。现场处理的过程中，应立即向医疗机构求助。

（4）发生冻僵伤员已无力自救，救助者应立即将其转移到温暖的房间内，然后迅速脱去伤员潮湿的衣服和鞋袜，将伤员放在 38~42℃的温水中漫浴，如果衣物已冻结在伤员的肌体上，不可强行脱下，以免损伤皮肤，可连同衣物一起漫入温水，待解冻后取下。

10.9.2　粉尘（珠光砂）危害防护

1. 生产性粉尘对人体的危害

（1）长期吸入一定量的某些粉尘可引起尘肺病；

（2）有机粉尘可引起变态性病变。

2. 防尘措施

对操作台面、机器设备不定期进行清洁、清扫，对工作地面不定期进行冲洗除尘；车间内应配备清洁工具、吸尘器等防止二次扬尘的清扫设施；应为岗位劳动者提供符合要求的防尘口罩。接触粉尘的劳动者应配备过滤效率不低于 KN95 级别的防尘口罩，其他应配备过滤效率不低于 KN90 级别的防尘口罩。防尘口罩应按周期为劳动者更换。企业应健全管理制度，加强个人防尘用品配备、发放、使用等管理工作，加强岗位作业人员的教育，确保劳动者正确佩戴。在易产生粉尘处的醒目位置设置警示标识，以提示作业人员引起重视。

个人防护措施：作业人员必须佩戴防尘口罩。

10.9.3　噪声伤害防护

1. 噪声对人体伤害

噪声对人体伤害主要包括：①听力下降；②神经衰弱综合症；③血压不稳；④胃肠功能紊乱。

新建、扩建、改建企业噪声参照如表 10-8 所示。

表 10-8　新建、扩建、改建企业噪声参照

每个工作日接触噪声时间 /h	允许噪声 /dB（A）
8	85

续表

每个工作日接触噪声时间/h	允许噪声/dB（A）
4	88
2	91
1	94
最高不得超过115	

2. 噪声防护措施

设备选型上选择低噪音高效率的设备；对空压机、增压机、氮压机等均选用低噪声设备，安装消声器。在生产中加强管理，机械设备应坚持定期维修，使各类机械设备保持正常稳定的工作状态。作业场所噪声不得超过85dB（A）。当大于85dB（A）时，对直接接触高噪设备的操作人员采用戴隔声耳罩等个人防护措施。当大于或等于90dB（A）时，对产生噪声设备采用隔声间或隔声罩的方法进行降噪处理。对预冷泵房、机组厂房、氮压机房等厂房门窗做隔声处理。

个人防护措施：作业人员必须配戴隔声耳塞、耳罩。

参考文献

[1] 加布里埃尔·沃克. 蔡承志译. 大气–万物的起源[M]. 生活·读书·新知三联书店出版社，2017.

[2] 中国气体分离设备行业发展史，1953–2017. 中国通用机械工业协会气体分离设备分会，2018.

[3] 中华人民共和国国家质量监督检验检疫总局，中国国家标准化管理委员会. GB 16912—2008《深度冷冻法生产氧气及相关气体安全技术规程》[S].

[4] 顾福民. 国外大型空分设备发展历程回顾与展望[J]. 冶金动力，2003(5): 31–38.

[5] 聂辅亮，张宏伟. 国内空分系统设备发展现状[J]. 化工机械，2017(04): 4–11.

[6] 顾福民. 国内外空分发展现状与展望(下)[J]. 低温与特气，2005,23(5): 1–5.

[7] 顾福民. 国外空分设备发展之启示[N]. 中国化工报，2003–10–01.

[8] 邹盛欧. 变压吸附法制氧制氮技术[J]. 化工科技动态，1994(10): 8–10.

[9] 杨杰. 变压吸附法制氧在昆钢的应用[J]. 冶金能源，2011,30(5).

[10] 刘汉钊，王华金，杨书春. 变压吸附制氧法与深冷法的比较[J]. 冶金动力，2003(2): 26–29.

[11] 江楚标，薛鲁. 电子工业用高纯氮的生产[J]. 深冷技术，2003(5): 18–21.

[12] 吴德荣. 化工工艺设计手册[M]. 2009版. 北京：化学工业出版社，2009.

[13] 汤学忠，顾福民. 新编制氧工问答[M]. 1版. 北京：冶金工业出版社，2006.

[14] 李化治. 制氧技术[M]1版. 北京：冶金工业出版社，2008.

[15] 毛绍融，朱朔元，周智勇. 现代空分设备技术与操作原理[M]1版. 杭州出版社，2018.

[16] 陈钟秀，顾飞燕，胡望明. 化工热力学[M] 2版. 北京：化学工业出版社，2001.

[17] 姚敏，邵俊杰. 世界级煤制油化工基地创新与实践[M]. 北京：中国石化出版社，2019.

[18] 中华人民共和国工业和信息部. HG 20231—2014化学工业建设项目试车规范[S]. 北京：中国计划出版社，2015.

[19] 竺培畛. HGJ231–91《化学工业大、中型装置试车工作规范》颁布[J]. 化工设计，1991.

[20] 李登桐，王银彪，宋晓丽. 爆破吹扫法在特大型空分设备上的应用[J]. 深冷技术，2017(2): 39–42.

[21] 机械工业部. 制冷设备安装工程施工及验收规范：GBJ 66–84[M]. 冶金工业出版社，1984.

[22] 徐星. 简介6项杭氧股份公司常用的新标准[J]. 杭氧科技，2004(3): 26–27.

[23] 李永宏，刘才，胡忆沩.《工业金属管道工程施工规范》概要[J]. 吉林化工学院学报，2013,30(3): 35–41.

[24] 吴水祥. 如何做好空分分馏塔系统的试压裸冷工作[J]. 安装，2009(3): 31–32.

［25］陈秋霞, 周芬芳. 空分设备自动变负荷控制技术综述[J]. 深冷技术, 2011(7): 16-20.

［26］严格执行标准规范, 确保设备安全运行[J]. 杭氧科技, 2017(01): 55-62.

［27］孙连杰. KDON-45000/30000型空分设备运行典型故障案例分析[J]. 深冷技术, 2018(4): 65-71.

［28］师少杰. 酯化循环气压缩机配套汽轮机组试车总结[J]. 化肥设计, 2017(6): 33-35.

［29］唐瑞尹, 许子林. 自动变负荷在空分系统中的应用[J]. 中国科技信息, 2017(12): 82-84.

［30］郭德铭. 蒸汽加热器泄漏原因及在线处理方法[J]. 化工设计通讯, 2015(1): 45-47.

［31］煤制油分公司空分厂. 空分厂操作方案. 内部材料, 2019.

［32］煤制油分公司空分厂. 空分厂管理制度. 内部材料, 2019.

［33］煤制油分公司空分厂. 空分厂岗位操作法. 内部教材, 2019.

［34］张行东. 浅谈现代空分装置配套后备系统的设计[J]. 中国新技术新产品(08): 4-5.

［35］周栓保. 分子筛带水事故的原因及预防措施[J]. 气体分离, 2017.

［36］张永斌, 侯帅. 给水泵汽轮机冷油器泄漏原因分析与处理[J]. 中文信息, 2015(12).

［37］马大方. 煤化工配套空分设备安全技术的研究(四)——对大型液氧、液氮贮槽安全的思考[J]. 深冷技术, 2015(3): 22-24.

［38］国家市场监督管理局, 中国国家标准管理委员会. GB 18218—2018危险化学品重大危险源辨识[S].

［39］国家安全生产监督管理总局. 危险化学品重大危险源监督管理暂行规定(2015年修订)[S].

［40］林知望. 空分设备内压缩流程与外压缩流程的比较与选择[J]. 深冷技术, 2007(4): 25-28.

［41］蒋旭. 国内外空分装置的应用及发展[J]. 气体分离, 2013(6).

［42］杨湧源, 邓文. 空分行业如何应对煤化工的崛起[J]. 深冷技术, 2009(2): 32-36.

［43］杨涌源. 首台国产30000Nm³/h制氧机的诞生历程与评述[C]. 中国工业气体工业协会年会, 2003.

［44］吴绍刚. 15000m³/h内压缩流程空分设备的投产情况及优势[C]. 全国空分技术交流会暨机械工业气体分离设备科技信息网全网大会, 2004.

［45］中华人民共和国国国住房和城乡建设部, 中华人民共和国国家质量监督检验检疫总局. GB 50030—2013中华人民共和国国家标准氧气站设计规范[S].

［46］中华人民共和国国家质量监督检验检疫总局, 中国国家标准化管理委员会. GB/T 29639—2013生产经营单位生产安全事故应急预案编制导则[S].

［47］中华人民共和国安全生产行业标准. AQ/T 9007—2011生产安全事故应急演练指南[S].